译文科学

科学有温度

NICK LANE

POWER, SEX, SUICIDE
MITOCHONDRIA AND THE MEANING OF LIFE

能量，性，自杀

线粒体与生命的意义

[英] 尼克・莱恩 著
张力 译

上海译文出版社

献给

安娜

和埃内科，他在写第六章时出生，恰逢其时

生物学研究，如何步入“知天命”之年

如果把每个自然科学学科都看作一个人，那么学科的发展也仿佛人的一生。得益于19世纪生物演化和遗传学理论的奠基，以及分子生化技术的飞跃，生命科学在20世纪“三十而立”，确立了学科理论框架。而世纪之交的基因组测序技术的应用，实现了能解决很多具体生物学问题的范式转移，直到今日，人类可以说对任何生命现象的具体机制能够做到“四十而不惑”。那么，自然而然的问题是，我们应该如何继续发展生物学研究，做到“五十而知天命”？在我看来，尼克·莱恩博士的这本《能量，性，自杀》，给出了一些实质性的线索和方向。

想要知道生物学“天命”的，肯定不止我一个人。2001年人类基因组计划草图完成的时候，年龄还小的我从电视新闻里第一次听到了“碱基”这个词，并震惊于随处可见的动物植物背后，居然有如此复杂难懂的概念。初中时，我着迷于物理——能用简洁定律描述世界的“万物之理”，是初谙世事的“中二少年”最合适的理想。而到了高中，我在生物课本里与当年的“碱基”重逢，再一次被生命系统的复杂机制所震撼。在背过了遗传定律和分子生物学知识，了解了“是什么”（What）之后，我希望知道复杂生命背后的“为什么”（Why）和“如何”（How），这也许是我研究生物学的最初动力。

然而大学课程大部分时候是在告诉我，生命系统的细节还可以更复杂、更超乎想象。有句话流传很广：“生物学的唯一定律，就是所有定律都有例外。”且不论这句话里的逻辑问题，它反映了生物学专业学生的普遍困惑；甚至有人说，生物是文科，学好生物主要是要背书，记住零零碎碎的生化反应、基因和通路。

对于我自己来说，这种困惑在进入演化生物学领域后有所缓解。生物学家恩斯特·迈尔认为演化理论提供了生物学中的 Why 和 How，也就是生命系统之所以如是的“终极原因”（ultimate cause）。演化生物学家杜布赞斯基有名言道：“没有演化之光照耀，生物学的一切都毫无道理。（Nothing in biology makes sense except in the light of evolution.）”但是，很多生物学家也往往略带戏谑地把这句话反过来——没有生物学之光照耀，演化研究的一切都毫无意义——为什么这么说呢？

到目前为止，演化生物学的核心是建立在自然选择和中性学说等理论框架下的数学模型，在描述基因组（也就是四个“碱基”字母排列而成的序列）的演化规律、追溯物种分化历史（即构建系统发育历史“演化树”）等方面已经非常成功——基因组演化的数学规律，来源于碱基序列和蛋白质序列变化的生物化学规律，这些相对简单的规律不管在细菌中还是人类中都大同小异。

然而，我们熟知的自然选择等演化驱动力，其本质是千万种不同的环境因素，对生物体生存繁衍效率的影响。一方面，环境因素可能是物理的、化学的乃至来自其他生物的，复杂多样；另一方面，这些因素又是施加在生物体本身，也就是所谓“表型”上，而不是针对基因组蓝图。静止、一维的基因组蓝图，如何展开成为运动着的三维生命系统，这个“基因型—表型映射”的鸿沟，现代生物学还远未填平。大部分的演化生物学研究，关注于对生物多样性的解释，即个别物种如何适应其生存的具体环境，而对于多样性背后的“终极原因”，例如生命演化史上最为关键的那些表型变化——真核细胞、有性繁殖、多细胞生物发育等等——如何发生以及由什么环境因素驱动，我们大多数人仍然只有模糊的概念。

在本书中，莱恩博士试图为这些关键表型的适应性演化事件提出一个统一而简单的驱动因素解释，那就是能量，以及其代言人——线粒体。

在“用统一的规律描述研究对象”这条现代自然科学发展之路上，物理学显然比生物学要领先不少。有关能量守恒和转化的三条热力学定律，可能算得上是物理学中最重要的“终极理论”之一。1944 年，薛定谔正是基于热力学第二定律，在《生命是什么》一书中指出生命系统消耗能量获取有序（即“负熵”）的本质。因此，无论演化出怎样的多样性，生命系统都必须吸收能量、利用能量。

本书在第一部分就指出了两个没有例外的生物学规律：所有生物都通过生物膜两侧的质子梯度来产生可用的能量；所有的真核生物都有线粒体。随后，好像电影中的主角逐渐揭露巨大的阴谋一样，作者利用几条跟线粒体能量转化相关的简单事实，向我们展示了复杂生命演化过程中最为重要的几个 Why 和 How。

以真核细胞的起源过程为例：在科研中，证明两个事件之间确定的因果关系比发现二者的相关性要更有挑战，也更令人信服。林恩·玛格利斯的内共生学说提出，真核生物细胞中的线粒体来自被其祖先吞噬的α-变形菌。本书则进一步指出线粒体是复杂的真核生物产生的充分必要条件：细菌的能量产生于其细胞膜上，细胞体积的增大会带来单位体积能量产生速率的下降，体积受限于此的细菌不可能包含足量的遗传物质来指导复杂的生命活动；而线粒体带来的能量产生机制的内化，不仅解除了细胞的体积限制，还给予细胞“挥霍”能量合成遗传物质、运动捕食的机会，成就了复杂的真核细胞。不仅如此，共生起源的线粒体能够在演化中精简其基因组，逐渐形成独立于细胞核的线粒体基因组，虽然仅包含呼吸作用的最核心元件，却是动态调整呼吸作用速率、避免自由基堆积破坏细胞的必要“自治”；而没有经过共生事件的细菌则不可能从无到有演化出这种“自治”，也就不可能自己产生内化的能量产生机制了。因此，有且只有通过线粒体共生，真核细胞的复杂性才有可能在演化中出现。

进一步的论述听起来更像是线粒体在成功入驻真核细胞之后的“一盘大棋”：由于停滞的呼吸作用会产生对细胞结构尤其是遗传物质的破坏，线粒体运行的最核心策略是保持整条呼吸链不停运行，哪怕一部分能量变成热量散失掉也无伤大雅——因而产生了温血动物；在单细胞真核生物中，寄居细胞内的线粒体不希望宿主坏掉，因而在细胞发生损伤时促进其与另外细胞的融合修复——因而产生了性；而在多细胞生物中，同样的线粒体化学信号则启动细胞的凋亡，避免不受控的细胞增殖，并且决定了多细胞生物体细胞和生殖系细胞必须隔离开来；线粒体和细胞核基因的演化速率迥异，但在同一个个体中又必须互相兼容，这决定了性别的最优数量为二，只有一种生殖细胞可以携带线粒体……

最后，既然已经谈到了细胞的凋亡，本书自然也指出了我们作为多细胞生物的死亡与线粒体和能量之间的关系：随着高突变率带来的基因突变增加，细胞中的无缺陷线粒体越来越少，能量产生效率的下降最终导致细胞凋亡，器官衰竭。相应地，作者也给出了延年益寿的灵丹妙药，那就是降低呼吸链中自由基泄漏水平。“自由基”可能是普通大众在生活中常常会听到的字眼，作为能破坏细胞结构的高反应活性基团，它通常出现在各种抗氧化剂类保健食品的宣传中；但是吃进胃里的抗氧化剂，无助于封堵小小线粒体膜上透过的自由基。从“减少自由基”的角度出发，似乎减少对身体和细胞的使用、避免消耗和“磨损”，才是长寿之道。然而，本书指出了我们作为“负熵体”的宿命：自由基并不是罪人，而是重要的能量调节信号，不同物种的自由基泄漏量与其运动能量需求相匹配，反而是鸟类和蝙蝠这类因飞行而有高能量需求的生物，演化出了更低的自由基泄漏量，因此相对同样条件的陆生哺乳类来说寿命更长。“生命在于运动”，诚不我欺。

事实上，演化从来不是一味的“更高更快更强”抑或是“活得更久”，而是以功能与环境“刚刚好”的匹配为目标。究其终极原因，也可以说是能量：生物体为了功能更强总要耗费更多能量，如果不能“变现”成生存的优势，这种功能增强就难以在自然选择中保留下来。因此，我们今天看到的生命形态和现象，可以说都是在千万年的演化中经历了精打细算，每一点能量都得到了利用，而不同的能量利用策略，也造就了万千的生物多样性。

经典的自然纪录片中少不了食肉动物捕猎食草动物的震撼场景，其本质是能量的消耗战。采用短跑追猎的猫科动物往往选择与自己体型匹配的猎物来弥补相应的能量消耗：猎豹捕食羚羊，狮子捕食更大体型的斑马。看似威风的猎豹，因为追求速度而身材苗条，没有多少能量储备，日常处在饿死的威胁中，必须有策略地在激烈的捕猎中分配能量；一次奔跑追逐的失败，或者一处拖后腿的伤痛，就意味着失去生命。而其猎物瞪羚以跳高跳远著称，甚至会用原地跳高来向猎豹进行“武力炫耀”，表明自己充足的能量储备，劝对方不要白花心思。

能量是演化军备竞赛中的永恒主题。猫科的近亲犬科动物，采取了不同的能量策略，以良好的耐力进行长距离追猎和骚扰，拖垮能量转化效率更低的食草动物。在海洋和天空中，动物们也同样以不同的能量策略各居其位：在温暖的热带海洋，鲨鱼等冷血的捕食者得以维持肌肉的反应灵活性；而裹着厚厚脂肪的海生哺乳类和企鹅，则以其内温性的优势，在高纬度的冰冷海水中成为优势的捕猎者。长距离飞行的鸟类，擅长储存和代谢脂肪来产生迁徙时持续的能量供给；以雉鸡为代表的短途飞行鸟类，则更多使用糖类代谢来获取疾飞瞬间的爆发力。

至于我们人类自己，从上世纪中期就有理论提出，饮食中肉类比例的增加使得耗能的大脑发育和运行成为可能，促进了人类祖先的智力演化。从农业文明兴起到两次工业革命，对能量的更有效产生和使用是人类文明进步的根本动力。今日，伴随着大数据计算和人工智能的飞速进步，我们发现其能源消耗将会成为继续发展的限制；而可能为我们这个物种提供无限清洁能源的可控核聚变技术，在人们的翘首期盼中逐步接近实现。

本书不仅阐释了真核细胞产生过程的一种理论，也继续向前追溯，提到了依赖膜结构而存在的化学渗透能可能是生命最初起源的动力。因此，从“负熵机器”在地球上开始存在，到人类的生存、发展、疾病和衰老，能量或许是制约生命系统发展的最重要因素，也应该是我们思考演化乃至生物医学问题的思路和基础。通过这本书，我们能看到作者试图提出生物学理论的“天命”所在：能量，或者说线粒体的能量产生机制，可以解释很多基本而关键的生命现象为何产生（Why）、如何产生（How）。

当然，作者指出书中很多想法并无具体证据和机制，生命系统的复杂程度也难以仅凭单一因素构建模型、做出预测，但阅读本书让我倍受鼓舞。如前所述，现代生物学研究在还原论思想的指导下，已经能将生命系统的各个层次、各种状态拆解描述得颇为细致；作为生物学科研工作者，或许我们应该更多地以“知天命”的心气，去尝试进一步探究生命系统中的统一规律，而非仅仅是多样性的故事。事实上，本书阐述的很多事实，我已经急不可耐地想要在我关注的演化问题上加以考虑。而作为非专业人士的读者，也绝对可以从阅读莱恩博士思路清晰而又引人入胜的文字中，获得最为专业严谨的科学知识和思维逻辑，以及窥探生命“终极原因”的美好体验。

中国科学院动物研究所

邹征廷

目 录

致　谢

写一本书有时感觉像是一次进入无限的孤独之旅，但这并不是因为缺乏支持，至少对于我来说情况并不是这样。我很荣幸得到了无数人的帮助，从我通过电子邮件贸然联络的学术专家到朋友和家人，他们或者阅读了某些章节，甚至整本书，或者在关键时刻帮助我保持理性思考。

许多专家阅读了该书的各个章节，并提供了详细的评论和修订建议。特别是三位读者阅读了大部分手稿，他们的热情回应帮助我度过了困难的时期。比尔·马丁是位于杜塞尔多夫的海因里希·海涅大学的植物学教授，他对演化有着一些非同寻常的见解。与比尔在科学方面的交谈让人有醍醐灌顶之感，惟愿我的拙作衬得上他在观点方面的贡献。科罗拉多州立大学微生物学名誉教授富兰克林·哈罗德是一名参与过氧化磷酸化“战争”的老兵。他是最早理解彼得·米切尔化学渗透假说的全部内涵和意义的人之一，他自己的实验和（漂亮的）书面贡献在该领域广为人知。据我所知，没有人能像他一样对细胞空间结构以及在生物研究中过度依赖遗传方法的局限性有如此深刻的洞察力。最后，我要感谢西英格兰大学分子生物学准教授约翰·汉考克，约翰有着异常广泛且兼容并包的生物学知识，他的评论常常让我感到惊讶。这些评论促使我对自己提出的一些想法的可行性进行了重新思考，在让他满意（至少我认为是这样）之后，我现在对线粒体蕴含了生命的意义这一陈述更有信心了。

还有一些其他的专家阅读了与他们专业领域相关的章节，在这里我也一并表示感谢。当涉及的领域如此广泛时，很难确定我是否掌握了重要的细节。如果没有他们通过电子邮件给我的慷慨回复，我仍然会感到疑惑。事实上，我希望这些若隐若现的问题不仅反映了我自己的无知，也反映了整个领域认识上的局限，从而激发科学家继续探索的好奇心。因此我要感谢：伦敦大学玛丽女王学院的生物化学教授约翰·艾伦；马德里康普顿斯大学动物生理学教授古斯塔沃·巴尔哈；加利福尼亚大学欧文分校演化生理学教授阿尔伯特·贝内特；北伊利诺伊大学演化生物学副教授尼尔·布莱克斯通博士；剑桥邓恩人类营养中心的马丁·布兰德博士；默多克大学解剖学副教授吉姆·康明斯博士；牛津大学植物科学教授克里斯·利弗；巴塞尔大学生物化学教授戈特弗里德·沙茨；乌得勒支大学生物化学教授阿洛伊修斯·提伦斯；伦敦帝国理工学院科学传播集团的乔恩·特尼博士；弗里堡大学动物研究所蒂博尔·韦莱博士；爱丁堡大学人类遗传学研究中心遗传学教授艾伦·赖特。

我也非常感谢前牛津大学出版社的迈克尔·罗杰斯博士，他将这本书作为退休前负责的最后一部作品。我很荣幸他对该书的进展保持着兴趣，他将锐利的目光投向了此书初稿，并提出了极为有益的批评性建议。这些都让这本书改进良多。与此同时，我必须感谢牛津大学出版社的高级责任编辑拉莎·梅农，她从迈克尔那里继承了这本书，并以传奇般的热忱投入到对该书细节和大局的把握中。非常感谢牛津大学的马克·里德利博士，他是《孟德尔妖》一书的作者，他阅读了整个手稿，并提供了宝贵的意见。我想不出有谁比他更能以如此宽宏大量的心态去评估演化生物学如此多不同的方面了。我很自豪他觉得这本书读起来趣味盎然。

许多朋友和家人也读过一些章节，从普通读者感受的角度给了我一些很好的提示。我要特别感谢阿利森·琼斯，他真诚的热情和有益的评论不时让我感到精神振奋；而迈克·卡特从朋友的角度坦率地告诉我早期的草稿太难懂了（后来的草稿好多了）；还有保罗·阿斯伯里，他富有思想，我们在这个国家的荒野角落里，谈天说地，不受约束；伊恩·安布罗斯，总是乐于倾听和建议，尤其是在喝了一品脱啤酒之后；约翰·埃姆斯利博士，乐于提供指导和灵感；巴里·富勒教授是我最好的同事，总是时刻准备在实验室、酒吧甚至壁球场讨论想法；我父亲汤姆·莱恩读了这本书的大部分内容，他慷慨地赞美我，即便他自己的书交稿的截止日期已经迫在眉睫，依然抽时间温和地指出了我在语言风格上的不恰当之处。我的母亲珍和哥哥麦克斯一直在不遗余力地支持我，我的家庭也一直鼓励和帮助我，在此一并表示感谢。

头版插图由斯德哥尔摩生物医学研究人员、著名水彩画家伊娜·舒佩·科斯蒂宁博士创作，她在科学艺术领域大放异彩。这一系列插图是专门为这本书而设计的，灵感来源于各章的主题。我非常感谢她，因为我认为这些插图让神秘的微观宇宙有了生命，给这本书带来了独特的味道。

特别感谢我的妻子安娜，她和我一起经历了这本书，甚至可以说是经历了一场测验。她一直是我的最佳拍档，不断与我交换意见，贡献良多，每个词都要读上不止一遍。她是风格、思想和意义的终极仲裁者。我欠她的难以言表。

最后，给埃内科留一张便笺：相比于写书，他更喜欢吃书，但对他这一种快乐，也是一种“内在”教育。

序　言

在《银河系搭车客指南》中，福特·大老爷花了15年搜索资料以修正指南中关于地球的词条。词条里原本的用词是“无害的”，而后他冗长的论文被附加在指南里，用以解释为何最终修正成了——“基本无害”。我怀疑有太多的新版本遭受着同样的命运，如果不是因为荒谬的编辑上的考虑，也至少是由于内容缺乏有意义的改变。自从《能量，性，自杀》的第一个版本出版以来已经过去了15年，我抵制任何蹩脚的修改。有人说，甚至达尔文也通过多次修正弱化了他关于《物种起源》的争论，在这当中，他回应批评并有时将他的观点导向了错误的方向。而我更希望我的原著能自圆其说，即使之后被证明是错误的。让我举一个例子说明原因。

这本书是关于线粒体的，线粒体是我们细胞中的一个微小的“发电厂”，它提供了我们生存所需的所有能量和许多我们生存所必需的分子建筑模块。它们起源于约15到20亿年前在宿主细胞内居住的细菌，并保留一个微小但至关重要的基因组。这个线粒体基因组是我们通过卵细胞从我们的母亲那里单独遗传的；而来自父亲的存在于精子中的线粒体基因组，却被破坏了。这种性别不对称在复杂的生命中几乎是普遍存在的，作为两性之间最深的区别之一，雌性可以将线粒体传递给后代，而雄性不可以，甚至在微观的单细胞生物中也不行，即使是在这些生物中，两性之间没有任何其他可见的区别。

我们所不太确定的是为什么会是这样。在这本书的第六章，我讨论并提出两种性别使得自然选择能够选择最好的线粒体基因——从亲本一方中分离出单一类型的线粒体DNA，并使它“测试驱动”，以观察与新个体细胞核中其他基因的配合情况。但我也注意到这里有一个潜在的问题，因为我们继承了两组核基因，分别来自我们的父母双方，那么如果其中一组核基因与我们的线粒体基因配合默契，而另一组却没有，那又会怎样呢？我觉得，父亲的一些直接与线粒体相关的核基因可能被关闭（或“印记”），从而保证线粒体功能的优化。但是，自从写了这本书之后，我了解到这不是事实，在这种情况下，没有一点证据可以证明父系基因会被打上印记。

这些事情令我耿耿于怀。从那以后，我花了7年时间和伦敦大学学院的一位好同事，安德鲁·波米安科夫斯基，一起研究这个问题，并吸引了几位非常有天赋的学生。我相信我们找到了答案，我们意识到“性”和“两性”有两个不同的目的。性就是在每个人的核基因中产生差异，使我们每个人的基因都是独一无二的。如果我们都是克隆人，我们都可能被同一种致命的疾病消灭，也许是从一台肮脏的电话机上感染的；事实上，个体之间无数的差异意味着我们每个人面对变化的环境，无论是好是坏，都会有微妙的不同，我们中的一些人会比另一些人活得更长。

但有性并不要求有两种性别；从许多方面来看，这是所有可能的世界中最糟糕的。从演化的角度来看，如果所有个体都是同一性别，或者（如果将机械设计上可能面临的问题排除在外的话）有很多不同的性别——那么个体就可以和几乎所有的个体进行繁殖，而不仅仅是一半的个体。那么为什么大多数物种都是两性呢？经过大量的建模（使用种群遗传学方程），我们意识到答案是：两种性别使得个体在线粒体基因上产生差异。这太简单了！我们每个人都有两个基因组，线粒体的和细胞核的。性使得自然选择能够作用于细胞核中的基因；而两种性别使自然选择能够作用于线粒体基因。仅此作答。

然后我又看到了马德里的分子生物学家安东尼奥·恩里克斯最近的工作。恩里克斯也注意到，两组核基因都与线粒体基因组进行相互作用可能导致问题。他也同意没有证据表明与线粒体相互作用的父系基因被关闭。相反，他提出了一种被称为“单等位基因表达”的稍微不同的现象，在这种现象中，2 个核基因拷贝中只有 1 个被打开，但打开或关闭的拷贝是随机的，并且可能在不同的细胞之间有所不同。这种现象很难被发现，并且需要复杂的方法来对很多单个细胞中的基因转录本进行测序。幸运的是，恩里克斯有能力在他的实验室中完成这项工作，几年后我们应该能知道答案。

与此同时，我又回到原点了。大约 15 年前，我曾写道，直接与线粒体相互作用的基因的 2 个核拷贝中的 1 个可能被关闭了；这仍然是事实。现在，我必须将“印记”改为“单等位基因表达”——“无害”改为“基本无害”。但如果我一年前修改了这本书，我会让它比以前更不正确。这是一个杯具的游戏①。

这并不是说自 2005 年以来没有任何令人兴奋的进展，而是有很多。只是大多数都带有某种程度的不确定性，而且至少作为一个想法在过去被触及过，让我来看看我最喜欢的几个例子，让你了解一下自 2005 年以来的变化。

更重要的是，这本书是关于复杂生命的起源的。老实说，我写这本书的时候，才被这个主题的全部力量打动——它名义上是关于细胞的一个小隔间——毕竟，从那以后，我一直在围绕着这些同样的问题进行讨论。这场闲谈的动机与线粒体的获得有关——什么样的细胞最初作为细

① 杯具的游戏指愚蠢的、危险的或不会产生积极结果的任务或活动。——译者

菌（最终成为我们的线粒体）的宿主？在书中，我主张先驱植物学家比尔·马丁和米克洛斯·穆勒提出的一个强有力的、反直觉的假说，即氢假说。这个想法是起反作用的，因为它否定了氧气在复杂性演化中的明显中心作用（我以前在写一本关于氧气的书的时候所假设的），而是把交易的核心放在氢气上。

到底是什么比不是什么更为重要，根据比尔·马丁的说法，宿主细胞不是一个复杂的吞噬细胞（靠吞噬其他细胞维持生存的细胞），而是一个形态简单、仅仅依靠气体自给自足（自养）的细胞。它缺乏我们所拥有的"真核"（来源于希腊语中"真正的核"）细胞的复杂性。这个想法一直饱受争议，直到现在也没有变少，而且无论是支持还是反对的证据都是模棱两可的。但是这个想法的核心——认为宿主是缺乏"真核"复杂性的简单细胞——现在看起来是比较有把握的，因为人们发现了一组叫作"洛基古菌"的细胞，或者简称为洛基。洛基与复杂的真核细胞在基因上有许多相似之处，因此毫无疑问，获得线粒体的宿主细胞与它有着密切的关系。洛基很可能与那个发生在20亿年前的事件中我们所能找到的细胞极为接近。

然而，洛基也是非常撩人的。它是在洛基城堡周围的泥泞中被检测到的，这是一个位于挪威和格陵兰岛之间的海底热液系统。我说"被检测到"，而不是"被发现了"，因为我们仍然不知道洛基是什么样子——我们所知道的一切都来自由基因序列费力拼凑成的完整的（或近乎完整的）基因组。从那时起就已经检测到了各种相关的细胞，如今都被归为阿斯加德（挪威诸神之家）总门。然而，同样的神秘性也适用于所有细胞：没有一种细胞被分离、培养或是在显微镜下看得很清楚——它们只以神秘的基因序列的形式存在着，编码着……到底是什么？我们不知道它们是什么，也不知道它们是如何生活的。然而，从我们所知甚少的情况来看，它们很可能如氢假说所预测的那样是形态简单的小细胞。甚至有人认为它们可以依靠氢来生长。

为什么这一点很重要？因为如果的确如此的话，这意味着所有真核生物的复杂性都来源于两个简单细胞（更确切地说，是简单细胞的种群）的亲密联合。这些细胞中的一个继续转变为线粒体，另一个则最终转化为一个复杂的宿主细胞——一种世间从未见过的细胞复杂性，后来也没有再出现过。地球上复杂生命的起源是一个独特的事件。洛基的发现令人兴奋，无疑将教会我们很多东西；但从广义上讲，洛基与这里阐述的主题是一致的。它强化了这些主题，使它们更可能是真的。

另一个令人兴奋的最近的进展，强调了这本书中所探讨的一个与线粒体的工作温度有关的主题。就在几个月前，正如我所写的，皮埃尔·拉斯廷和他的同事发表了一篇非同寻常的论文，似乎表明线粒体的温度维持在50℃左右，比身体其他部位的温度高10℃左右。这些发现看起来不太可信，并且受到一些物理学家的质疑，他们怀疑在如此短的距离内是否能够保持这种极端的温度梯度。但毫无疑问，科学做得很好。

这个问题围绕着荧光探针的纳米工程展开，荧光探针可以瞄准线粒体内部的密室——“基质”，在那里荧光强度可以反映出局部温度，或者至少应该是这样。我们不知道温度是不是这些探针唯一能反映的东西，也不知道在一个充满旋转蛋白质装置的狭小空间里，“温度”真的意味着什么吗？一个了不起的分子机械，即ATP合成酶，是一个旋转的蛋白质马达，以每秒400转的速度旋转。每个线粒体中都有成千上万的ATP合成酶。它们肯定会搅动附近的水分子，激发分子运动以热能形式（也是分子运动的一种形式）通过染色被探测到，在任何情况下，即使染色并不是严格意义上的精确，线粒体似乎比我们想象的要热。

我想这会让大家注意到我在这本书中讨论的生物学中的一些老问题，特别是内温性（温血性）的起源。我们已经知道大部分热量来自线粒体，爬行动物与哺乳动物或鸟类之间的体温差很大程度上与线粒体数量有关，哺乳动物的线粒体数量往往是同类爬行动物的5倍左右，为什么？一种可能是，有更多的线粒体可以增加耐力，支持更持久的活动。但是一直存在着最大代谢率（心血管系统和骨骼肌所能支持的）和静息代谢率（反映了肝脏或肠道等内脏器官的活动）之间背离的困惑。没有明显的理由说明为什么高的最大代谢率会迫使静息代谢率升高——两者理论上是背离的，并且存在关于食肉的兽脚亚目的恐龙是否真的使两者产生背离的争论。

最近，从英国南极调查局退休的安迪·克拉克指出，最大代谢率是一条红色鲱鱼[①]——重要的不是最佳表现，而是细水长流：不是飞奔而是慢跑。当然，最大代谢率也会被选择，但并不能直接推动内温性的演化。要在"领域"中保持稳定的活动，如动物觅食、狩猎或竞争配偶，需要连续不断的新陈代谢活动和代谢废物处理能力，这反过来又增加了内脏器官中的线粒体。这意味着静息代谢率必然与"领域"代谢率有关，因为两者都利用内脏器官中的同一组线粒体。选择更多的内脏线粒体可以增加体力和热量，使我们全天候舒适的生活方式成为可能。如果克拉克是对的（我认为他是对的），那么我们的器官中线粒体的数量必须有非常严格的控制，任何改变这个数量的疗法都可能产生意想不到的成本或收益。我在书中讨论了其中一些，如果线粒体真的如我们所愿产生更多的热量，这些论述将会更为突出。一个值得一提的事实是：在几代老鼠身上选择更大的耐力可以延长寿命和改善健康。当我坐在键盘前，我在想："保持活力！"

在这本书的最后一部分，我将讨论线粒体疾病及其与衰老和死亡的关系。线粒体疾病是最具破坏性的疾病之一，原因很简单，线粒体是生

① 人们有时候把鲱鱼放到有狐狸出没的地方来测试猎犬的搜寻能力，看它是否能够抵抗其他的味道，继续寻找狐狸的踪迹。由此，人们用红色鲱鱼来表示为迷惑对手而提出的错误的线索或伪造的事实。——译者

物生死存亡的中心，提供了生存所需的几乎所有能量，但同时也引发了那些无法维持收支平衡的细胞中的死亡程序（凋亡）。这些糟糕情况背后的原因可能很简单，但现实是无法估量地复杂。这些疾病可能是由线粒体基因突变或编码线粒体蛋白质的细胞核基因突变引起的。它们可以通过线粒体基因和核基因之间表面上微小的不相容性来揭示，从某种意义上说，两个基因组都没有什么“错”，它们只是不能很好地结合在一起。男性和女性在线粒体疾病的易感性上也存在差异，有些情况下男性的发病率是女性的 5 倍——一种令人心痛的被称为“母亲的诅咒”的悲剧，因为线粒体只来自母亲。

线粒体疾病的令人费解的复杂性被线粒体的数量放大了，我们每一个人都继承了卵细胞中成千上万的线粒体 DNA 的复制品。一个特定的突变可能发生在几个，或者几百个，上千个，甚至数万个拷贝中。突变常常意外地分离进入不同的组织，甚至可以互相干扰，从而在小鼠中导致心脏病、肌肉退化和学习困难。线粒体疾病可能在儿童早期导致死亡，或是到了中年也几乎没有发出警告，或在“正常”衰老过程中逐渐损害健康。线粒体功能障碍无疑导致了我们常见的疾病，包括癌症、阿尔茨海默病和糖尿病。在 2005 年有点脆弱的说法现在可能反映了主流观点。

过去几年中最重要和最有争议的突破之一是线粒体疗法。在这本书中，我讨论了一种不可信的生育治疗方法，称为“卵质转移”，即线粒体被转移到寻求治疗的妇女的卵母细胞（卵细胞）中。而一些表面健康的孩子出生时使用的是这项技术，它必须产生一种线粒体的混合物（异质体）。异质体的后果在当时是不确定的，但现在已知对小鼠是有害的；这项技术被美国食品和药物管理局（FDA）在 21 世纪初期谨慎地禁止了。更有希望作为线粒体疾病治疗的是原核（或是纺锤体）转移，包括将细胞核从合子（或受精卵细胞）转移到含有健康供体线粒体的受体卵细胞中。原则上，这种方法在实践中不会产生线粒体的混合物——而实际上不管怎样都无法避免，由于少数线粒体可以附着在细胞核上，因而可能在胚胎发育过程中被放大——但这种方法因其形成“三亲胚胎”而备受媒体关注。准父母的细胞核 DNA 由供体的线粒体 DNA 补充。尽管有可能出现由于疏忽导致的异质体以及供体线粒体和细胞核之间的不相容性，在我看来，好处似乎远远大于潜在的坏处，最坏的情况无非就是患上该技术流程旨在治愈的相同的线粒体疾病。

可以理解，有些人对人类的“基因工程”怀有伦理上的担忧，但在英国，这些问题通过公共和法律咨询的方式来解决已经持续了 20 多年，纽卡斯尔的道格拉斯・特恩布尔对指导这些问题方面报以了极大的敏感性、奉献精神和技巧。在某种意义上说，线粒体仅仅是“电池”，不会以任何方式改变人的个性的说法是对的；个体之间的细微差别实际上都是由细胞核中的基因编码的，并不受线粒体治疗的影响。在我看来，线粒体不仅仅是电池，而是最好被视为“通量电容器”，根据需要调整我们的表现，根据需要打开或关闭核基因。如果它们打开或关闭核基因，它们可能的确会影响我们的个性。但无论如何，当你的电脑、汽车或手机的电池没电时，你会立刻记住，它们远比品牌上微不足道的差异重要得多，同样地，能量、健康和活力凸显了我们生活中的一切。为了充分地生活，如我们所愿发展我们的个性，我们需要有功能的电池。

最后，一则关于氧毒性的注解。我一直在争论，而且在这本书中，这种反应形式的氧气，被称为自由基，确实影响了生命和健康，但抗氧化剂不会延长我们的生命，因为它们干扰了信号，如果有什么能产生相反的作用倒可能延长生命。很难证明哪一种说法是正确的。但是抗氧化剂在改善任何健康结果方面的持续失败，以及许多其他模棱两可的细节，导致许多人怀疑自由基是否与衰老有关。我承认我开始怀疑我自己。毫无疑问，氧气是有毒的——高压下呼吸纯氧会产生剧烈的痉挛。

虽然可怕的灼伤感与某些卟啉症（卟啉症是由卟啉中间体的光毒性引起）有关，但是由一种叫作单线态氧的具有剧烈反应性的氧所造成的。辐射中毒也主要是由氧自由基引起的。但是这些极端的情况很难代表衰老中几乎难以察觉的缓慢性。我们真的被呼吸破坏了吗？

答案可能是肯定的。哈佛大学线粒体生物学家范西·穆塔和他的同事在 2016 年报告了一些非同寻常的发现。患有类似于人类雷吉氏综合征①的线粒体疾病的小鼠在三个月内死亡，显示出严重的神经肌肉退化，这类似于我们在患有雷吉氏综合征的婴儿中所观察到的情况——在出生后两三年内令人心碎地死于呼吸衰竭。老鼠的问题和它们如何应对氧气有关——将老鼠置于低氧环境中，呼吸含有 11%氧气的空气（相当于尼泊尔或秘鲁的高山社区），使它们能够过上相当正常的生活；它们可以相对自由地走动，在多个月后也只会出现较轻的症状，但是如果把这些患有雷吉氏综合征的小鼠放在不足以伤害健康小鼠的较高浓度氧（55%）的环境里，它们就会受到严重的影响，仅仅存活一个月。很明显，这些小鼠无法应对氧气，但在这种情况下，这种效应可以归结为线粒体如何处理氧气。一个令人沮丧的缺点是，低氧环境的间歇使用并不是有益的，中度缺氧治疗（17%的氧气）也不行——似乎存在一个较低的保护阈值。尽管如此，这些还是很有启发性的。我从来没有见过这么清楚的案例显示呼吸氧气会导致死亡。

抗氧化剂可能会使情况变得更糟。伦敦大学学院的另一位同事弗洛伦西亚·加缪一直用线粒体基因和核基因之间有轻微的不相容性的果蝇来研究线粒体功能。老笑话说时间像箭一样飞逝，但果蝇喜欢香蕉②。

---

① 雷吉氏综合征，是一种进行性神经退行性疾病，是婴儿中最为常见的一种线粒体脑病。——译者

② 原文是 time flies like a arrow，but fruit flies like a banana，后一句如果按照前一句的语法结构应该是水果像香蕉一样飞，但是读完就意识到，在这里 flies 是作为名词，而 like 是作为动词，因此应该是果蝇喜欢香蕉。——译者

有些苍蝇的飞行能力真的就像香蕉一样——如果给予适度的抗氧化剂，它们就几乎无法飞行。只有雌性能飞具有讽刺意味的是，我们对这些果蝇很感兴趣，因为雄性果蝇遭受着一种温和的“母亲的诅咒”——它们的生育能力与线粒体匹配良好的果蝇相比要低，这一问题似乎与睾丸中的氧毒性有关。在这种情况下，抗氧化剂似乎起到了促进男性生育力的作用。然而，相同剂量的同一抗氧化剂杀死了几乎所有的雌性，显然是通过抑制它们的呼吸来实现的，而这对于线粒体匹配良好的雌性果蝇则没有影响。我们还没有发表这一发现，因为我们仍在试图找出其机制。我在这里提到这一点是因为它的含义很重要：药物反应，无论是好的还是灾难性坏的，都可能取决于正常情况下几乎无法检测到的线粒体相互作用。这仅仅是冰山一角吗？

这本书的书名可能有点夸张。在公共交通上阅读时，心理承受能力不够强的读者可能会陷入窘境。我很抱歉，大多数人只记得书名中的一个词——一篇有趣的评论打趣说：“我在阅读了尼克·莱恩关于氧气的书后，已经戒烟了，因此，我怀着一种惶恐的心情来读他的这本关于性的书。”现在我年纪大了，我可以反思这个书名是否夸大其词，还是像我想的那样隐藏了更深层次的真相。在写这篇序言时，我惊讶地发现，这些想法并没有随着时间的推移或科学的巨大进步而褪色。线粒体确实给生命赋予了意义，或者至少帮助我们理解生命，这应该是同一件事。我希望这本书能启发你对意义的探索。

尼克·莱恩

2018 年 3 月于伦敦

导 言

线粒体：世界的隐秘统治者

线粒体是细胞内的微小细胞器，以ATP的形式产生我们所需的几乎所有的能量。平均每个细胞有300—400个线粒体，在人体内约有1万兆（10^{16}）个线粒体。基本上所有复杂的细胞都含有线粒体。它们看起来像细菌，而它们的外表也没有欺骗人：它们曾经是自由生活的细菌，它们在大约20亿年前适应了在更大的细胞内生活。它们保留了一部分基因组片段作为彰显曾经独立的标志。它们与宿主细胞的曲折关系塑造了整个生命结构，从能量、性和生育能力，到细胞自杀、衰老和死亡。

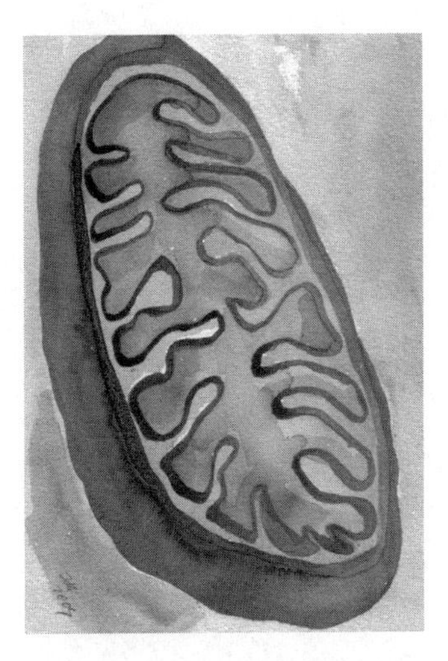

线粒体——细胞内诸多微小的能量库之一，以惊人的方式控制着我们的生活

线粒体一直像一个被保守得很好的秘密。很多人因为各种各样的原因听过它。在报纸上和教科书中，它们通常被描述为生命的“发电厂”——小小的动力装置几乎提供了我们生命所需要的所有能量。我们的每个细胞中都有成百上千个这样的装置，它们利用氧气来燃烧食物。它们如此之小以至于 10 亿个线粒体放在一起都不及一粒沙的大小。生命演化出了线粒体后就仿佛配备了一个涡轮增压的发动机，无休止地运转，一刻不停。所有的动物，哪怕再懒散，也至少包含一些线粒体。即便是那些固定不动的植物和藻类也会在光合作用中用到它们。

一些读者可能对“线粒体夏娃”这个表达很熟悉——她被认为是当代人类共同祖先中离我们最近的那一个，如果我们沿着母系血缘追踪我们的基因遗传轨迹，从孩子到妈妈，从妈妈到外婆，向时间迷雾的深处如此追寻，就会找到她。“线粒体夏娃”——所有母亲的母亲——被认为生活在距今 17 万年前的非洲，因此也被称为“非洲夏娃”。我们可以通过线粒体来追踪我们的祖先，是因为所有的线粒体都保留了一小撮线粒体自己的基因，这些基因同线粒体一起可以通过卵子传给后代，而无法通过精子传给后代。这意味着线粒体基因就像母系姓氏一样，使得我们能够借此追踪我们的母系祖先，就像一些家族会从征服者威廉、诺亚或是先知穆罕默德那里沿着父系追踪遗传后代那样。近来有人质疑其中的部分原理，但整体而言，这个理论依然站得住脚。当然，这项技术不但能帮助我们了解谁是我们的祖先，也能澄清谁**不是**我们的祖先。根据线粒体分析，我们发现尼安德特人**并没有**和现代智人杂交产生后代，而是在欧洲边缘被推向灭绝。

线粒体在法医鉴定当中也崭露头角，比如说鉴定某人或某具尸体的身份，其中不乏一些著名的案例。再重复一遍，这项技术完全依赖于线粒体所携带的那一小撮基因。比如最后一个俄国沙皇——尼古拉二世的身份就是通过和亲戚的线粒体基因的比对而确定的。第一次世界大战末期，在柏林一个从河边被救起的 17 岁的女孩声称自己是沙皇失散的女儿阿纳斯塔西娅，之后她被送进了精神病院。1984 年，在她过世以后，线粒体基因分析最终否定了她是沙皇女儿的说法，这场历经 70 年的争议和喧嚣最终尘埃落定。还有一些更为近期的例子，比如在“9・11”恐怖袭击事件中，在世贸中心的很多无法辨别的受害者残骸通过线粒体基因分析被确定了身份，而把萨达姆与他的多个替身区分开来也用了相同的技术。线粒体基因之所以被广泛应用于分析的一个原因是它们在细胞中的数量很多。每一个线粒体都有 5 到 10 份它们自己基因的拷贝，而每个细胞里有几百个线粒体，也就是说在一个细胞里，同一个线粒体基因会有几千个拷贝，相比之下，在细胞核（细胞的控制中心）里一个基因只有 2 份拷贝。因此完全无法提取出任何线粒体基因的情况是很罕见的。而一旦提取到基因，结合我们与母亲或者母系亲属有着完全相同的线粒体基因的事实，就可以帮助我们轻易地确认或推翻预设的亲缘关系。

“线粒体衰老理论”主张衰老以及很多与之相关的疾病都在正常细胞呼吸时由线粒体泄漏出的称之为“自由基”的活性分子所导致的。线粒体并不是完全的“防火花”。当它们用氧气燃烧食物时，自由基火花会逃离并对附近的结构造成损伤，包括线粒体本身的基因和距离更远的细胞核内的基因。我们身体里面的基因每天要承受自由基 1 万—10 万次的攻击，也就是说每秒都要被虐待一次。这些损伤多半都可以轻松地被修复，但是攻击偶尔还是会造成不可逆的突变——基因序列发生永久性的改变——而这些改变将会伴随我们的一生。那些受伤比较严重的细胞会死去，而细胞持续的损耗最终会导致机体衰老并引起一系列的退行性疾病。很多让人痛苦不堪的遗传疾病也和线粒体自由基所导致的基因突变有关。这些疾病经常呈现出诡异的遗传特征，一代人和一代人之间的严重程度也会有变化，但总体来说都是随着年龄的增长而不可逆地恶化。线粒体疾病的一大特征就是会出现在新陈代谢较为旺盛的组织中，比如肌肉和大脑，因而产生癫痫，也会造成一些行动失调，致盲致聋，以及肌肉退化。

线粒体被另一些人所熟知是因为一项饱受争议的不孕症疗法，在这项疗法中，一个健康女性所提供的卵子中的线粒体被转移到另一个不孕女性的卵子中——这项技术被称为"卵质转移"——即把卵子中的一部分物质进行转移。当这项技术第一次被报道的时候，一家英国报纸用了醒目的标题《两个母亲和一个父亲的婴儿出生》。这个媒体所擅长的引人注目的标题也并不完全错误——尽管细胞核中的基因都来源于它"真正的"妈妈，但是的确有**一部分**线粒体基因来源于提供线粒体的那位"供体"妈妈，婴儿的确从两个不同的妈妈那里获得了基因。尽管通过这种方式诞生了超过 30 个表面上完全健康的婴儿，但出于伦理和操作上的考虑，这项技术在美国和英国都被法律所禁止。

线粒体甚至进入了《星球大战》的电影，作为著名的"与你同在"的原力的虚构的科学解释，当然这些解释引起了星球大战粉丝们的愤怒。在开始的一系列电影中，原力被虚构为精神上而非宗教上的，但是在之后的电影中，则被解释为"原力体"的产物。原力体，据某位绝地武士说是"一种存在于所有活的细胞当中的微观生命形式。我们和它们是共生关系，因为这种关系使得我们彼此获益。没有原力体，生命将无法存在，而我们也会变得对原力一无所知”。不管在发音上还是在功能上，原力体和线粒体之间都是如此相似以至于你根本无法认为这仅仅出于巧合。线粒体也的确起源于细菌并和我们的细胞形成了共生关系（生物之间因为互相受益而形成的紧密的共同存在的关系）。正如原力体一样，线粒体也具备很多谜一般的特征，甚至可以通过分支网络而相互沟通。林恩·玛格利斯于20世纪70年代提出了线粒体起源于远古细菌的假说，尽管当初这个假说饱受争议，但是现在已经基本被生物学家们当作事实接受了。

所有的这些线粒体的方方面面都通过报纸或者其他的公共传媒被大众所熟知。而线粒体的其他的一些方面尽管在过去的一二十年里被科学家所广泛熟知，但是对于大众却是陌生的。这其中最重要的就是细胞凋亡，又称为程序性细胞死亡，在这个过程中，个体细胞因为集体利益，即整个身体的利益而选择了自杀。大约在20世纪90年代中期，研究者发现细胞凋亡并非像之前人们所料想的那样由细胞核中的基因控制，而是由线粒体操纵。这项发现对于医学研究尤其重要，因为癌症发生的根本原因就是细胞无法进入程序性细胞死亡，而是一直存活并不断分裂。如今很多研究者放弃寻找细胞核中那些能影响癌细胞生存的基因，转而将注意力放在了线粒体上，尝试通过以某种方式操控线粒体诱发癌细胞的凋亡。然而这个发现还有更深的意义，在癌症中，个体细胞挣脱了整体利益至上的脚镣转而追求个体细胞的自由。在演化的早期，个体细胞因整体利益牺牲个体自由甚至生命的行为似乎很难理解：为什么一个细胞会因为可能存在的整体利益而接受死亡的惩罚，以获得生活在一个社群中的权利？尤其当它依然保留了脱离这个社群去独立生活的可能性的时候？没有程序性细胞死亡，可能永远不会演化出复杂多细胞生物中细胞间的那种紧密的联系。而因为程序性细胞死亡取决于线粒体，那么没有线粒体可能多细胞生物根本不会存在！这并不是异想天开，的确所有多细胞的植物和动物**真的**都含有线粒体。

另一个线粒体扮演重要角色的领域则是真核细胞的起源。真核细胞指的是那些具有细胞核以及其他复杂结构的细胞，动物、植物、藻类以及真菌都由真核细胞构成。真核这个词源自希腊文（*eukaryotic*），表示“真正的核”，而细胞核则是基因的所在地。实际上这个名字具有明显的欺骗性，真核细胞除了细胞核以外还包含其他的一些结构，比如说，线粒体。这些复杂的结构是如何演化出来的？这是现今的热点话题。根据目前的理论，真核细胞逐步演化直到某一天吞噬了一个细菌，这个细菌没有被真核细胞消化掉，而是被奴役了几代以后，变得完全依赖它而生，最终演化成为线粒体。这个理论也预测了我们共同的祖先应该是某些鲜为人知的**没有**线粒体的单细胞真核生物——它们是线粒体被原始真核细胞捕捉并驱使前那个时代的遗老。可是经过十几年的仔细的基因分析，所有已知的真核细胞似乎都**拥有**或曾经**拥有过**（但后来遗失了）线粒体。这似乎暗示了，复杂细胞的起源和线粒体的起源是密不可分的——这两件事实际上是一件事。如果这是事实的话，那么不但多细胞生物的演化是以线粒体的存在作为前提的，而且真核细胞的复杂结构的出现也依赖于线粒体。如果这些都是真的，我们也可以进一步大胆推断，如果没有线粒体，地球上的生命形态将会一直在细菌阶段止步不前。

另一个线粒体所涉及的更不为人知的方面是和两性之间的差异有关，可以说线粒体是两性出现的必要条件。性是一个广为人知的难解之谜：通过父母两性结合繁殖产生一个小孩，而克隆繁殖或孤雌繁殖只需要母亲，父亲的角色不单是多余的且浪费空间和资源。更糟糕的是，两性的存在意味着我们只能从一半的种群中寻找配偶，至少当我们把性看成是繁衍后代的手段时是这样。不管是否繁衍后代，所有的个体都保持同样的性别，或者是有无限多种的性别都好过只有两种性别的存在：只有两种性别并且只能找异性繁殖后代简直是最糟糕的情况。而这个谜题的答案在20世纪70年代被提出，如今被科学家广泛接受，但是对于大众却很陌生，相信你也猜到了——和线粒体有关。我们需要有两种性别，因为一种性别必须要特化产生可以传递线粒体的卵子，而另一种性别则必须特化产生不传递线粒体的精子。我们将在第六章中讨论形成这种现象的原因。

所有这些研究方向都让线粒体重新回到了20世纪50年代时的光辉岁月，那时线粒体刚刚被认定为细胞中的能量产生场所，供应我们所需的几乎所有能量。1999年，顶尖学术期刊《科学》用了封面和相当大篇幅以《线粒体回来了》为标题报道了有关线粒体的研究成果。而回望线粒体被忽视的这些年，大约有如下两点主要原因。一是生物能学——研究线粒体中能量产生的学科——被认为是艰难而晦涩的领域，以至于人们总是在听完学术报告后说"不用担心，没有人真正听明白线粒体研究者们在讲什么"，这令人宽慰的总结在讲堂里久久回荡。第二个原因和20世纪后半叶分子遗传学的出现有关。正如著名的线粒体研究者伊莫·舍夫勒所说："分子生物学家忽视线粒体的原因在于，线粒体基因发现所带来的遥不可及的意义和应用很难被科学家们充分认知。必须经历一段时间，积累了足够多的观察和数据从而形成数据库，才能用以解答人类学、生物起源论、疾病、演化等相关的充满挑战的问题。"

我曾在开篇的时候说线粒体是一个被保守得很好的秘密。尽管新的发现让线粒体名扬四海，但是很多方面依然迷雾重重。很多有关如何演化的问题甚至都没有被提出来，更不要说在科研杂志上定期讨论了：围绕着线粒体所展开的各个研究领域都遵循传统各自开展探索。比如说，线粒体产生能量的机制——通过跨膜主动泵运质子（化学渗透）——存在于包括最原始细菌在内的所有的生命形式。这是一种非常古怪的产生能量的方法。正如一位评论者所说："自达尔文之后，生物学领域再也没有一个人像爱因斯坦、海森堡或薛定谔那样提出一个违反直觉的想法。”但是化学渗透这个想法被证明是真实存在的，并使得彼得·米切尔在 1978 年赢得了诺贝尔奖。不过有一个问题却很少被提出：**为什么**如此独特的一种产生能量的方法却被各种不同的生命形式采用？我们将会看到，这个问题的答案向生命起源的幽暗尽头投射了一束光。

另一个很少被触及的但非常迷人的问题是为什么线粒体的基因会被一直保留下来。很多的学术论文追踪我们的祖先一直到“线粒体夏娃”，甚至用线粒体基因去探究不同物种之间的关系，但很少去探讨这些基因为什么会存在。它们仅仅被认为是来自细菌祖先的遗物。或许是这样吧。但问题是，线粒体的基因可以轻而易举地被**整体**转移到细胞核中。不同的物种都把不同的基因转移到细胞核中，但是**所有**包含线粒体的物种都保留了几乎相同的一批核心基因。这些基因到底有什么特别之处？这个问题的答案将帮助我们了解为什么细菌永远不会企及真核生物的复杂程度。同时也解释了为什么生命有可能在宇宙的某个角落停留在细菌阶段亘古不变：为什么我们也许并不孤独，但是我们却几乎注定了要承受寂寞。

还有很多敏锐的思考者们在专业文献中提出了很多其他的问题，尽管这些问题很少困扰广大读者。乍看起来，这些问题带有一种令人发笑的深奥，即便是最爱钻研学术的科学家也很少会去触及。但是当把这些问题汇集在一起，问题的答案则使得那些演化的轨迹无缝衔接起来，从生命起源本身到复杂细胞以及多细胞生物的产生，再到演化出更大的体型、性别、温血，最终衰老并且死亡。从这些答案中所浮现出的全幅景象为很多问题提供了崭新的答案——为什么在这里？我们在宇宙中是否孤独？为什么我们有个人意识？为什么我们要做爱？我们往哪里寻根？为什么我们必须衰老然后死亡？——简而言之，它告诉我们生命的意义到底是什么。善辩的历史学家菲利普·费尔南德斯-阿梅斯托写道：“故事可以解释故事本身，如果你知道一些事情是如何发生的，那么你就能理解它们为何发生。”所以当我们重新建构生命故事的时候，“如何发生”与“为何发生”紧密缠绕在一起，密不可分。

我尝试让这本读物能够被具备较少科学与生物学背景知识的人理解，但是因为不可避免要讨论一些前沿研究的意义，我必须介绍一些专业词汇并假设读者对基础细胞生物学有一定的了解。即便熟悉这些词汇，一些章节读起来也颇有挑战性。我相信科学真正迷人的地方就在于和那些触及生命意义却答案尚不明了的问题在黑暗中角力，而后迎来如日出破晓时的激动，会让人们明白这一切努力都是值得的。当我们去面对这些发生在几十亿年前的遥远的事件时，几乎可以确定的是我们很难获得一个确定的答案。不过我们依然可以用我们已经知道的或者我们觉得我们知道的知识来把答案缩小到一个可能的范围内。我们的生命里遍布了获取答案的线索，有些甚至出现在我们不曾想到的地方，而理解这些线索需要我们对分子生物学有一定的了解，因此某几个章节会有一些复杂。这些线索使得我们能够排除某些可能性，而专注于其他。正如福尔摩斯所说：“当你排除了一些可能，不管剩下来的看似多么难以置信，必定是事情的真相。”在演化的问题上，用不可能这样的表述是比较危险的，但是构建一个生命可能的演化途径是能体会到当一个侦探的满足感的。我希望能够把我在这个过程中激动人心的时刻也传递给这本书的读者。

我已经将大多数技术相关的词汇整理成表供读者查阅，但是在我们继续往下之前，我想带领那些没有生物学背景知识的读者尝一尝细胞生物学的滋味，我相信这对于他们理解之后的内容是有帮助的。活细胞是一个微型的宇宙，是地球上所能存在的最小的生命形式，也是生物学最基本的结构单位。一些生物，比如变形虫或是细菌，由一个细胞构成，我们称之为单细胞生物。另一些生物由很多细胞构成，比如我们人类由上万亿个细胞构成，我们称之为多细胞生物。研究细胞的科学称为细胞生物学（cytology），这个词源于希腊语中的 cyto，意指细胞（原意是指中空的容器）。许多专有名词都用到 cyto-这个词根，比如细胞色素（cytochromes，细胞中的有色蛋白）或是细胞质（cytoplasm，活细胞除了细胞核以外的具备生命特征的部分），或是以 cyte 表示细胞，比如红血球（erythrocyte，红色血细胞）。

并非所有的细胞都是平等的，有一些细胞显然比其他细胞更平等。[①] 而这其中最不平等的当属细菌这种最简单的细胞了。即便是在电子显微镜下，所能捕捉到的有关细菌结构的信息也少得可怜。它们非常小，直径大约只有千分之几毫米（几微米）的大小，通常呈球状或杆状，被一层坚硬但可透过的细胞壁与外界分隔开来。而在细胞壁的内侧，细胞膜是一层薄薄的只有几万分之几毫米（几纳米）的薄膜，却几乎没有透过性。这层薄膜尽管薄得几乎看不见，但是在这本书中却很重要，因为细菌利用这层膜来产生能量。

细菌细胞里面，或者说几乎所有的细胞的内部都被称为细胞质。细胞质是一种啫喱状的包含有各种生物分子的溶液或悬浊液。人们通过放大百万倍（我们可以达到的最大倍率）的显微镜观察细胞质，可以依稀看到一些分子，这使得细胞质看起来有些粗糙，就像是从空中俯瞰一片被鼹鼠糟蹋过的田地。首先在这些分子中长而如线圈般盘绕的线状 DNA——也就是我们通常说的基因——其轨迹就像不良鼹鼠所挖掘的扭曲的地下洞穴。它的分子结构，即著名的双螺旋结构在半个多世纪前由沃森和克里克揭示并披露。其他的分子则是一些在高倍显微镜下能勉强看到的体积较大的蛋白质。尽管一个蛋白质由百万个原子构成，但是这些原子被精准而有序地排列形成固定的结构，科学家们通过 X 光衍射法可以解密这些结构。除此以外，细胞里就没什么能看到的东西了。

① 这里是借用了乔治·奥威尔在《动物庄园》里的著名表述：并非所有动物都生来平等，显然一些动物要比另一些更平等。——译者

通过生化分析我们知道，即便是最简单的细菌也是如此复杂以至于我们对它们那些看不见的部分几乎一无所知。

我们人体则是由另外一种完全不同的细胞构成，是我们的细胞农场中最平等的一群细胞。首先，它们的体积要大得多，几乎是一个细菌体积的 10 万倍。因此我们可以看到更多的内部结构。有叠在一起的扭曲的膜，表面因布满其他结构而显得粗糙。有各种各样大小不一的囊泡，像封口紧密的拉链袋将细胞质隔绝开来。还有密集的分支结构交错成网，提供细胞结构上的支撑和弹性，我们因此称它们为细胞骨架。还有**细胞器**——细胞中一个个相互独立的结构。细胞器对于细胞，就像我们的器官相对于我们的身体一样，每个细胞器都有自己所行使的特定功能，就像肾脏的功能是用来过滤一般。但是占据细胞绝大多数位置的是细胞核，操控整个细胞，如果我们把细胞核想象成一个星球，这个星球表面遍布如月球表面环形山般的洞（其实是孔）。拥有细胞核的细胞，称为真核细胞，是地球上最重要的细胞。如果没有它们也就不会有真核生物的存在，所有的动物、植物、真菌、藻类，一切我们肉眼可见的生物都由真核细胞构成，而每一个真核细胞都有一个细胞核。

细胞核包含 DNA，是构成基因的分子。真核细胞里的 DNA 结构和细菌中的完全一样，但是在更大规模的组织上却相当不同。在细菌中 DNA 会形成一个扭曲的环状。曲折的鼹鼠洞最终会头尾相连，从而成为单一的环形染色体。而在真核细胞中，则通常有多个不同的染色体，比如在人类中这个数字是 23，而这些染色体都是线状的，而非环状。这并不是说这些染色体都展开成一根直线，而是说它们有分开的两个端点。在细胞正常工作状态下，染色体的这些构造无法在显微镜下观察到，但是在细胞分裂时，染色体会改变它们的构造，折叠成可以辨认的管状物。大多数真核细胞对它们拥有的每 1 条染色体都保留有 2 个拷贝——因此被称为二倍体，使得人类细胞中有 46 条染色体——在细胞分裂时，成对的染色体两两配对，仅在腰部相连。这使得染色体在显微镜下呈星形。[①] 这些染色体并不仅仅由 DNA 构成，而是被某些特定的蛋白所覆盖，这其中最重要的蛋白被称为**组蛋白**。这是真核细胞和细菌之间的一个重要区别，细菌的 DNA 不被任何组蛋白所覆盖，它们是裸露的。这些组蛋白不但防止真核细胞 DNA 受到化学攻击，而且能够把控读取基因信息的关卡。

当弗朗西斯·克里克发现 DNA 的结构，他立马就理解了基因遗传是如何工作的，当晚他在剑桥大学附近的老鹰酒吧宣布他洞悉了生命的秘密。DNA 本身作为一个模板，可以为 DNA 和蛋白质的合成提供信息。DNA 双螺旋中缠绕在一起的两条链是互补的，那么在细胞分裂时，两条链被分开，每一条链都为合成另一条链提供信息，从而形成 2 个完全一样的 DNA 拷贝，而 DNA 中又包含了决定蛋白质结构的信息。这被称为生物学里的"中心法则"——基因编码蛋白质。DNA 的序列不管多长都由 4 个分子"字母"构成，正如英语虽然由无数单词排列组合形成句子、文章、书籍，但最终都是由 26 个字母排列而成。因此在 DNA 中，这 4 个字母的排列组合决定了对应蛋白质的不同结构。**基因组**则是一个生物所包含的所有基因的基因库，可以含有多达几十亿个字母。一段包含有几千个字母的基因理论上只能编码一个蛋白质。而每个蛋白质都由很多个**氨基酸**连接而成，氨基酸的顺序决定了蛋白质的功能特征，而氨基酸的顺序则由基因中字母的序列所决定。如果基因中字母的序列发生了改变——也就是"突变"——那么蛋白质的结构也会发生改变，当然这并不是一定的，因为决定氨基酸序列的遗传密码存在一定冗余，专业术语则称为"简并"，意思是说，几种不同组合的字母会指向同一个氨基酸分子。

---

① 只有在减数分裂的时候染色体才两两配对，在有丝分裂时，每 1 条染色体会自我复制形成 2 条染色单体，染色单体在腰部相连。——译者

蛋白质是生命之光。它们的形式与功能几乎是无穷无尽的，生命之参差多态几乎完全归功于蛋白质的丰富多样。蛋白质使得生命所需的一切生理机能都成为可能，从新陈代谢到运动，从听觉到视觉，从免疫到信号传递。依据它们的功能，蛋白质可以被分为几个大类，大概其中最重要的一类是酶，它们是生物催化剂，可以把生化反应的速率提高几个数量级，且对于反应原材料有着惊人的选择性。一些酶甚至可以区分同一种原子的不同形式（同位素）。其他一些重要的蛋白质种类包括荷尔蒙和它们对应的受体，免疫蛋白质（如抗体），与 DNA 结合的蛋白质（如组蛋白），结构蛋白质（如组成细胞骨架的纤维）。

DNA 密码是非常懒惰的，海量的信息被存放在细胞核里，就如同珍贵的百科全书被安全地存放于图书馆中，而不是放在工厂里让人随意翻阅。作为日常使用，细胞会复印需要的信息带出细胞核，而不是把珍贵的信息带来带去。这些被“复印”出来用于携带信息的分子称为 RNA，构成 RNA 的分子与构成 DNA 的分子相似，但是这些分子被纺织成一条单链而非 DNA 分子的双链条螺旋。几种不同的 RNA 分别行使不同的功能。第一种我们称为信使 RNA，长短大致相当于一个基因。像 DNA 一样，它们由一串字母构成，而这些字母的序列和它们所对应的 DNA 中的基因序列完全一样。基因序列会以有轻微差别的书法**转录**至信使 RNA，从一种字体变为另一种，但在转录中信息被完整地保留了下来。这个 RNA 是长着翅膀的信使，从 DNA 出发，通过如月球表面环形山般的核孔出来，进入到细胞质当中。在这里，RNA 会停泊在某座蛋白质制造工厂旁，在细胞中有数以千计的蛋白质制造工厂，它们被称为**核糖体**。核糖体数量巨大但是体型微小，它们会附着于细胞内膜的表面使得膜表面在电子显微镜下呈现粗糙的表面结构。核糖体由好几种不同的 RNA 与蛋白质一起组成，它的主要功能是**翻译**信使 RNA 中的信息，从而将氨基酸以不同的顺序组合起来，进而制造出不同的蛋白质。转录和翻译的过程被各种不同的蛋白质严格地调控，其中最重要的是**转录因子**，负责调节基因的表达，当我们说一个基因被“表达”的时候，指的是基因中沉睡的信息通过转录和翻译变为有活性的蛋白质，在细胞或是其他地方行使功能。

掌握了这些基本的细胞生物学知识，让我们回到线粒体。它们是细胞中的细胞器——细胞的“器官”——体型微小但行使某种特殊的功能，对于线粒体来说就是制造能量。我们在上文里提到过线粒体曾经是细菌，从外观上看它们依然和细菌非常相似（图 1）。虽然典型的形状经常被形容为香肠或是蠕虫，但是其实它们也可以相当扭曲，甚至扭成红酒开瓶器的螺旋状。它们大小和细菌相似，一般是千分之几毫米（1—4 微米）的大小，甚至可以小到只有半微米。组成我们身体的细胞包含有巨大数量的线粒体，具体数量取决于细胞新陈代谢的需求。新陈代谢较为旺盛的细胞，比如肝脏、肾脏、肌肉和大脑，每个细胞都有几百甚至几千个线粒体，占到细胞质的 40%。而卵子或者卵细胞则是非同一般地携带了大约 10 万个线粒体给下一代。相比之下，血细胞和皮肤细胞则只有个位数的线粒体，甚至完全不携带线粒体。精子通常有少于 100 个线粒体。我们一个人身体里的所有的线粒体加在一起，数量会

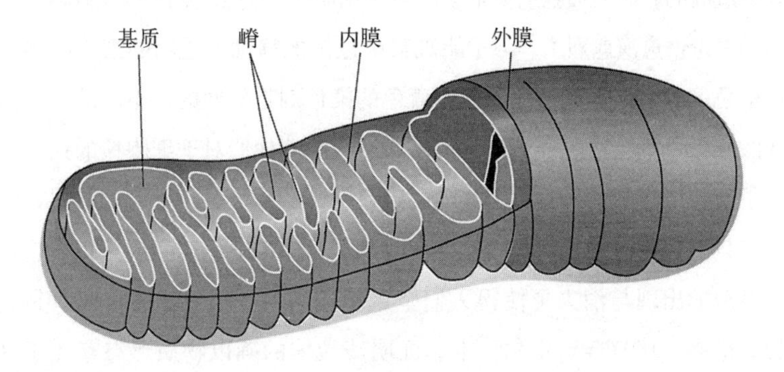

图 1

单个线粒体的示意图，显示了外膜和内膜；内膜卷曲成许多称为嵴的褶皱，这些褶皱是细胞呼吸作用发生的地方。

达到千万亿这个数量级，总重量会占到我们体重的10%。

线粒体的两层膜将线粒体与细胞的其他部分隔开，外膜为光滑而连续的表面，内膜则会折叠成向内凹陷的褶皱甚至是形成管状的构造，我们称之为**嵴**。线粒体并不是静止不动的，而是一直会非常活跃地移动到需要它们的地方。它们会像细菌一样一分为二，成为独立的个体，也会融合到一起形成大的分支网络。线粒体很早就在电子显微镜下被观察到，并描述为颗粒、杆状或是细丝，但是它们的起源一直存在争议。最先意识到线粒体重要性的是德国人理查德·阿尔特曼，他主张这些微小的颗粒物其实是组成生命非常重要的颗粒，因此在1886年将其命名为**原生粒**。阿尔特曼主张原生粒是细胞中唯一的有生命的组成成分，并进一步推断认为原生粒因为相互保护的需要而聚集在一起，就像是铁器时代住在防御工事里的人们一般。其他结构，比如细胞膜和细胞核则是由原生粒群体因自身目的而聚集成的结构，细胞溶质（细胞质中液体的部分）则只是包裹在微型城堡中的储存营养物质的蓄水池。

阿尔特曼的想法从来没有被广泛接受，并且还受到了一些嘲笑。其他人声称原生粒只是他臆想出来的东西，是他在精心制备显微镜样本时人为造成的。而当细胞生物学家沉迷于细胞分裂时染色体曼妙的舞姿时，这场争论便愈演愈烈了。为了能观察染色体的移动，透明的细胞必须通过染色剂着色，而能够让染色体着色的染色剂是酸性的，不幸的是，这些酸性染色剂会造成线粒体的溶解，这意味着他们对于细胞核的执着破坏了线粒体存在的证据。而其他的染色剂则产生了自相矛盾的结果，线粒体只能被临时着色，但线粒体本身却可以使得染色剂变成无色。它们鬼魅般的出现与消失更使得人们坚定地相信——原生粒的存在只是臆想。最终，1897年，卡尔·本达证明线粒体的确以物质形态存在于细胞当中，他把线粒体定义为“颗粒、杆状或是细丝状的存在于几乎所有细胞中的……，会被酸性物质或是油脂溶剂破坏的”。他称其为线粒体

(mitochondria)，来源于希腊语 mitos，表示线状，而 chondrin 表示小体。尽管这个命名经受住了时间的考验，但是线粒体大概有过超过 30 个不同的晦涩难懂的姓名，包括 chondriosomes，chromidia，chondriokonts，eclectosomes，histomeres，mircrosomes，plastosomes，polioplasma 和 vibrioden。

虽然线粒体的存在最终被确定，但是它的功能依然是未知的。很少有人像阿尔特曼那样将生命的特征归功于线粒体，而是寻找其更为确切的功能。有些人认为线粒体是蛋白质或脂肪合成的中心，另一些人则认为线粒体是基因所在地。实际上，线粒体染色剂神秘地消失使得线粒体的功能浮出水面：染色剂变成无色的原因是因为染色剂被线粒体氧化——一个类似于食物在细胞呼吸中被氧化的过程。因此，在 1912 年，金伯利提出，线粒体可能是细胞的呼吸中心。他的提议在 1949 年的时候被证明是正确的，尤金・肯尼迪和阿尔伯特・伦宁格揭示了细胞呼吸的相关的酶的确存在于线粒体中。

尽管阿尔特曼的关于原生粒的理论声名扫地，很多研究者依然坚称线粒体是和细菌相关的独立实体——因为与细胞的共同利益而存在细胞内的**共生体**。共生体是共生关系中的一方，而共生关系指的是双方从彼此的存在中获得某种生存上的优势。一个非常经典的例子就是埃及千鸟，它们会为尼罗鳄剔牙，为它们提供牙齿健康的同时自己也收获了食物。相似的共生关系存在于细胞当中，比如细菌，它们会生活在大的细胞中作为**内共生体**。在 20 世纪最初的几十年里，几乎所有的细胞器都被认为是可能的内共生体，只是因为互利的共生关系使得它们产生了一些变化，包括细胞核、线粒体、叶绿体（负责植物体中的光合作用）和中心粒（参与细胞骨架的组织）。所有这些理论都基于形态和行为，比如可以移动和自主分裂，但这些都仅仅停留在假设这个阶段。更为严重的是，这些学者为了争夺优先权而争论不休，很少能达成共识。正如科学历史学家简・萨普在他的《合作演化》中提道："从而揭示了一个带有讽刺的事实——许多拥有极强利己主义观点的人却指出在演化中互助合作能带来的创造力。”

事情在1918年后愈演愈烈，当法国科学家保罗·波尔捷发表了他辞藻华丽的著作《共生体》后，更是达到了最高峰。他在书中大胆地提出：“所有的生命体，所有的动物从阿米巴虫到我们人类，所有的植物从隐花植物到双子叶植物，都是通过两种不同的生命联合，嵌套而成的。每一个活细胞都包含了原生质体的形态，组织学家将其命名为线粒体。这些细胞器对于我来说和共生的细菌没有差别，因此我将其称为共生体。”

波尔捷的工作在法国同时获得了高度赞扬和尖锐的批评，尽管在英语语言世界没有引起太多的关注。这是首次没有只基于线粒体和细菌之间的相似的形态作为理论基础，而是开始尝试用细胞培养的方法来培养线粒体。波尔捷声称至少培养了还没有完全适应细胞内生活的“原线粒体”。他的发现被巴斯德学院的一众细菌学家公开质疑，细菌学家们表示他们无法复制波尔捷的工作。而令人感到悲伤的是，当波尔捷在索邦大学的位置坐稳了以后，他很快放弃了这块领域的研究，而他的工作也很快被人们遗忘。

几年以后的1925年，美国人伊万·沃林独立提出了他自己关于线粒体具备细菌特性的观点，并声称这种紧密的共生关系是新物种形成背后的驱动力。这也使得他开始尝试培养线粒体并且也认为自己取得了成功。但是又一次因为无法重复他的实验，人们的兴趣再一次减退。不过共生的假说并没有被完全排除，美国细胞生物学家E. B. 威尔逊归纳了大众普遍的态度后给出了他的著名论述：“对许多人来说，这些推测毫无疑问都过于天马行空，但是不管怎样，在未来的某一天，的确存在被重新严肃审视的可能性。”

这个“未来的某一天”出现在了半个世纪之后：那是1967年6月，

在爱情之夏诉说一段亲密的共生关系真是再浪漫不过了。[①] 林恩·玛格利斯向《理论生物学期刊》提交了她著名的文章，在文章中她复活了半个世纪前的“娱乐性的幻想”并将其赋予了科学的外衣。在那个时候证据更加充分了，线粒体中存在DNA和RNA的事实已经被发现，一些证明“细胞质遗传”（在细胞质遗传中遗传特性的传递独立于细胞核基因外）存在的案例也被记录在案。玛格利斯后来嫁给了一个宇宙学家卡尔·萨根，这使得她对于生命演化的观点不再局限于生物，而是拓展到大气演化的地质证据，还有细菌的化石和早期真核生物。她将自己对微生物结构和化学完美的洞察力应用到这项工作中，并且以系统的标准去衡量共生关系存在的可能性。尽管如此，她的工作还是被拒绝了多次。她的奠基性论文被15家不同的杂志拒绝，直到遇到了詹姆斯·丹尼利，《理论生物学期刊》杂志的一位有远见的编辑[②]。论文发表以后受到了空前的关注，一年中便收到800次重印的要求。她的书《真核细胞的起源》，尽管已经签订了合同还是被学术出版社拒绝了，但最终在1970年由耶鲁出版社出版。这后来成为20世纪最有影响力的生物学作品。玛格利斯编集的证据如此有信服力，以至于如今的生物学家们至少在线粒体和叶绿体的起源方面，已经承认曾经的异端邪说是符合科学事实的。

激烈的争论持续了十几年，尽管局限在小范围内，却是至关重要的。没有这些争论，人们不会对最终达成的共识如此有把握。每一个人都接受线粒体和细菌的确是类似的，但是不是每个人都同意这些类似的背后到底意味着什么。毫无疑问，线粒体中的DNA具备了细菌DNA的特征：它们是单个环状的DNA（而不是像细胞核中的线状DNA），

① “爱情之夏”指的是1967年，并不是因为那年发生了革命性的新运动，而是因为那时媒体开始识别并关注嬉皮现象——这种在美国和欧洲正在酝酿的地下替代性青年文化。——译者

② 他也是和达夫森一起提出关于细胞膜结构的达夫森–丹尼利模型，即三明治模型的科学家。——译者

DNA是“裸露的”——指它们并不和组蛋白相结合。而且线粒体与细菌中的转录和翻译的过程非常相似，就连蛋白质的组装过程也非常相似，但是和真核细胞中所发生的在很多细节方面迥异。线粒体甚至有它们自己的核糖体，也和细菌中的类似。很多能够抑制细菌中蛋白质合成的抗生素也会阻碍线粒体中蛋白质的合成，而不会对真核生物细胞核基因控制合成的蛋白质产生影响。

把这些证据放在一起，线粒体和细菌之间的类似听起来仿佛是令人信服的，但是实际上存在有其他可能的解释，正是这些可能的解释的存在才支撑了这场旷日持久的争辩。其实线粒体的细菌属性可以用线粒体演化慢于细胞核来解释。如果这是事实的话，那么线粒体和细菌有如此多的共性可能仅仅只是因为线粒体演化速率不够快，因此保留了更多返祖的特征。因为线粒体基因并不在有性繁殖中被重组，那么基因便可以被持续地保留下来。我们无法驳斥这个论点，除非已知实际的演化速率，而想知道线粒体基因实际演化的速率就必须要对线粒体基因进行测序。1981年，来自剑桥大学的弗雷德·桑格团队对人类线粒体基因组进行了测序，结果显示，线粒体基因的演化速率远远快于核基因。那么线粒体的细菌特征也就只能用直接关系来解释了，最终研究揭示线粒体只和非常特异的一群细菌——α-变形菌相关。

即便是如玛格利斯一般有真知灼见的人也会有出错的时候，这对我们其他人来说也是幸运的。作为早期的共生理论的支持者，玛格利斯也提出总有一天线粒体是可以在培养基中生长的——而这只是什么时候能找到合适的生长因子的问题。今天我们知道，这是不可能的，因为线粒体全基因组的详细测序已经揭示了：线粒体基因只能编码13个蛋白质，加上制造这些蛋白质的遗传装置。绝大多数线粒体蛋白质（大约1 500个）都由细胞核中的基因所编码，而细胞核中大约包括了总共3万个基因。线粒体可以独立存在的事实很明显，却不是完全真实的。它们同时依赖于线粒体和细胞核的基因组，甚至有一些蛋白质的组分中的一部分由线粒体基因编码，另一部分却由核基因编码。因为这种依赖性，线粒体只能在它的宿主细胞体内被培养，并被正确地描述为“细胞器”而非“共生体”。尽管如此，细胞器这个词没有描述出线粒体的辉煌过去，也没有洞悉线粒体在演化上产生的显著影响。

即便是现在很多生物学家依然不同意林恩·玛格利斯的观点，问题主要集中在共生关系在演化上的驱动力。玛格利斯认为真核细胞是多重共生关系所形成的，因此细胞的各组分被捏成一个整体。她的理论因此被称为“连续内共生理论”，意思是真核细胞通过一系列细胞间的兼并而形成一个细胞套细胞的群体。除了线粒体和叶绿体外，玛格利斯提出细胞骨架包括它们的组织中心——中心粒——都来源于另一类细菌——螺旋菌。实际上，根据玛格利斯的理论，整个有机世界都是来自细菌的紧密合作，我们称之为“微型生态圈”。这个观点可以追溯到达尔文，他在一篇著名文章中写道：“每一个生命体都是一个微型生态圈——一个由小到肉眼不可见的却多如繁星的微型生物通过自我繁殖集合而成的小宇宙。”

微型生态圈的观点非常美妙且振奋人心，但是带来了一系列困难。合作和竞争并不是二者选其一。不同细菌之间通过共同合作形成新的细胞或是物种只是使得竞争的层级被提高了，从而使得竞争出现在更为复杂的生物之间而非组成它们的亚基之间——很多这些亚基，包括线粒体，都保留了足够多的一己私利。但是全盘接受共生关系的最大困难来自线粒体自身，它似乎摇着手指告诫我们不要高估微观合作的力量。似乎所有的真核细胞要不就是有线粒体，要不就是有过线粒体（后来丢失了）。换句话说，拥有线粒体是真核细胞存在的**必要条件**。

到底为什么会是这样？如果细菌中的合作如此常见，那么我们可以预期发现各种不同的“真核”细胞，每一种都由不同组合的微生物合作形成。当然，的确存在各种各样的真核细胞内的合作，尤其是在那些隐蔽的、人迹罕至处（比如海底泥浆）的微观群落。但是令人震惊的是所有这些分布广泛的真核细胞都有着共同的祖先——它们**全部**都有或者曾经有过线粒体。但是对于真核生物体内的其他的微生物间的合作而言就不一定是这样了。换句话说，真核生物中的合作必须以线粒体的存在为前提。如果最开始的合并（获得线粒体）没有发生，那么其他的一切合并都不会发生。我们可以近乎确定地说，因为细菌已经合作竞争了差不多40亿年，但是真核细胞却只诞生了1次，那么获得线粒体则是生命历史进程中至关重要的一刻。

我们一直不停发现新的栖息地和生物之间新的联系，这意味着我们有大片的可用于检验各种观点的试验田。仅举一例说明，在千禧年附近的一个令人震惊的发现是，大量微小的被称为**超微型真核生物**的生物，生活在极端环境中的微型浮游生物之间，比如南极洲的海底和酸性的富含铁元素的河流中，就像西班牙南部的廷托河一样（在古代腓尼基语中意为“火之河”，因河中水流呈现深红色）。总之，这些环境被认为是能适应极端环境的细菌的领地，是最不可能发现脆弱的真核细胞的地方。这些超微型真核生物和细菌大小相似，生存环境相似，因此引起了科学家们的兴趣，推测它们可能是介于细菌和真核细胞之间的中间形态。尽管它们体型很小且不正常地偏好极端环境，结果却被归为真核生物：基因分析显示它们并不违反现存的分类系统。令人震惊的是，这个如喷泉般涌现出来的真核生物的各种变种，仅仅只是为已经存在的真核生物增加了一个**亚群体**而已。

这些未知的环境本是我们最可能发现独特合作关系的地方，但是我们只是发现了更多相同的例子，以最小的真核细胞金牛微球藻（*Ostreococcus tauri*）为例，这些细胞只有1/1 000毫米（1微米）的大小，甚至小于很多细菌，但是它是一个货真价实的真核生物。它拥有一个包含有 14 条线状染色体的细胞核，一个叶绿体，但最引人瞩目的是它还包含有几个小的线粒体。而它并不是唯一特别的存在。在极端环境中我们还发现了 20—30 种新的真核生物亚群体。尽管它们体型微小，生活方式独特，生存环境恶劣，但似乎都拥有或是曾经拥有线粒体。

所有这一切意味着什么？这意味着线粒体并不只是一个寻常的合作对象，它们是演化中出现复杂性的关键。这本书就是关于线粒体为我们带来了什么。我忽略了很多在教科书中会涉及的原理性的内容——那些次要的细节，比如卟啉的合成甚至是三羧酸循环，它们原则上可以发生在细胞里的任何地方，而只是把线粒体作为一个方便的场所。我们会看到为什么线粒体对生命，对我们的生活意义非凡。我们将看到线粒体为什么是我们世界的隐秘统治者，主宰着能量、性与自杀。

第一章

有希望的怪物：真核细胞的起源

地球上所有真正的多细胞生命都是由带有细胞核的细胞，也就是真核细胞构成的。这些复杂细胞的演化过程是一个谜，可能是整个生命史上最不可能发生的事件之一。关键性时刻并不是细胞核的形成，而是两个细胞的结合，其中一个细胞将另一个细胞吞噬进入体内，产生一个含有线粒体的嵌合细胞。然而，一个细胞吞噬另一个细胞是司空见惯的；真核细胞的合并到底有什么特别之处，以至于它只发生过1次？

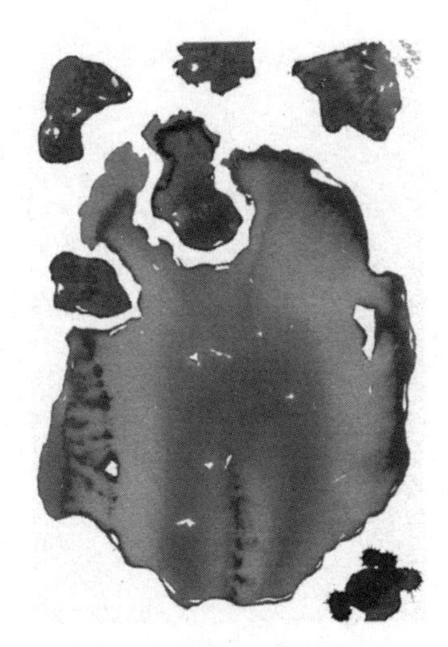

第一个真核生物——20亿年前，一个细胞吞噬另一个细胞，形成了一种奇特的嵌合体

我们在宇宙中是孤独的么？自从哥白尼提出地球和行星围绕太阳公转之后，科学已经引领着我们摆脱了人类中心的观点，并且接受地球可能只是宇宙中无关紧要的一个边缘村落。从统计学的角度来看，宇宙其他地方存在生命的可能性是很大的，但是基于同样的推测，它们可能离我们相当遥远以至于对我们毫无意义，因为能遇到的可能性是微乎其微的。

最近几十年，理论风向开始发生了变化，这种改变和越来越多的有关生命起源的研究密切相关。生命的起源长期以来被作为一个禁忌话题，总是被贴着不敬神的和不科学的标签，而现如今生命的起源已经被认为是一个不管在过去还是未来都进展缓慢但是可以解决的科学难题。从一开始，宇宙学家和地质学家就尝试推测宇宙早期的环境是否可以诞生生命，从小行星引起蒸发作用和火山运动所带来的地狱之火再到无机分子的化学性质和物质的自我组织特性。从现在往前追溯，分子生物学家通过详细比对微生物的基因序列，尝试构建出一棵包含所有生命并追溯其根源的生命树。尽管有关生命到底如何产生、究竟何时产生的争论一直持续不断，但是可以看到生命的起源似乎并非我们之前所想象的那么不可能发生，相反它的进程可能比我们想象的还要快。甚至有人根据“分子时钟”推测生命起源的时间可以追溯到40亿年前在地球和月球表面造成坑洞的那次撞击。既然生命能在这么一个如沸腾着的破烂大蒸汽锅般的地球上产生，那么为什么别的地方没有产生生命呢？

这幅关于生命诞生于早期遍布火与硫黄的地球上的画面可以从如今显著数量的细菌在极端恶劣的环境下的兴旺繁荣，或者至少是能生存下来得到肯定。在20世纪70年代，人们发现了位于深海的硫黄热液喷口（又被称为“黑烟囱”）存在着耐高压和极端高温的细菌群落，这极大地震惊了科学界。在这之前，我们一直自鸣得意地相信地球上所有生命的能量最终来源只能是太阳，并通过细菌、藻类或是植物的光合作用储存在有机物中，结果一下子就被推翻了。从那以后，一系列令人震惊的发现使得我们对生命的认识有了颠覆性的改变。无数自给自足（自养型）的细菌生活在“深热生物圈”中，被埋在地壳以下几英里的岩石当中。在那里它们靠着仅有的矿物质苟活着，它们生长如此缓慢以至于1万年才能繁殖出一代细菌——但它们毫无疑问是活着的，而不是死了或是处于休眠状态。据估计它们的生物量和地球表面直接或间接靠太阳能而存在的细菌的生物量相当。有一些细菌暴露在外太空足以使得基因致残的射线下却坚强地活着，还有一些甚至能在核反应堆和灭菌后的罐头里存活。更有一些在南极洲干燥的峡谷里，在西伯利亚永久冻原中，忍受着足以腐蚀橡胶的酸碱环境繁衍生息。很难想象这些生命如果被放在火星上不能生存，或者是不能搭载彗星在太空深处四散分布。如果它们能在那里生存，为什么不可以在那里演化？而大家从NASA的宣传中也可以知道，人类一直仔细地检查火星表面并且致力于探索太空深处、寻求生命的迹象，在这过程中，细菌可以在极端环境下生存的发现可以说极大地带动了太空生物学这个新兴科学的发展。

在恶劣环境中可以产生生命使得太空生物学家们将生命体归为普遍物理法则中的一个涌现特质①。这些法则似乎对宇宙中生命的演化是友

① 通常是指多个要素组成系统后，出现了系统组成前单个要素所不具有的性质。——译者

好的，我们可以看到在我们周围，如果那些自然常数不是一直稳定的，那么恒星就不会形成，或者在很久之前就已经燃尽，也就不会产生养育了我们的、温暖的太阳光线。或许我们生活在一个平行多元宇宙当中，每一个宇宙都有不同的物理常数，而我们无可避免的如皇家天文学家马丁·里斯所说的那样，生活在很少的**亲生物的**宇宙当中的一个，它的自然常数有利于生命的形成。再或者由于粒子物理的一个不可知的行为，或仅仅是让人屏息的一个极低的概率，再或者是仁慈造物主的有意为之，产生了亲生物的物理定律，我们幸运地生存在一个有利于生命形成的宇宙中。不管怎么样，我们的宇宙都显而易见点燃了生命。有一些思想者甚至走得更远，认为人性的出现或者是人类意识的出现也是普遍法则（也就是说是物理基本常数的精确设定）导致的必然结果。进而形成了莱布尼茨和牛顿的机械式宇宙观[①]的现代版本。这种机械式宇宙观被伏尔泰诙谐地调侃为“在所有可能的世界中，一切都是最好的”。一些有生物学背景的物理学家和科学家在这种宇宙观中发现了一种精神上的壮丽，并认为其促成了智能的形成。这些被认为是对自然界最深处的运行规范的洞悉让人们觉得是窥探上帝心灵的“窗口”。

大多数生物学家更加小心或者说是宗教性没有这么强。演化生物学比其他任何科学都有更多的警世故事，而生命的不规律在历史上造成了很多奇怪的甚至是不可能的生命的成功，也曾轮流消灭各个门类的生物，看起来生命的成功更应该归功于历史的延续而非物理法则。斯蒂芬·杰·古尔德在他知名的著作《奇妙的生命》中问到：如果生命的演化重演一遍，那么历史是会重复，并且每一次都会不可避免地以人类作为其演化的巅峰，还是我们会每次都碰到一个全新的、陌生的、奇异的世界？如果是后面这种情况的话，“我们”都不会被演化出来见证这一

① 即认为世界如钟表般运转，每一个发生的事件均由一条必然的因果链决定。——译者

切。古尔德因没有给予趋同演化的力量以应有的尊重而受到批评，趋同演化指的是因为适应相似的环境，不同祖先来源的生物演化出相似的外观或功能结构。比如所有需要飞行的生物都演化出看起来类似的翅膀，所有需要看的生物演化出相似的眼睛。最激烈并有说服力的批评来自西蒙·康韦·莫里斯，在他的《生命的解答》一书中，康韦·莫里斯反对《奇妙的生命》中所得出的笼统的观点，且具有讽刺意味的是，康韦·莫里斯却是《奇妙的生命》书中的一名英雄般的人物。按照康韦·莫里斯的设想，如果生命的演化重演，生命每一次都会沿着相同的通道演化。因为对于相同的问题只有几种可能的解决方案，自然选择意味着生命总是会发现相同的解决方法。所有这一切都归为到底是偶然还是必然，或者说演化到底多大程度上由偶然性决定，而这当中必然性又占了多少？对于古尔德而言，一切都是偶然，而对于康韦·莫里斯，问题是，最终出现的双脚智能生命是不是依然有四个手指和一个拇指？

在讨论智能在宇宙中这里或那里演化时，康韦·莫里斯关于趋同演化的观点是相当重要的。我们可以想象如果高等智能都不曾在宇宙中的任何地方出现过，那该是多么令人失望的一件事情。为什么？因为不管差异多大的生物，都应该将智能作为解决普遍问题的一个好的方法。智能的价值在于使得那些足够聪明的生物能够发现新的生态位。我们不应该只想到我们人类自己，一定程度的智能以及在我看来自我意识的知觉，在很多动物中都存在，从海豚到熊再到大猩猩。人类快速演化占据了最高的生态位，毫无疑问很多偶然的因素加快了这个急速上升的过程，但是谁又能说，腾出生态位再留有几千万年的时间，那种闯入汽车和垃圾箱中觅食的熊就不能演化到填补空缺的生态位？或者为什么不是高智能巨型鱿鱼统治世界？可能智能的出现要比单纯用概率和偶然性来解释更复杂一些，尽管人属下的其他分支都灭绝了，但是趋同的力量一直偏好着占据这个生态位。虽然我们为拥有非常发达的智能而感到自豪，但演化出智能本身并不是特别不可能的。高等智能完全有可能再次演化出来，在宇宙的其他地方也一样，生命将持续趋同直到找到最佳的解决方案。

趋同演化的力量可以用演化中一些“好招术”来加以阐述，比如飞翔能力和视觉能力。趋同的力量使得生命不断重复采用相同的解决方案。当然重复的演化并不意味着必然，但是它着实改变我们对可能性的看法。尽管面临显而易见的工程学上的困难，飞翔能力至少独立演化出了 4 次，分别在昆虫、翼手龙、鸟类和蝙蝠当中。尽管它们的祖先各不相同，飞行的生物都发展出了相似的翅膀，作为飞行翼面——我们也把这个设计运用在了飞机的设计上。同样地，眼睛独立演化出了 40 次之多，每一次都遵从一套有限的设计规范：我们所熟悉的哺乳动物和鱿鱼独立演化出的“相机式的眼睛”，昆虫和已经灭绝的三叶虫的复眼。再一次我们借鉴生物成像的方式发明了照相机。海豚和蝙蝠独立演化出了用于导航的声呐系统，而在我们发现这些之前，人类发明了与其类似的我们自己的声呐系统。所有这些系统都极其复杂且完美地适应生物的需求，但是每一种特征都在不同情况下独立演化出多次的事实暗示我们，这些特征不被演化出来的可能性并不大。

如果是这样，那么趋同演化盖过了随机应变，必然性超过了偶然性。正如理查德·道金斯在《祖先的故事》中所概括的那样：“我很赞同康韦·莫里斯的观点——我们应该停止将趋同演化看作一种值得惊叹的绚丽多姿的罕见现象，可能我们更应该将其视为常态，例外的情况才值得我们惊讶。”因此如果生命的演化被反复重演，我们可能不一定能在这里看到我们自己，但是依然有具备智能的两足动物能够凝视着飞翔的生物，思考着天堂存在的意义。

如果在遍布火与硫黄的早期地球上生命的起源并不是一个如我们曾经以为的那样不可能的事件，并且生命大多数的创新都重复演化出多次，那么有理由相信高等智能的生命体应该可以在宇宙的其他地方独立演化出来。这听起来很有道理，但是实际上疑点重重。所有这些工程学上华丽的特征都是在过去 6 亿年里演化出现的，大约只占了生命存在于地球上的时间的 1/6。在这之前，如果我们追溯到 30 亿年前，只有细菌和一些原始真核生物（比如藻类）的存在。是不是演化中存在某种阻碍，使得必须要克服某些偶然性，生命才能够真正地开始。

在简单的单细胞生物主导的世界里最显著的阻碍莫过于大型多细胞生物的演化，在这当中，很多细胞联合起来形成一个单独的个体。但是如果我们将相同的重复性标准应用到多细胞生物的形成上，那么不形成多细胞生物的可能性似乎也不特别高。多细胞生物很有可能独立演化出来多次。动物和植物独立演化出了大型个体，真菌也很有可能是这样。相似的是，多细胞集落在藻类中演化出不止 1 次——红藻、褐藻和绿藻在 10 多亿年前分支，而那个时候单细胞藻类依然占据绝对优势。没有任何有关它们细胞组织与基因的证据显示多细胞只在藻类里演化出 1 次。并且很多多细胞藻类如此简单以至于它们仅仅被看作相似细胞的集落而非真正意义上的多细胞生物。

最基础形态的多细胞集落其实就是一群分裂后没有适当地分开的细胞。多细胞集落和真正意义上的多细胞生物之间的主要区别在于基因完全一样的细胞的特化程度（分化）。在我们体内，比如说，大脑细胞和肾脏细胞携带有相同的基因而特化成为不同的细胞以完成不同的任务，这种特化的过程是通过打开和关闭相关的基因而实现的。在相对简化的层面，有相当多的集落的例子，甚至是在细菌集落中细胞分化的出现也是常态。这样一个存在于集落和多细胞生物之间的模糊的边界使得人们在理解细菌集落的时候感到迷惑，因而有些专家也声称可以将细菌集落理解为多细胞生物，即便大多数人认为它们和黏液并没有太大区别。但是重要的一点是演化出多细胞生物并非生命进程中一个了不起的障碍。

如果生命一成不变，也并不是因为难以把细胞聚在一起使其通力合作。

在第一章中，我要论述的是，在生命的进程中有一个事件是真正难以发生的，正是这个事件使得生命形式绽放出千姿百态的进程被极大地推迟了。如果生命的演化一遍遍重演，在我看来每一次都会滞留在相同的地方，我们将看到一个布满细菌和少量其他生命的地球。那个造成这一切改变的事件就是**真核细胞**——第一个含有细胞核的复杂细胞——的演化。真核细胞这个深奥的术语听起来像是微不足道的例外，但事实上地球上所有的多细胞生物包括我们人类都只由真核细胞组成，所有的植物、动物、真菌和藻类都是真核生物。绝大多数专家认同真核细胞仅仅只演化出过1次。所有真核生物都相互关联——所有的真核生物在遗传上都有共同的祖先。如果我们还是着眼于发生的可能性，那么真核细胞的起源在演化上发生的可能性会远远小于多细胞生物、飞行能力、视觉以及智能的出现可能。这看起来像是一个如小行星撞击地球一样难以预测的纯粹的偶然事件。

你可能会问，这些都和线粒体有什么关系？答案就根源于一个令人震惊的发现——所有的真核生物都有或者曾经有过线粒体。直到不久以前，线粒体似乎还被看作真核细胞演化中的一个附带事件，是精细而非必要的。真正重要的发展是细胞核的演化，这可以从真核细胞的命名中看出。但是现在一切都不同了。最近的研究显示，获得线粒体远远比给一个已经包含有细胞核的复杂细胞加入一个更有效率的能量供给重要得多——线粒体的获得是得以演化出复杂真核细胞的前提。如果这次合并没有发生，那么我们和其他任何形态的智能或者多细胞生命都不会出现。现在偶然性问题归结为一个实际问题：线粒体是如何演化出来的？

第一节　最深的演化鸿沟

细菌和真核细胞之间的空白比生物学之间其他的任何空白都要来得大。即便我们勉强接受细菌集落作为真正的多细胞生物，它们也只是停留在非常基本的组织层面。这并不是缺乏时间或机遇——细菌主宰了地球将近 20 亿年，所有想到想不到的环境它们都占领了，以生物量来计算，它们依旧超过所有多细胞生命的总和。因为某些原因，细菌从来不曾演化到某种路人能够识别的多细胞生命形态。相比之下，真核细胞的出现要远远晚于细菌（根据主流的观点），但仅仅用了几亿年——大约细菌所用时间的 1/10——就诞生了我们现在所能看到的巨大的生命喷泉。

诺贝尔奖得主克里斯蒂安·德·迪夫一直对生命的起源和历史很感兴趣。他在遗作《演化中的生命》中提议说真核细胞的起源应被视为瓶颈而非不可能的事件——换句话说，真核生物的演化是环境突然改变（比如大气和海洋中氧气含量的上升）所导致的不可避免的结果。在所有当时存在的真核细胞种群中，某单纯碰巧比其他种群更能适应环境的真核细胞快速扩张，通过了瓶颈，在多变的环境中占据优势——它们快速崛起，而那些在竞争中处于劣势的种群则快速消亡，因此留给人们一个错误的导向，即真核细胞的出现完全是随机的。这种可能性完全依赖于事件发生的顺序以及当时面临什么样的自然选择压力，在确切知道这些答案前，这种可能性依然是存在的。当然了，对于发生在20亿年前的选择压力，我们不太可能确切地知道到底是什么。不管怎么样，如我在导言中提及的那样，现代分子生物学可以帮助我们排除掉一些可能，因此把最可能的情况缩小到一个较窄的范围里。

尽管我对迪夫怀着无限的敬意，但是我并不觉得他的瓶颈论令人信服。它太过于单一和绝对，和生命近乎无穷的多样性相抵触——看起来所有的真核细胞种群都可以占有一席之地。而且整个世界的环境并不是一下子就全部改变的，各式各样的生态位一直都存在着。而可能最重要的是，缺氧的环境（无氧或低氧）大范围地存在，直到现在依然这样。在这样的环境中生存需要和生活在有氧环境中完全不同的生物化学技能。即便一些真核生物已经存在，也并不妨碍在不同的环境中演化出各种各样真核生物的可能，比如海底停滞的烂泥中。可是这样的事情的确没有发生过。令人震惊的事实是所有生活在海底烂泥里的单细胞真核生物都和陆地上呼吸着新鲜空气的生物们是有关联的。我认为第一个存活下来的真核生物如此有竞争力以至于将所有其他环境中的真核生物都毁灭的理论是站不住脚的，尤其是对那些它们自己都无法适应的环境。真核生物并没有那么有竞争力，因为它们连细菌都没有消灭掉：细菌一直和真核生物共存，并且还开辟了新的生态位。我也不认为生命演化中有其他任何规模上类似的例子平行存在。真核生物成为有氧呼吸大师的事实并没有导致有氧呼吸在细菌中消失。很多种类的细菌尽管经历了不断的残酷竞争，依然存在了几十亿年。

让我们来看一个例子，产甲烷菌。这些细菌（更准确说是古细菌）靠从氢气和二氧化碳中产生甲烷勉强度日。我们后文会再提及产甲烷菌对我们人类的重要性。产甲烷菌的一个问题在于，尽管二氧化碳是充足的，氢气并不是：氢气可以快速地和氧气反应生成水，因此在任何有氧环境中都不能存在很久。产甲烷菌因此只会生活在能够轻易获得氢气的环境中——通常是缺乏氧气的环境中，或是有持续火山活动，使得氢气生成的速度快过消耗的速度的地方。但是产甲烷菌并不是唯一使用氢气的细菌，并且它们从环境中获得氢气的效率并不高。另一种我们称之为**硫酸盐还原菌**的细菌依靠将硫酸转化为（还原为）硫化氢——有着臭鸡蛋气味的气体（实际上腐烂的鸡蛋的确会释放硫化氢）——来生存。它们也要使用氢气才能进行硫酸盐还原反应，而且它们在和产甲烷菌争夺氢气这种稀有资源时经常占据上风。即便如此，产甲烷菌依然在这样的环境中生存了 30 亿年，反而是硫酸盐还原菌常常因为缺乏足够的硫酸盐而难以生存。比如说，淡水中硫酸盐含量通常很低，因此硫酸盐还原菌无法在当中生存，在这些湖底的烂泥中，或是在不流动的沼泽中，产甲烷菌就能生存得很好。它们所释放出的甲烷气体被称为沼气，甚至有些时候被点燃而在沼泽上产生蓝色的火焰，这种现象也就是所谓的“鬼火”，可以很好地解释很多人所说的看到了亡灵或是不明飞行物的问题。但是产甲烷菌的意义远超出这些虚无缥缈的鬼火。任何支持使用天然气以应对日渐短缺的石油储备的人都应该感谢产甲烷菌——它们为我们提供了足够的储备。产甲烷菌也能在牛的消化道甚至是人的消化道中生存，因为消化道的尾部通常含氧量很低。产甲烷菌通常能在素食动物体内存在的原因是草和蔬菜中的硫含量很低。而肉类当中硫含量要高得多，导致在肉食动物中硫酸盐还原菌通常可以取代产甲烷菌。改变你的饮食你就会使某些尴尬时刻变得不同[①]。

我想说的关于产甲烷菌的第一点就是，它们在遇到瓶颈的时候是竞争中的失败者，但是它们依然占有它们自己的生态位。那么同样在更广义的范畴，失败者很少完全消失，后来者也很少完全找不到立足之地。鸟类已经演化出飞行能力并不会妨碍后面蝙蝠演化出飞行能力，而蝙蝠

① 这里指的是食肉会导致肠道中硫化氢的产生，因此容易因气味而造成尴尬。——译者

俨然已经是哺乳动物当中数量最多的种类之一。而植物的演化也没有导致藻类的消失，维管植物的出现也没有导致苔藓类植物灭绝。虽然恐龙灭绝了，但是爬行动物在与鸟类和哺乳动物的激烈竞争中生存了下来。对于我而言，演化中唯一可以与迪夫所构想的真核细胞所经历的瓶颈相提并论的就是生命起源本身，生命可能起源了 1 次，或者是起源了无数次但是只有一种形式最终生存了下来，那么后者这种情形也可以被称为瓶颈。当然这可能不是一个好的例子，只是我们的确不知道确切发生了什么。我们可以确切知道的是，所有现存的生命都有着共同的祖先，并由此发展至今。这也顺带排除了另一种观点，即我们的星球经历了来自外太空的多次入侵——这样的观点与地球上所有的生命所存在的紧密的生物化学上的联系是相悖的。

如果真核细胞的起源并不是一个瓶颈，那么它可能是一系列不太可能发生的事件所造成的，因为真核细胞的起源仅仅发生过 1 次。作为一个多细胞真核生物，我可能是带有偏见的，但是我并不相信细菌在这里或是宇宙中的任何地方曾顺着平缓的斜坡一路演化出知觉，或是演化出超越其黏液形态的任何形式。不，复杂生命的秘密隐藏在真核细胞的嵌合本质当中——一个有希望的怪物，于 20 亿年前不太可能发生的 1 次合并中诞生，如今依然封存在我们最深层次的构造中并支配着我们的生命。

理查德·戈尔德施密特在 1940 年首次提出了“一个有希望的怪物”这个概念，同一年奥斯瓦尔德·埃弗里向人们展示了基因是由 DNA 构成的。戈尔德施密特被一些人嘲笑，却被另一些人作为反达尔文主义的英雄。这两种评价都不适合他，因为他的理论既不是无稽之谈也不是反达尔文主义。戈尔德施密特声称，逐步积累的小的基因变化，我们称为**突变**，是很重要的，但是只能用来解释种内的变异：突变累积的力量不足够强，不适宜解释演化中出现的革新和新物种的形成。戈尔德施密特相信物种间基因上的差异并不能用微小突变的逐步累积来解释，而是需要更显著的“宏观突变”——就像怪物大脚一跨，越过“基因空隙”，即两段基因序列间的不同（从一段序列变成另一段序列所需要的变化总和）。他认为随机的宏观突变，即基因序列突然大幅度的改变，更有可能产生一个无法正常运转的突变体，因此他将这个1/100万的成功命名为“一个有希望的怪物”。对于戈尔德施密特而言，一个有希望的怪物是源自1次突然的大型的基因改变而非一系列小突变——就是一个典型的疯狂的科学家将毕生精力耗费在实验室里，在经历了多次让人发狂的失败后可能造出的东西。根据我们对于现代遗传学的理解，我们知道那种宏观突变并不能用来解释物种的形成，至少不能用于多细胞生物中（尽管林恩·玛格利斯主张在细菌中可能可以）。但不管怎样，对于我来说，两个基因组融合形成第一个真核细胞应该最好被看作1次宏观突变，产生了一个有希望的怪物，而不是看作一系列小的基因改变的积累。

所以第一个真核生物是一个什么样的怪物，为什么它出现的可能性如此之低？为了回答这个问题，我们需要首先思考真核细胞的特征，以及它们和细菌的诸多不同。我们已经在导言当中触及了这些，这里我们需要重点关注差异的规模，看看这条鸿沟到底有多宽。

细菌和真核生物的差异

和细菌相比，绝大多数真核细胞是巨大的。很少有细菌长度超过千分之几毫米（几微米）。相比之下，尽管一些被称为**超微型真核生物**的真核生物和细菌一般大小，绝大多数真核细胞依然是细菌直径的10到100倍，因而使得它们的体积是细胞的1万到10万倍。

大小并不是唯一重要的因素。从名字上就可以看出，真核细胞最主要的不同在于它有一个“真正的核”。这个核通常是一个球体，其中

DNA（遗传物质）包裹在蛋白质中并被双层膜保护着。这里已经包含了和细菌的三个主要不同。第一，细菌缺乏细胞核或者只有一个原始版本的缺乏核膜的细胞核。因为这样的原因，细菌被归为“原核生物”，在希腊语里意思为“细胞核出现之前”。尽管这有可能是未经详察而做出的判断——因为有一些研究者主张，有细胞核的细胞和没有细胞核的细胞一样原始——但绝大多数专家认为原核生物的命名是合理的：它们的确出现在有细胞核的细胞（真核细胞）之前。

第二，真核细胞和细菌之间的基因组大小差异很大，即基因的总数差别很大。总体上而言，细菌比像酵母菌这样简单的单细胞真核生物的DNA还要少得多。这个差异既可以通过基因的总数——通常是几百或者几千——也可以通过DNA的含量测量出来。DNA的含量被称为C值，以DNA中的“字母”数量来表示。它不但包括了基因也包括了所谓的**非编码**DNA，即不编码任何蛋白质的DNA，因此也不被称为“基因”[①]。基因数上的差别和C值的差别都给了我们很多启发。像酵母这样的单细胞真核生物拥有数倍于细菌的基因数量，而人类则有着可能20倍于细菌的基因数量。而C值上的差异，也就是DNA含量的差异则更为惊人，因为真核生物含有比细菌多得多的非编码DNA。真核生物之间的DNA含量差别也横跨了令人震惊的5个数量级！无恒变形虫（*Amoeba dubia*）这种大型变形虫的基因组是家兔细胞内原虫（*Encephalitozoon cuniculi*）那些小的真核细胞的20万倍。而这个巨大的跨度却和生物复杂性与基因数量不相关。实际上无恒变形虫的DNA含量是人类细胞DNA含量的200倍，尽管它们的基因数量和复杂程度和人类相比要低很多。这种奇怪的矛盾被称为C值悖论。所有这些非编码DNA是否有演化上的目的尚存在争论。有一些的确有演化上的目的，

① 如今基因的范畴已经不再局限于是否编码蛋白质，有些DNA序列的表达产物是具有功能性的RNA，这些序列亦属于基因范畴。——译者

但是大多数依然让人费解。我们很难理解为什么变形虫需要这么多DNA（我们会在第四章中再回到这个问题）。不管怎样，真核生物的DNA比原核生物DNA高出几个数量级的事实需要一个合理的解释。这并不是没有成本的。复制额外的DNA并保证它们不出错需要消耗大量的能量，这影响了细胞分裂的速度和状况，我们会在之后继续讨论。

第三，DNA包装和组织的形式不一样。正如我们在导言中所提及的，大多数细菌有单个环状的染色体。它被固定在细胞壁上，但是可以在细胞里自由漂浮，快速复制。细菌还携带一些基因“零钱”，它们被称为质粒，以小型环状DNA的形式存在，可以独立复制并从一个细菌转移到另一个细菌体内。日常质粒的交换和用零钱买卖类似，这解释了抗药性的基因如何在细菌种群中如此快速地传播——正如一枚硬币一天可以辗转进入20个不同的口袋一样。回到细菌的基因“银行”，很少有细菌的染色体和蛋白质相结合，它们的基因是“裸露的”，这使得它们很容易被读取——一个现金账户而非储蓄账户。相似作用、目的的细菌基因常常被归一组，作为一个功能单元起作用，我们称之为**操纵子**。相比之下，真核基因则没有明显的分组。真核细胞拥有多条彼此分离的线状染色体，并且通常会翻倍使得染色体成对出现，比如人类所具备的23对染色体。在真核生物中，基因在染色体上以随机的方式排列，而更糟糕的是，它们之间通常还会被很长的非编码DNA隔离开来。为了制造一个蛋白质，一大片DNA需要被读取，而后拼接融合在一起，形成一个合成蛋白质的连续转录本。

真核基因并不只是排列随机和四处散落的问题，它们还很难被读取。染色体被紧密包裹在组蛋白中，这会阻挡基因的读取。当基因在细胞分裂时被复制的时候，或者是被读取为制造蛋白质的转录本时，组蛋白的结构必须被改变以使得DNA能够暴露出来，这个过程是由被称为转录因子的蛋白质控制的。

总而言之，真核基因组的组织是一个很复杂的事情。我们会在第五章（细菌中所没有的性）中重新回到这个问题。而现在，最重要的点是，所有的复杂性都意味着能量的消耗。细菌总是非常的精简且高效，而大多数真核生物都复杂而低效。

一具骨架和很多储藏间

在细胞核外，真核细胞和细菌的差异也很大。真核细胞被描述为一个“肚子里有货”的细胞（图 2）。大多数真核细胞的内部结构是由膜构成的，由两层脂质分子组成的极薄的三明治结构。膜可以形成囊状、管状、盆状或是饼状空间——由脂质分子从细胞质液态部分分隔出很多封闭的空间——储藏间。不同的膜系统特化承担不同的任务，比如制造细胞的组成成分，或者是分解食物产生能量，或者是运输、储藏和降解。有趣的是，尽管大小形状不一，大多数的真核“储藏间”是小囊泡的变种：有一些被拉长拉平，其他的称为棒状，还有一些只是简单的泡泡。最让人始料不及的是核膜，看上去像是双层连续的膜包裹着细胞核，但是实际上是由一系列大而扁平的囊泡融合在一起形成的。更令人惊讶的是，和其他膜所形成的隔间是连续的。因此核膜在结构上与任何细胞的外膜都显著不同，细胞的外膜只是一层或是两层连续的膜。

当然细胞里还有其他的我们称之为细胞器的小器官，比如植物和藻类中的线粒体和叶绿体。叶绿体值得一提，它们负责光合作用，在这个过程中将太阳能转为化学能储存在生物分子中。像线粒体一样，叶绿体也来源于细菌的一种——称为**蓝藻**，唯一能进行真正光合作用（产生氧气）的细菌种类。值得一提的是，线粒体和叶绿体都曾是自由生存的细菌，依然保留了很多半自主的特征，包括一系列自己的基因。两者都参与到为它们的宿主细胞产生能量的活动中。两者都和真核细胞里其他的

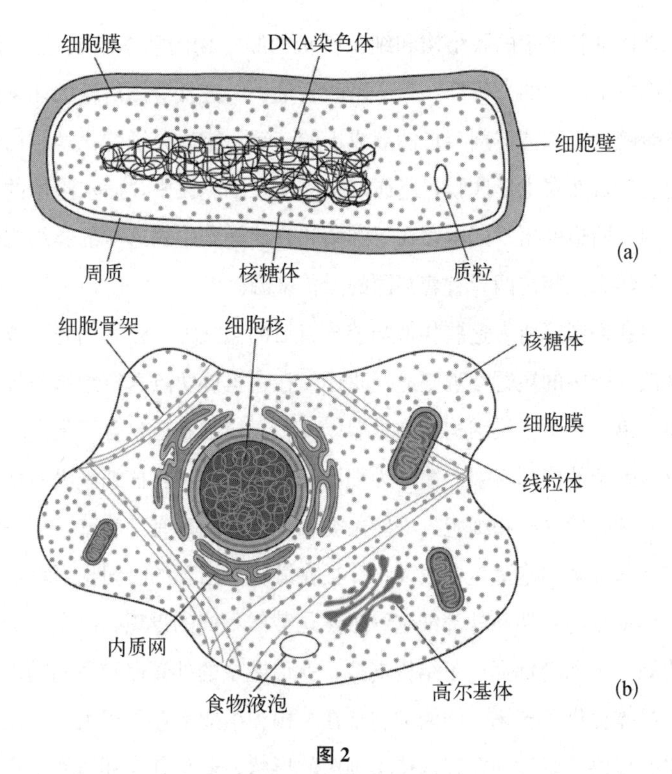

图 2

细菌细胞（a）与真核细胞（b）的对比示意图。图中没有按比例绘制；细菌与（b）中的线粒体大小大致相同。为了清晰起见，在真核细胞中只零星描绘了一些膜结构，实际上两者内部结构的差异比所描绘的更为显著。即使是用电子显微镜观察，也很难观察细菌的内部结构。

膜系统明显不同。和细胞核一样，线粒体和叶绿体被双层膜包裹，和细胞核膜的区别之处在于它们的膜是真正连续的隔断。线粒体和叶绿体的双层膜结构，连同自己的DNA、自己的核糖体、自己的蛋白质组装以及半自主的分裂形式，共同指证了它们的细菌起源。

如果说真核细胞内部结构复杂，那细菌的内部结构就有点难以捉摸了。除了它们外部单一的细胞膜以外，它们内部没有像真核细胞那样蔓延的内膜系统，而只是细胞膜向内折叠，赋予细胞一些纹理。即便如此，真核细胞繁荣的膜结构和细菌稀疏的膜结构的基本组成是一样的。两者都由水溶性的“头部”——磷酸甘油——连接着脂溶性的几条长的脂肪酸链。正如清洁剂会自然形成小的液滴，脂质分子的化学结构使得它们能够自然聚拢形成膜，脂肪酸链被埋在细胞膜中，而水溶性的“头部”则从两边伸出。同样存在于细菌和真核细胞中的这样的膜结构使得生物化学家们相信两者有着共同的遗传来源。

在我们考虑所有这些相似与差异背后的意义前，让我们先完成我们在真核细胞中的短暂参观旅途。我还想在这里提两点真核细胞与细菌的不同。第一，除了膜结构和细胞器以外，真核细胞还包含了蛋白纤维所构成的致密的内部支架，被称为细胞骨架。第二，真核细胞没有像细菌那样的细胞壁（植物细胞，一些藻类和真菌，的确有细胞壁，但是它们的成分和细菌细胞壁差异很大，并且在演化上出现的时间相当晚）。

内部细胞骨架和外部细胞壁虽然是截然不同的设想，但是有着同等的功能——两者都提供了结构支持，就像昆虫的外骨骼和我们的内骨骼都为身体提供了支撑。细菌细胞壁在结构和组成上差异很大，但是总体上它们提供了坚硬的框架保持了细菌的形状，避免其在环境发生突然变化的时候膨胀至爆裂或是塌陷。除此以外，细菌细胞壁为染色体（包含了基因）以及其他很多运动装置——比如鞭状的细丝（或称鞭毛）——提供了一个可供固定的坚硬表面。相比之下，真核细胞通常有一个富有弹性的外膜，靠内部细胞骨架使其加固。内部细胞骨架并不是一个固定的结构而是可以被持续地重塑——一个高耗能的过程——使得细胞骨架具备细胞壁不具备的动态性。这意味着真核细胞（或至少原生生物）不像细菌那么皮实，但是它们可通过改变形状获得难以估量的优势。一个经典的例子就是变形虫，能够在地面爬行并通过**吞噬作用**摄入食物，它们通过临时的细胞突起（我们称之为伪足）包裹着猎物，而后伪足融合形成细胞内部的食物液泡。细胞骨架的动态改变使得伪足结构稳定，而因为脂质的细胞膜具有和肥皂泡一般的流动性，使得伪足能够快速地融合，并以囊泡的形式脱落。这种改变形状并以吞噬作用摄入食物的能力使得单细胞真核生物成为不同于细菌的真正的捕食者。

少有人走的路——从细菌到真核生物

真核细胞和细菌基本是用相同的材料（核酸、蛋白质、脂质和碳水化合物）构建而成。它们有着几乎相同的遗传密码和非常相似的细胞膜。很明显它们有过共同的遗传来源。另一方面，真核生物又几乎在结构的每一个方面都和细菌不同。真核细胞平均而言大约是细菌体积的1万到10万倍，并包含一个细胞核、很多膜与细胞器。它们携带高出几个数量级的遗传物质，并将它们碎成短片段的基因，进行无规则的排列。它们的染色体是线状的而非环状的，并包裹在组蛋白中。它们绝大多数进行有性繁殖，至少偶尔会这么做。它们由动态细胞骨架从内部支撑，虽然缺乏外部细胞壁，但是细胞骨架使得它们能够摄入食物甚至是整个细菌。

线粒体只是所有这些不同的其中之一，或者看起来只是额外增加了一个不同。但是实际上并不是这样，接下来我们会明白这一点。我们所面临的问题是，为什么真核生物经历了如此复杂的演化之旅而细菌却在将近40亿年的时间里几乎一成不变？

真核细胞的起源是生物学中最热门的话题之一，被理查德·道金斯称为“伟大的历史性会合”。它提供了科学和臆想之间的绝妙平衡，使得那些本应该冷静的科学家产生强烈的激情。的确，有时候似乎每出现一个新的证据就可以产生一个新的假说解释真核细胞的演化根源。这些假说大致可以分为两类，一类是主张通过多种不同细菌细胞的合并作为解释真核生物的基础，另一类则认为真核细胞的特征是从内部发展而来，而并非依赖于很多次合并。正如我们在导言中所看到的那样，林恩·玛格利斯主张线粒体和叶绿体都由独立生存的细菌发展而来。她同样主张，真核生物的一些其他的特征，包括细胞骨架以及它的组织中心——中心粒，都来源于细菌合并，不过这一次她没有争取到领域中其他学者的支持。问题是，细胞结构的相似可能源自直接的演化关系，当内共生体还没有退化到无法辨认其祖先的程度，也有可能结构之间的相似仅仅源自趋同演化，因为相似的选择压力不可避免导致相似的结构，正如我们之前所讨论的，对于某个特别的问题，只有少数一些可能的工程上的解决方案而已。

对于细胞骨架这样的细胞组分来说，和线粒体与叶绿体不一样的地方在于它们没有自己的基因组，因此很难证明它的来源。如果从血统上没有办法追溯其来源，那么很难证明一个细胞器到底是来源于共生还是真核生物自己的发明。大多数生物学家倾向于最简单的观点，即绝大多数真核细胞的特征，包括细胞核与细胞器在内，除了线粒体与叶绿体都只是真核生物自己的发明。

为了在这些错综复杂的迷雾中找到一条出路，我们将考虑有关真核细胞起源的两个竞争理论，这两个理论对于我来说都是最有可能性的——“主流观点”和“氢假说”。主流观点替换掉了林恩·玛格利斯原始观点中的很多细节，它现存的版本主要归功于牛津的生物学家汤姆·卡瓦利耶-史密斯。很少有研究者对细胞的分子结构以及它们演化关系上的理解能像卡瓦利耶-史密斯那样细致入微，他提出了很多重要且有争议的细胞演化理论。氢假说是一个彻底不同的理论，由德国杜塞尔多夫海因里希·海涅大学的美国植物学家比尔·马丁提出。马丁也是一个遗传学家，倾向于用生物化学的方法（而非从结构上）去深入研究真核生物的起源。他的观点是反直觉的，并且某些方面产生了激烈甚至尖刻的反应，但是被一种不可忽视的清晰的生态逻辑所支撑着，让人不容忽视。这两个人经常在会议上发生冲突，他们的观点使得会议笼罩在几近维多利亚时代情节剧的气氛下，让人不禁想起柯南·道尔笔下的查林杰教授[①]。在2002年伦敦皇家学会举办的真核细胞起源研讨会上，卡瓦利耶-史密斯与马丁一直在辩驳对方的观点，甚至他们几个小时后还在当地的酒吧里进行辩论，给我留下了深刻的印象。

① "查林杰"的名字直译就是"挑战者"，是柯南·道尔笔下名气仅次于福尔摩斯的主人公。这位教授就是一个敢于向一切未知事物挑战的科学家，而且是个特立独行、脾气火爆的科学怪杰，作为主角参与了柯南·道尔笔下的多次科幻历险。——译者

第二节　追寻祖先

真核细胞如何从细菌演化而来？主流观点认为通过一系列小的步骤，一个细菌可以逐渐转化为一个原始的真核细胞，这个细胞具备除线粒体以外的现代真核生物的所有特征。但是这些步骤是什么？它们如何开始走上这条小道，并最终使其发现了跨越真核生物和细菌之间的演化鸿沟？

汤姆·卡瓦利耶-史密斯主张推动真核生物演化的关键步骤是灾难性地失去了细胞壁。根据牛津英文词典的解释，灾难性指的是“极度不幸的命运”或者是“颠覆已有规范的事件”。对于任何失去细胞壁的细菌来说，两种定义都说得过去。绝大多数细菌失去细胞壁后会极度脆弱，很难在除了安逸的实验室环境以外的任何环境里生存很久。这并不意味着这种不幸很少发生，在自然界中，细菌的细胞壁很容易因为内部突变或者是外来破坏而丢失。比如说，有些抗生素（比如青霉素）通过抑制细胞壁的形成而起到阻止细菌生长的作用。被卷入化学战争的细菌也可能产生这类抗生素。这并不是不可能的，大多数新的抗生素都是从参与到这场化学战争中的细菌或是真菌中分离出来的。如此看来，第一步，不幸失去细胞壁可能并不会导致任何问题。那么第二步呢：如何生存并颠覆已有的规范呢？

正如我们在上一节提到的，摆脱掉笨重的细胞壁有很多潜在的优势，至少能够改变形状并通过吞噬作用摄入食物。根据卡瓦利耶-史密斯的观点，吞噬作用是真核细胞区别于细菌的一个典型特征。任何解决了支撑和运动的细菌都可以颠覆现存的秩序，不过长久以来，细菌在没有细胞壁的情况下生存，就像是从帽子里变兔子的魔术一样，在现实中是行不通的。细菌被认为缺乏内部细胞骨架，如果是这样的话，那么真核生物必须在一代之内演化出复杂的骨架系统，否则就会面临灭绝。实际上这个假设毫无根据。在 2001 年发表在《细胞与自然》杂志上的两篇奠基性的论文中，劳拉·琼斯和她牛津的同事以及弗西尼塔·范·登·恩特和她在剑桥的同事，揭示了有一些细菌的确既有细胞骨架也有细胞壁——双保险策略，正如亨利·方达在《西部往事》中所提到的一样——“永远不要相信一个甚至都不相信他自己裤子的男人”[①]。不像方达故事里厌恶风险的牛仔，细菌的确需要双管齐下才能维持形状。

很多细菌是球状的（cocci）而其他的是杆状的（bacilli），细丝状的或是螺旋状的。当然也有一些奇形怪状的细菌被发现，比如三角形或是方形。这些不同的形状会赋予细菌什么样的生存优势是一个很有意思的问题，但是似乎细菌的预设形状就是球形，任何其他的形状都需要内部支撑。非球形细菌具有微观结构和真核生物（比如酵母、人和植物）蛋白细丝非常相似的蛋白细丝。在细菌和真核细胞中，细胞骨架的细丝都由类似于肌动蛋白质（以在肌肉收缩中起作用而为人所知）的蛋白质所构成。而在非球形细菌中，这些细丝会在细胞膜下形成螺旋状的构造以此为细胞提供结构支撑。如果编码这些细丝的基因被敲除，那么通常是杆状的细菌则会变成球状。人们在距今 35 亿年前的岩石中发现了类似的杆状细菌的印迹，因此可以想象，细胞骨架在最早的细胞出现后不久

① 意思是那些穿着背带裤的人不可靠，因为他们既有腰带还穿着背带，给自己的裤子都要上双保险。——译者

就演化了出来。这使得问题被反转。如果细胞骨架一直存在，那么为什么只有极少数的细胞可以在没有细胞壁的情况下生存？我们会在第三章再回到这个问题。现在，让我们来看看失去细胞壁可能造成的后果。

“发现”古细菌——缺失的环节？

只有两类细胞在没有细胞壁的情况下繁荣兴旺了起来——一类是真核细胞，另一类就是古细菌，值得注意的原核生物（像细菌一样缺乏细胞核）。古细菌在 1977 年的时候由伊利诺伊大学的卡尔·乌斯和乔治·福克斯发现。实际上大多数古细菌是有细胞壁的，但是它们的细胞壁化学组成差异很大，有一些古细菌，比如钟爱沸腾酸浴的**热原体属**成员就完全没有细胞壁。说来也奇怪，尽管细胞壁作为细菌化学战争的攻击对象，但是像青霉素这样的抗生素却完全不能影响古细菌细胞壁的合成。像细菌一样，古细菌很小，大约千分之几毫米（几微米）并且没有细胞核。像细菌一样，它们有单个环状染色体，并且有着各种各样的形状，因此也有着某种形式的细胞骨架。古细菌很晚才被发现的原因在于大多数的古细菌都是“极端微生物”，意思是它们在极端和秘密的环境中生存繁衍，从热原体属钟爱的沸腾酸浴，到腐烂的沼泽（生成沼气的产甲烷菌居住其中），甚至是深埋地底的油田。油田里的古细菌引起了商业上的兴趣，或者说是烦恼，因为它们使油井“酸化”，从而提高了石油中硫的含量，造成了油井套管和金属管道的腐蚀。绿色和平组织都很难想到比这更狡猾的抗议破坏行动①。

古细菌的“发现”是一个相对的名词。因为当中的一些几十年前就

① 此处是作者在讽刺绿色和平组织打着促进实现一个更为绿色、和平和可持续发展的未来的旗号而做出的暴力破坏他人私产的行为。——译者

已经为我们所熟知（尤其是导致油井酸化的古细菌和产生沼气的产甲烷菌），但是因为它们小而没有细胞核因此往往被误认为是细菌。所以换句话说，它们并不是被发现而只是被重新分类；即便是现在，一些研究者依然倾向于将它们和细菌归为一类，只是原核生物诸多别出心裁的种类中的一组。但是，乌斯和其他人在遗传学方面的刻苦研究已经使大多数公正的观察者相信，古细菌确实与细菌有着深刻的区别，它们的区别远远超出了细胞壁的构造。我们现在知道大约 30% 的古细菌基因是古细菌独有的。这些独特的基因编码能量代谢相关的蛋白质（比如甲烷的产生）和在其他细菌中没有的细胞结构（比如膜脂质）。这些重要的差异足以使得大多数科学家把古细菌看作生命中一个单独的“域”。这意味着，我们现在可以把所有的生命体归为三个大的“域”——细菌、古细菌和真核生物（包括了所有的多细胞生物，比如植物、动物和真菌）。细菌和古细菌都是原核生物（没有细胞核），而真核生物的细胞都有细胞核。

尽管它们喜欢极端环境并具备独有的特征，古细菌与细菌和真核生物也有许多共同的特征。我建议用“马赛克”这个词来形容，因为这些特征中的许多是自成一体的模块，由一组作为一个整体共同工作的基因编码（比如蛋白质合成的基因或是能量代谢相关的基因）。这些独立的模块组合在一起，就像马赛克的壁饰，构成一个有机体的整体模式。在古细菌的例子中，有些片段与真核生物使用的片段相似，而另一些片段则更像细菌。这就好像它们从装有各种细胞特征的摸彩袋里随机抓了一把特征一样。因此，尽管古细菌是原核生物，在显微镜下很容易被误认为细菌，但比如说，有些古细菌仍然用组蛋白包裹它们的染色体，与真核生物的方式非常相似。

古细菌和真核生物之间的相似性则更进一步。组蛋白的存在意味着古细菌的 DNA 不容易被轻易读取，所以和真核生物一样，古细菌需要复杂的转录因子来复制或转录它们的DNA（读取遗传密码以便构建蛋白质）。古细菌和真核生物基因的转录方式在很多细节上类似，只是更为简单一点。它们在构造蛋白质上也有很多相似性。正如我们在导言中所说到的那样，所有的细胞都用它们的核糖体合成蛋白质。所有生命中的核糖体都大致相似，暗示着生命的共同起源，但是它们又在很多细节上不同。有意思的是，细菌和古细菌核糖体之间的差别比古细菌与真核生物核糖体之间的差别要更大。比如，白喉毒素等毒素在古细菌和真核生物的核糖体上阻碍蛋白质的组装，但在细菌中则不然。像氯霉素、链霉素和卡那霉素这样的抗生素在细菌中阻止蛋白质合成，但对古细菌或真核生物则没有影响。这些模式可以通过蛋白质合成方式的不同以及核糖体工厂自身细微结构的不同来解释。与细菌相比，真核生物和古细菌的核糖体之间有更多的共同点。

所有这一切意味着古细菌很可能就是我们一直在寻找的细菌与真核生物之间缺失的环节。古细菌和真核生物可能有一个相对较近的共同祖先，最好能被看作“姐妹”类别。这似乎支持了卡瓦利耶-史密斯的观点，即细胞壁的丧失，可能发生在古细菌和真核生物的共同祖先中，是后来推动真核生物演化的灾难性的一步。最早的真核生物可能看起来有点像现代的古细菌。然而，有趣的是，没有古细菌会像真核生物那样通过改变形状从而吞噬食物。相反地，它们没有像真核生物那样发展出一个灵活的细胞骨架，而是形成了一个相当结实的膜系统，几乎和细菌细胞一样坚硬。因此，要成为一个“真核生物”可不仅仅是缺少细胞壁这么简单，但这会不会只是生活方式的问题？真核生物的祖先仅仅是没有细胞壁的古细菌吗？古细菌通过把它们现有的细胞骨架改造成一个更具活力的支架，使它们能够改变形状，通过吞噬作用来吃掉成块的食物？仅仅这一点就可以解释线粒体是怎么来的——只是简单地吞掉了它们？如果是这样的话，是否还会有一些在线粒体出现之前就潜伏在隐蔽角落并留存至今的“活化石”，保留着与古细菌更多的共同特征？

古真核生物——没有线粒体的真核生物

根据卡瓦利耶-史密斯早在1983年就提出的理论，现存的一些简单的单细胞真核生物的确仍然与最早的真核生物相似。一千多种原始真核生物不具有线粒体，虽然其中许多可能是后来失去了线粒体，仅仅是因为不需要它们（演化总是很快就会抛弃不必要的特征），卡瓦利耶-史密斯认为，这些物种中至少有一些可能是“原始无线粒体”——换句话说，它们从来没有过线粒体，是真核生物合并前的原始遗物。为了产生能量，大多数这些细胞和酵母一样依赖于发酵产生能量。而其中一些细胞能忍受氧气的存在，大多数在极低水平甚至完全没有气体的情况下生长最好，并且直到今天仍在低氧环境中茁壮成长。卡瓦利耶-史密斯将这一假设的类群命名为“古真核生物”，这是因为它们的远古根源和类似清道夫动物的生活方式，以及它们与古细菌的相似之处。“古真核生物”（archezoa）这个名字是不幸的，因为它与“古细菌”（archaea）有着令人困惑的相似之处。对于这种混乱我只能感到抱歉，古细菌是原核生物（没有细胞核），是生命的三个域之一，而古真核生物是真核生物（有细胞核），但从来没有过任何线粒体。

与任何一个好的假说可以被实证一样，卡瓦利耶-史密斯的假设也可以通过基因测序技术——精确读取基因密码中的字母序列——得到明显的验证。通过比较不同真核生物的基因序列，有可能确定不同的物种之间的密切联系，或者反过来说，古真核生物与更“现代”的真核生物之间的距离有多遥远。原因很简单。基因序列由数千个“字母”组成。对于任何基因，这些字母的序列随着时间的推移，因突变的累积而缓慢发生改变，丢失或获得一些字母，或以一个字母代替另一个字母。因此，如果两个不同的物种有同一基因的拷贝，那么两个不同的物种中字母的确切序列可能略有不同。这些变化在数百万年的时间里缓慢累积。当然还需要考虑其他因素，但是在某个时间点上“字母”序列的变化次数，暗示了两个基因版本从一个共同的祖先分离以来所经历的时间。这些数据可用于构建一个分支树，描述演化关系的生命树。

如果古真核生物真的能被证明是最古老的真核生物之一，那么卡瓦利耶-史密斯就会找到他理论中所缺失的环节——一个原始的真核细胞，它从未拥有任何线粒体，但它确实有一个细胞核和一个动态的细胞骨架，使它能够改变形状和通过吞噬作用进食。在卡瓦利耶-史密斯的假设提出后的几年内就有了看似完全符合他预测的答案。四组看起来非常原始的真核生物，不仅缺乏线粒体，也缺乏大多数其他细胞器的真核生物，通过遗传分析被证实属于最古老的真核生物。

乌斯团队在 1987 年测序的基因是一种和细菌一般大小的寄生物，生活在其他细胞内——实际上**只能**生活在其他细胞内。这种寄生物被称为微孢子虫（*V. necatrix*）。微孢子虫是一个以它们具有感染性的孢子来命名的类群，这些孢子都向外伸出一个螺旋管，孢子通过这个螺旋管把它们的内含物挤入宿主细胞，然后重新开始它们的生命周期，最终产生更多的有感染性的孢子。也许最著名的微孢子虫代表是微粒子虫（*Nosema*），它因在蜜蜂和蚕中引起的流行病而臭名昭著。当在宿主细胞内进食时，微粒子虫的行为就像一个微小的变形虫，四处移动并通过吞噬作用摄入食物。它有一个细胞核、细胞骨架和小的细菌型核糖体，但没有线粒体或其他细胞器。作为一个类群，微孢子虫感染了来自真核生物生命树中的许多分支，包括脊椎动物、昆虫、蠕虫，甚至是单细胞纤毛虫（以其用于捕食和移动的微小的毛发状“纤毛”为特征的细胞）。因为所有的微孢子虫都是寄生物，只能在其他真核细胞内生存，所以它们不能真正代表第一批真核生物（因为没有可供其感染的细胞），但是它们能感染的有机体种类如此之多的事实表明它们有可以追溯到真核生物演化树树根的古老起源。这一假设似乎得到了遗传分析的证实，但也产生了一个陷阱，我们一会儿就会看到。

在接下来的几年里，其他三组原始真核生物的古老地位通过遗传分析得到了证实，它们分别是变形虫下门、鞭毛虫门和副基体门。这三组生物都以寄生形式为人们所熟知，但也存在自由生活的形式。因此可能比微孢子虫更适合被归为最早的真核生物。这三类生物引起了许多痛苦、疾病和死亡；这些令人讨厌的威胁生命的细胞却可能是我们自己的早期祖先，这是多么有讽刺意味的一件事情。变形虫下门以痢疾性阿米巴原虫（*Entamoeba histolytica*）为代表，它能引起阿米巴痢疾，症状包括腹泻、肠出血和腹膜炎等。寄生物钻穿肠壁进入血液，从那里感染其他器官，包括肝脏、肺和大脑。长期下来，它们可能在这些器官上形成巨大的囊肿，尤其是肝脏，每年在全世界造成高达 10 万例死亡。另外两组的致死率较低，但依然臭名昭著。鞭毛虫门中最广为人知的是另一种肠道寄生物贾第鞭毛虫（*Giardia lamblia*）。贾第鞭毛虫不会侵入肠壁或进入血液，但是这种感染仍然是非常令人不快的，任何一个不小心喝了受感染溪流中的水的旅行者都知道这是要付出代价的。水样腹泻和带有臭鸡蛋气味的排气可能会持续数周或数月。至于第三组，副基体门中最有名的是阴道毛滴虫（*Trichomonas vaginalis*），它尽管危害不大却是最普遍的通过性传播疾病的微生物（尽管它产生的炎症可能会增加患其他疾病比如艾滋病的风险）。阴道毛滴虫主要通过阴道性交传播，但也可以感染男性尿道。在女性体内，它主要导致阴道感染并使其流出恶臭的黄绿色液体。总而言之，这些所谓祖先的恶劣行径证明了我们可以选择我们的朋友但是没法选择我们的亲人。

真核生物的进展

尽管有诸多令人不快的事实，但不管怎样古真核生物还是符合在获得线粒体之前的远古时代存活下来的原始真核生物的定义。遗传分析证实，在大约 20 亿年前的演化早期，它们就和现代的真核生物分开演化，虽然它们简洁的形态与简单的早期生活方式有关，它们依然如清道夫动物那样通过吞噬方式摄食。据推测，在 20 亿年前的一个晴朗的早晨，这些简单细胞的某个堂兄弟吞噬了一种细菌，由于某种原因未能消化。细菌在古真核细胞内存活并分裂，不管最初对任何一方有什么好处，这种亲密联系最终大获成功，以至于由这个嵌合细胞产生出了所有包含线粒体的现代真核生物——所有熟悉的植物、动物和真菌。

根据这次现场还原，合并的最初好处可能与氧气有关。合并发生在空气和海洋中的氧气含量上升的时候可能并不是巧合。大气中的氧气含量在大约 20 亿年前全球冰川或“雪球地球”时期出现了大幅上升，这个时间与真核生物合并的时间非常吻合。如今线粒体利用氧气在细胞呼吸中燃烧糖和脂肪，因此毫不奇怪，线粒体应该是在氧气含量上升的时候站稳了脚跟。作为一种能量产生方式，有氧呼吸比其他在没有氧气的情况下产生能量（厌氧反应）的呼吸方式更有效。尽管如此，高级的能量产生方式可能并没有取得最初的优势。生活在另一个细胞内的细菌没有理由将其能量传递给宿主。现代细菌产生的所有能量都是为了自己，而它们最不可能做的事情就是将其仁慈地输送给邻近的细胞。因此，虽然线粒体的祖先可以通过获得宿主的营养而占据明显的优势，但是对于宿主细胞来说没有明显的帮助。

也许最初的关系实际上是寄生，这是林恩·玛格利斯提出的一种可能。瑞典乌普萨拉大学的西夫·安德森实验室的重要工作成果，于

1998年发表在《自然》杂志上，表明引起斑疹伤寒的寄生细菌普氏立克次氏体（*Rickettsia prowazekii*）的基因与人类线粒体的基因密切相关，这增加了最初的细菌可能是一种与立克次氏体没有什么不同的寄生菌的可能性。即使这种细菌是一种寄生菌，只要不受欢迎的客人没有给主人带来致命的伤害，这种不平衡的“合伙关系”便可能可以存续下来。随着时间的推移，现在的许多感染变得不那么致命，因为寄生物也能从宿主的存活中受益——它们不必在每次宿主死后都去寻找新家。几个世纪以来，梅毒等疾病的毒力已经大大降低，而且有迹象表明，艾滋病已经开始有类似的趋势。有趣的是，在变形虫中也会发生这种衰变，比如变形杆菌。感染变形虫的细菌最初常常杀死宿主，但最终宿主存活却成为它们生存的必要条件。被细菌感染的变形虫的细胞核与原本的变形虫不相容，并最终置原本的变形虫于死地，这有效地推动了一个新物种的形成。

以真核细胞为例，主人善于“吃”，即通过其掠夺性的生活方式为其客人提供源源不断的食物。我们从小就明白天下没有免费午餐的道理，但寄生物可能只是燃烧宿主的代谢废物，而并没有完全削弱它，这样就离一顿免费午餐不远了。随着时间的推移，宿主获得了通过插入膜通道来获取客人所产生的能量的能力，这时关系便发生了逆转。客人曾经是宿主的寄生物，但现在成了奴隶，它的能量被抽去为宿主所用。

这种情况只是几种可能性中的一种，也许时机才是关键。即使能量不是这种关系的基础，氧含量的上升仍然可以解释最初的利益关系。氧对厌氧生物有毒，它“腐蚀”未受保护的细胞。就像它能使得铁钉生锈一样，如果客人是一个利用氧气来产生能量的好氧菌，而宿主是一个通过发酵产生能量的厌氧细胞，那么好氧菌可能可以保护它的宿主免受有毒氧气的侵害——它可以作为一个安装在内部的“催化转换器”，从周围消耗氧气并将其转化为无害的水。西夫·安德森称之为“氧毒”

假说。

让我们重述一下论点。细菌失去了细胞壁却存活下来，因为它有一个内部细胞骨架（它曾经利用它来保持形状），这个时候，它就和现代的古细菌很相似了。经过对细胞骨架的一些修改，没有细胞壁的细菌学会了通过吞噬作用摄入食物。当它变大时，它将基因包裹在一层膜中并形成一个细胞核。现在它变成了一个古真核生物，可能类似于**贾第鞭毛虫**这样的细胞。一个饥饿的古真核生物碰巧吞入了一个较小的好氧菌，但没能消化它，正如现代立克次氏体这样的寄生菌已经学会了如何逃避宿主细胞的防御。双方在一个良性的寄生关系中相处融洽，但是随着大气中氧气含量的升高，这种关系开始对宿主和寄生双方都产生影响：寄生方仍然可以得到免费的午餐，但宿主则获得了更好的交易条件——通过催化转换器防止内部受到氧毒伤害。然后宿主以惊人的忘恩负义的行为，将一个“水龙头”插到寄生方的细胞膜上并榨取其产生的能量。现代真核细胞诞生了，从此一去不回头。

这一长串的推理是一个很好的例子，说明科学是如何把一个看似合理的故事拼凑起来，并在几乎每一点上用证据来支持它的。对我来说，整个过程有一种必然的感觉：它可能发生在这里，也可能发生在宇宙的任何其他地方——没有任何一个步骤是不可能的。正如克里斯蒂安·德·迪夫所假设的那样，存在一个瓶颈，即当周围没有太多氧气时，真核生物的演化是不可能发生的，而一旦氧气水平上升，则这个进程几乎是不可避免的。虽然每个人都认为这个故事是推测性的，但人们普遍认为它是合理的，并利用了大多数已知的事实。人们没有为 20 世纪 90 年代末的逆转做任何准备。正如科学史上时常发生的那样，这个“好”故事在短短 5 年的时间内就崩塌殆尽了，几乎每一点都被反驳了。但或许一切早早有预示。如果真核生物只演化了 1 次，那么最可能的故事或许恰恰就是错误的故事。

范式逆换

第一块碎裂的石头是古真核生物的“原始无线粒体”状态。如果你还记得的话，这个术语意味着古真核生物从来没有线粒体。但是当更多来自不同古真核生物的基因被测序时，之前认为是真核细胞祖先的细胞，如痢疾性阿米巴原虫（导致阿米巴痢疾的原因）似乎看起来并不是它们这一组最早的代表。同一组中其他类型的细胞似乎更老，但确实有线粒体。不幸的是，基因定年技术估计的年代只是近似且容易出错，所以这个结果是有争议的。但是如果估计的年代是正确的，那么这个结果只能意味着痢疾性阿米巴原虫的祖先确实曾经拥有线粒体，只是后来丢失了，而不是从没拥有过。如果古真核生物被定义为一组从未有过线粒体的真核生物，那么痢疾性阿米巴原虫就不可能是古真核生物。

1995 年，美国国立卫生研究院的格雷厄姆·克拉克和加拿大达尔豪西大学的安德鲁·罗杰，重新更近距离观察了痢疾性阿米巴原虫，看是否有任何痕迹显示曾经有线粒体存在过。答案是肯定的。在核基因组中隐藏着两个基因，从它们的 DNA 序列来看，几乎可以肯定是源于最初的合并。它们可能是从早期的线粒体转移到宿主细胞核，后来细胞曾经有过线粒体的所有物理痕迹都丢失了。我们应该注意到，基因从线粒体转移到宿主是很正常的，原因我们将在第三章中谈到。现代线粒体只保留了少数基因，其余的蛋白质常常由核基因编码再被运到线粒体。有趣的是，痢疾性阿米巴原虫确实拥有一些椭圆形的细胞器，这些细胞器可能是线粒体残留的遗迹：它们的大小和形状与线粒体相似，从中分离出的一些蛋白质也在其他生物体的线粒体中被发现了。

毫不意外，这个紧迫的问题转移到了其他被认为是“原始无线粒体”的群体身上。它们是否也曾经拥有过线粒体？类似的研究也进行了，到目前为止，所有被测试的“古真核生物”都曾经拥有线粒体，后来又失去了线粒体。例如，贾第鞭毛虫不仅明显曾经拥有线粒体，而且还保存了一些遗留的痕迹——以被称为“线体”的微小细胞器的形式，继续执行线粒体的某些功能（比如有氧呼吸，这应该够有名了）。也许最令人惊讶的结果与微孢子虫有关。这个被认为是古老的类群不仅**曾经**拥有过线粒体，现在还发现它们一点也**不**古老——它们与高等真菌（一个相对较新的真核生物类群）关系最为密切。微孢子虫的明显的古老性仅仅是依据它们寄生在其他细胞内的生活方式所进行的人为推断——它们感染了如此多不同的群体这一事实只能证明它们很成功，并不能说明它们很古老。

虽然真正的古真核生物仍然可能存在，只是有待被发现，但今天的普遍共识是，这个分类群体只是一个幻影——每一个曾经被检查过的真核生物要么有，要么曾经有线粒体。如果我们相信证据，那么就没有原始的古真核生物了，如果这是真的，那么线粒体的合并就发生在真核细胞系的最开始，并且可能与之密不可分：合并**是**独一无二的事件并最终导致了真核生物的形成。

如果真核生物的原型不是古真核生物，换句话说，不是一个通过吞噬作用摄入食物为生的简单的细胞，那么它看起来**是**什么样子？答案可能存在于现今生活的真核生物的详细 DNA 序列中。我们已经看到，通过比较基因序列鉴定来自线粒体的基因是可能的；也许我们也可以对宿主基因采用相同的方法。想法其实很简单，因为我们知道线粒体与一组细菌，即 α-变形菌是有联系的，我们可以先排除任何可能来自这个细菌的基因，看看其余的基因来自哪里。在这些剩余的基因中，我们可以假设有些基因是真核生物所独有的，它们自从合并以来已经存在了 20 亿年了，而另一些是从其他地方转移过来的。即便如此，至少有一些基因应该是属于原来宿主的，这些基因在最初合并后应该被所有后代遗传，并从那时起逐渐积累改变；但它们仍然应该与原始宿主细胞有一些相似之处。

玛丽亚·里维拉和她在加州大学洛杉矶分校的同事采用的正是这个方法，研究结果于1998年发表，更详细的成果于2004年发表在《自然》杂志上。这个研究小组比较了生命三个域中各个域代表生物的完整基因组序列，发现真核生物拥有两类不同的基因，他们称之为**信息**基因和**操作**基因。**信息**基因编码细胞所有基本的遗传机制，使其能够复制和转录DNA，自我复制并构建蛋白质。**操作**基因编码细胞日常代谢所需的蛋白质。换句话说，这些蛋白质在细胞新陈代谢中，负责产生能量和制造生命基本组成部分（如脂质和氨基酸）。有趣的是，几乎所有的操作基因都来自α-变形菌，可能是通过线粒体获得，而真正令人惊讶的是——线粒体祖先在基因方面的贡献似乎比预期的还要多，但最大的意外是信息基因的归属，它们不出意料归属古细菌，却是完全出乎意料的一类：产甲烷菌——喜欢沼泽、逃避氧气、产生沼气的细菌。它们与产甲烷菌的基因有着最高的相似性。

这并不是引导我们怀疑产甲烷菌的唯一线索。美国哥伦布俄亥俄州立大学的约翰·里夫和他的同事已经证明，真核细胞的组蛋白（包裹DNA的蛋白质）结构与产甲烷菌的组蛋白结构密切相关，这种相似性肯定不是巧合，不仅组蛋白本身的结构密切相似，而且整个DNA-蛋白质包裹的三维构造也惊人地相似。在两个被认为不相关的生物体，如产甲烷菌和真核生物中，找到完全相同结构的机会，相当于在两个相互竞争的公司独立生产的两架飞机上找到相同的喷气发动机。当然，我们有可能找到同样的引擎，但如果告诉我们它在没有任何对手公司的版本，也不知道原型的情况下被“发明”了2次，那么我们是可以怀疑并假设引擎是从另一家公司买来或偷来的。在产甲烷菌和真核生物中，DNA与组蛋白的包裹方式非常相似，最有可能的解释是它们从一个共同的祖先那里获得了完整的包装，而这两个引擎都是从同一个原型发展而来的。

所有这些加在一起就形成了一个完整的故事。两缕烟从同一支烟枪里袅袅而出[①]，如果这些证据是可信的，那我们似乎从产甲烷菌那里继承了我们的信息基因和组蛋白。突然之间，我们最可敬的祖先不再是我们所怀疑的邪恶寄生物，而是一个更像外星生物的家伙，它今天仍旧生存在停滞的沼泽和动物的肠道中。真核生物合并的最初宿主是一种产甲烷菌。

我们现在可以看到，第一个真核细胞可能是一种什么样的有希望的怪物——是一种产甲烷菌（通过产生甲烷气体获得能量）和α-变形菌（例如像立克次氏体这样的寄生菌）结合的产物。这是一个惊人的悖论。很少有生物比产甲烷菌更讨厌氧气，它们只能生活在世界上停滞的无氧的坑里。相反，很少有生物比立克次氏体更依赖氧气，它们是生活在其他细胞内的微小寄生菌，通过扔掉多余的基因，让它们只剩下自身繁殖与有氧呼吸所需的基因，从而使自己特化占据了独特的生态位。其他的一切都消失了。所以矛盾的是：如果真核细胞被认为是天生的一个讨厌氧气的产甲烷菌和一个喜欢氧气的细菌之间的共生体，产甲烷菌怎么才能从体内的α-变形菌获益？就这一点而言，α-变形菌又是如何从待在产甲烷菌体内获益的？事实上，如果宿主不能吞噬细胞——产甲烷菌并不能改变形状，吃掉其他细胞——那么α-变形菌究竟是如何进入产甲烷菌体内的呢？

有可能西夫·安德森的氧毒假说仍然适用，换句话说，好氧菌保护宿主免受有毒氧气的侵害，使产甲烷菌能够冒险进入有氧环境觅食有机物。但是现在这种情况有一个很大的困难。这种关系对于一个靠发酵有

① 支持某一特定假设的科学证据有时被称为“烟枪证据”。——译者

机物为生的原始真核生物来说是有意义的。如果它能够迁移到任何一个有丰富有机物的环境中，将会得到繁荣发展。这种清道夫细胞，相当于单细胞版本的豺狼在非洲游荡，为了寻找一具新鲜的尸体要走很远的路。但是这种流动会杀死产甲烷菌。产甲烷菌依赖低氧环境就像河马依赖池塘一样。产甲烷菌可以**忍受**氧气的存在，但是它们不能在氧气存在的情况下产生任何能量，因为它们依赖氢气产能，而在有氧的环境中很少存在氢气。所以如果产甲烷菌真的离开了它的“池塘”，它很有可能饿死：腐烂的有机物对产甲烷菌来说毫无用处。在产甲烷菌的利益与好氧寄生物的利益之间存在着一种深深的紧张关系，前者冒险到新的牧场去，而后者却在产甲烷菌所青睐的缺氧环境中无法再产生任何能量。

这一矛盾其实还更严重，因为正如我们所看到的，它们之间的关系不可能依赖能量（以可交换的 ATP 形式存在）——细菌不会向外运输 ATP，也从不仁慈地“喂养”对方。它们可能仍然是一种寄生关系，在这种关系中，细菌从产甲烷菌的体内消耗了有机产物，但这又有新的问题浮出水面，因为氧依赖性细菌不能从产甲烷菌的内部产生任何能量，除非它能说服产甲烷菌离开它的“池塘”，离开那些舒适的无氧环境。人们可以想象 α-变形菌放牧产甲烷菌，把它们像牛一样赶到富氧的屠宰场，但对细菌来说，这是胡说八道。简而言之，产甲烷菌离开“池塘”就会饿死；如果这些氧依赖性细菌生活在“池塘”里，它们就会饿死，而中间地带，一点氧气，对双方都是同样不利的。这样的关系似乎是彼此都无法忍受的，真核生物稳定的共生关系真的是这样吗？这不仅是不可能的，而且是完全荒谬的。幸运的是，还有另一种可能性，直到不久前似乎还很荒谬，但现在看来更具有说服力。

第三节　氢假说

对真核细胞祖先的探索陷入了困境。有关存在一个原始的中间产物，一个有细胞核但没有线粒体的缺失环节的观点并没有被残酷地推翻，但看起来越来越不可能，每一个有希望的例子都被证明并不是真正的缺失环节，而是在之后为了适应较简单的生活方式。所有这些表面上较原始的类群的祖先都拥有线粒体，它们的后代最终在适应新的生态位时（通常作为寄生物）失去了线粒体。作为一个真核生物有可能没有线粒体——原生动物中有 1 000 种这样的物种——但似乎没有一个真核生物在过去从没拥有过线粒体。如果成为真核细胞的唯一途径是拥有线粒体，那么真核细胞本身可能是由线粒体的细菌祖先与其宿主细胞之间的共生关系所创造的。

如果真核细胞是由两种类型的细胞合并而成，那么问题就变得更为紧迫了：什么类型的细胞？根据教科书的观点，宿主细胞是一个原始的真核细胞，没有线粒体，但是如果缺少线粒体的原始的真核细胞从没有存在过，那这个观点显然也是站不住脚的。事实上，林恩·玛格利斯提出了两种不同类型的细菌之间的结合，而她的假说在缺失环节的理论失败后，似乎又重新引起人们的注意。即便如此，玛格利斯和其他人的想法还是一样的，他们认为宿主必须依靠发酵来产生能量，就像现在的酵母菌一样，而线粒体带来的优势是处理氧气的能力，给它们的宿主提供了一种更有效的能量产生方式。通过比较现代真核生物与各种细菌和古细菌的基因序列，可以很好地追踪宿主的确切身份，而现代测序技术正使这一点成为可能。但是正如我们刚刚看到的，表面上显而易见的答案带来的却是另一个令人震惊的事实：真核细胞的基因似乎与**产甲烷菌**最为密切相关，这些产甲烷菌生活在沼泽和肠道中。

产甲烷菌！这是个令人费解的答案。在第一节中，我们注意到产甲烷菌是通过氢气和二氧化碳的反应并释放甲烷气体作为反应废物来生存的。游离氢气只存在于缺氧的环境中，因此产甲烷菌仅存在于缺氧环境中——事实上是任何排除氧气存在的边缘地带。实际情况比这更糟糕，产甲烷菌可以忍受环境中一定量的氧气，正如我们可以屏住呼吸在水下存活一段时间。问题是产甲烷菌在这种情况下不能产生任何能量，它们必须“屏住呼吸”，直到它们回到喜欢的缺氧环境。因为它们产生能量的过程**只能**在没有氧气的情况下发生，所以如果宿主细胞真的是产甲烷菌，这就提出了一个关于共生的严重问题：为什么在地球上，产甲烷菌会与任何依赖氧气生存的细菌形成关系？现代的线粒体当然依赖氧气，如果是这样的话，任何一方都不能在另一方的土地上谋生。这是一个严重的悖论，似乎不可能以传统的方式调和。

然而在 1998 年，我们在第一节中遇到的比尔·马丁和他来自纽约洛克菲勒大学的长期合作者米克洛斯·穆勒在这出戏里一起登场了，他们提出了一个非常激进的假说。他们称他们的理论为“氢假说”，顾名思义，它与氧几乎没有任何关系但与氢有很大关系。根据马丁和穆勒的理论，其关键是氢气可以被一些称为**氢化酶体**的线粒体样细胞器，以代谢废物的形式产生。这些细胞器主要存在于原始的真核生物中，包括阴道毛滴虫，一种之前被认为是古真核生物的单细胞生物。与线粒体一样，氢化酶体负责能量的产生，但它们产生能量的同时以奇怪的方式向周围释放氢气。

很长一段时间，氢化酶体的演化起源被笼罩在迷雾当中，但是一些结构上的相似性促使穆勒和其他人，特别是伦敦自然历史博物馆的马丁·恩布利和他的同事们，提出氢化酶体与线粒体是相关联的——它们拥有共同的祖先。这是很难证明的，因为大多数的氢化酶体已经失去了整个基因组，但现在已经基本确定了①。换句话说，无论什么细菌与第一个真核细胞进入一段共生关系，它的后代都包括了线粒体和氢化酶体。马丁在这里做了一个预设——这也是今天所面临的两难的症结所在——线粒体和氢化酶体的原始细菌祖先同时具备这两种细胞器的代谢功能。如果是这样的话，那么肯定存在一种多用途的细菌，能够同时进行有氧呼吸和产生氢气。我们很快会回到这个问题。现在，让我们简单地把注意力放在氢假说上，马丁和穆勒认为正是这个共同祖先的氢代谢，而不是氧代谢，赋予了第一个真核生物演化上的优势。

马丁和穆勒被这样一个事实震惊了：含有氢化酶体的真核生物有时会允许一些微小的产甲烷菌生活在体内，这些产甲烷菌成功进入并快乐地生活在细胞内。这些产甲烷菌与氢化酶体结合在一起，几乎就像在捕食一样（图3）。马丁和穆勒意识到，这正是他们两个人的写照——两个实体以一种新陈代谢联姻的方式在一起。产甲烷菌是独一无二的，因为它们能产生自身所需要的所有有机化合物，以及它们所需的能量。它们通过将氢原子（H）附着在二氧化碳（CO_2）上产生碳水化合物（如葡萄糖 $C_6H_{12}O_6$）合成所需的基本结构块，有了这些结构块就可以构建

① 1998年，约翰内斯·哈克斯坦和他在荷兰奈梅亨大学的同事发现了一种保留了自身基因组的氢化酶体，尽管是很小的一个。这个基因组的分离工作值得授予一枚勋章：这个氢化酶体所属的寄生物无法在培养基中生长，因此必须在它赖以生存的舒适的家，也就是蟑螂后肠里进行显微操作。在完成了这个不可想象的任务后，哈克斯坦研究小组在2005年的《自然》杂志上发表了该氢化酶体的全基因组序列分析，并证实了氢化酶体和线粒体的确拥有一个共同的α-变形菌祖先。

所有的核酸、蛋白质和脂质。它们也利用氢和二氧化碳来产生能量，在这个过程中释放甲烷。

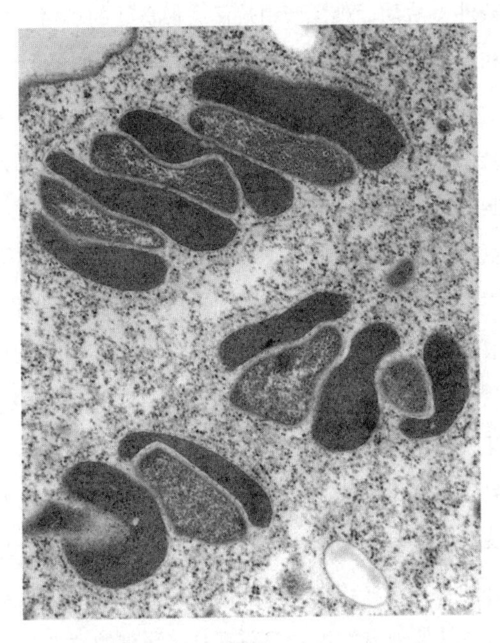

图 3

显示产甲烷菌（浅灰色）和氢化酶体（暗灰色）。它们都生活在一个更大的真核细胞的细胞质中，特别是海洋纤毛虫（*Plagiopyla frontata*）。根据氢假说，产甲烷菌（需要氢气才能生存）和产氢细菌（线粒体和氢化酶体的祖先）之间如此密切的代谢关系，最终可能造就了真核细胞本身：产甲烷菌变大，以物理方式吞噬产氢细菌。

虽然产甲烷菌在其代谢能力方面足智多谋，但它们仍然遇到了严重的障碍，这其中的问题我们在第一节中已经注意到，虽然二氧化碳很丰富，但在任何含氧的环境中都很难获得氢，因为氢和氧起反应形成水。从产甲烷菌的角度来看，任何能提供少量氢气的东西都是上天的恩赐。氢化酶体则是一种双重恩惠，因为它们在产生自身能量的过程中释放出氢气和二氧化碳，这正是产甲烷菌所渴望的物质。更重要的是，它们不需要氧气，恰恰相反，它们更喜欢避免氧气，因此它们在产甲烷菌所需的极低氧气条件下活动。难怪产甲烷菌会像贪婪的小猪一样吸吮着氢化酶体！马丁和穆勒认为，这种亲密的代谢结合可能是原始真核合并的基础。

比尔·马丁认为，氢化酶体和线粒体分别位于某个鲜为人知的光谱的两端。那些最熟悉教科书中线粒体的人可能会感到惊讶，许多简单的单细胞真核生物拥有在缺氧情况下运作的线粒体。这些“厌氧”线粒体不使用氧气燃烧食物，而是使用其他简单的化合物，如硝酸盐或亚硝酸盐。在其他很多方面，它们的运作方式与我们的线粒体非常相似，且毫无疑问是相关的。所以整个光谱从我们身上依赖氧气的线粒体延伸出来，经过更喜欢使用硝酸盐等其他分子的“厌氧”线粒体，到达功能不同但依然有关联的氢化酶体。这样一个光谱的存在将注意力集中在发源产生整个光谱的祖先身上。这个共同祖先可能是什么样子的？

这个问题的答案对真核生物的起源，以及地球上所有复杂生物的起源，乃至宇宙中其他地方的生命起源都有着深刻的意义。共同祖先可能有一种或两种形式。它可能是一种复杂的细菌，有一大堆代谢技能，后代会因为需要适应不同的生态位而被分配到不同的代谢技能。如果真是这样的话，那么后代可以说是“去化”（devolve），而不是“演化”（evolve），因为它们变得更简单。第二种可能是，共同祖先是一种简单的、进行有氧呼吸的细菌，也许是我们在前一节讨论过的立克次氏体的某个自由生活的祖先。那么它的后代在演化过程中一定变得更加多样化了——它们是“演化”而不是“去化”。这两种可能性衍生出了更为具体的预测。在第一种情况下，如果那个作为祖先的细菌代谢很复杂，那么它就有能力将特化的基因直接传给后代（比如那些产生氢气的基因），任何需要产生氢气的真核生物都可能从这个共同祖先那里遗传基因，无论它们后来会变得多么不同。氢化酶体存在于不同的真核生物群中，如果它们从同一个祖先那里遗传了产氢基因，那么这些基因应该是紧密相关的，另一方面，如果所有不同的类群最初都遗传了简单的、进行有氧呼吸的线粒体，那么它们在适应低氧环境的时候，必须独立地发明出不同形式的无氧代谢。以氢化酶体为例，产氢基因在各种情况下都必然是独立演化的（或是随机地通过横向基因转移获得），因此它们的演化史将与宿主细胞的演化史一样丰富多样。

这些可能性给出了直白的选项。如果祖先是代谢复杂的，那么所有的产氢基因应该是相关的，或者至少**可以**是相关的。另一方面，如果它是代谢简单的，那么所有这些基因应该是无关的。那么哪一个是对的呢？答案尚未被证实，但除了少数例外，大多数证据似乎都支持前一种观点。在千禧年的头几年发表的几项研究证明，如氢假说所预测的那样，厌氧线粒体和氢化酶体中至少有几个基因是来自单一起源的，例如，所有的氢化酶体用于产生氢气的酶（丙酮酸：铁氧还蛋白氧化还原酶或 PFOR），几乎可以肯定是从一个共同祖先遗传来的。同样的线粒体和氢化酶体中用来将 ATP 运输出去的膜泵似乎也都来自一个共同的祖先，而合成呼吸作用的铁硫蛋白所需的酶也似乎来源于一个共同祖先。这些研究都暗示共同祖先确实是代谢上多能的，可以使用氧气或其他分子呼吸，或取决于环境需要产生氢气。关键的是，这种多功能性（听起来有些悬乎）今天确实存在于一些 α-变形菌中，比如红细菌属（*Rhodobacter*），因此它们可能比立克次氏体更像是原始线粒体。

如果是这样，为什么立克次氏体的基因组与现代线粒体如此相似？马丁和穆勒认为立克次氏体和线粒体之间的相似性来自两个因素：首先，立克次氏体是 α-变形菌纲中的一员，因此它们的有氧（氧依赖性）呼吸基因确实应该与有氧线粒体及其他自由生活的氧依赖性 α-变形菌的基因相似。换言之，线粒体基因与立克次氏体基因相似，不是因为这些基因来自立克次氏体，而是因为立克次氏体和线粒体都是从一个共同祖先（可能与立克次氏体有很大区别）那里获得有氧呼吸的基因。如果是这样的话，就会产生这样一个问题：如果它们来自一个非常不同的祖先，为什么最终变得如此相似？这就引出了马丁和穆勒假设的第二点，它们是通过趋同演化来实现的，正如在第一章中开始所讨论的，立克次氏体和线粒体都有着相似的生活方式和环境：它们都是通过在其他细胞内的有氧呼吸产生能量的，它们的基因受相似选择压力的影响，这可能很容易导致相似的基因光谱留存下来，并且使得DNA序列产生相似的变化。如果趋同演化是导致相似性的原因，立克次氏体的基因应该只与哺乳动物的**氧依赖性**线粒体相似，而不是与其他类型的厌氧线粒体相似，这我们已经在最后几页进行了讨论。如果共同祖先与立克次氏体差异很大——如果它实际上是一个如红细菌属那样有一大袋新陈代谢技巧的多用途细菌——我们就不会指望，事实上我们也并没有，立克次氏体和这些厌氧线粒体之间有相似之处。

从瘾君子到天下无敌

目前有证据表明，真核细胞合并的两个主角是产甲烷菌和具有多种代谢能力的α-变形菌，比如红细菌属。氢假说围绕产甲烷菌嗜好氢气和细菌有能力提供氢气的交易，从而调和了这些主角明显不协调的生态需求。但是对于许多人来说，这个简单的解决方案引发的问题和它能解决的问题一样多。为什么一个**只能**在无氧环境或者是低氧环境才能发生的合并却产生了百花齐放的真核生物？特别是全体成员如今几乎都**依赖**氧气的多细胞真核生物？为什么合并发生在空气和海洋中氧气含量上升的时候，而我们相信这只是巧合？如果第一个真核生物生活在严格的无氧环境中，为什么它没有像今天的无氧真核生物那样，通过演化而失去所有有氧呼吸所需的基因呢？如果宿主不是能够改变形状和吞噬整个细菌的真核细胞，α-变形菌如何获得进入的机会？

随着近期越来越多的证据的出现，氢假说可以解释上述的每一个难题，而且甚至不需要动用任何一个演化上的创新（新特征的演化）。我自己也曾与这些想法做过斗争，从某种立场上说，我应该承认我最初对这些想法怀有敌意，但现在我相信这类事情几乎肯定是发生过的。马丁和穆勒提出的一连串事件有着无可阻挡的演化逻辑，但至关重要的是，这一连串事件依赖环境——一系列偶然情况所导致的演化选择压力，而我们现在知道这的确曾在地球上发生过。问题是，如果生命的电影像斯蒂芬·杰·古尔德所提倡的那样，一次又一次地重播，会不会是同一连串事件的重复？我对此表示怀疑，因为在我看来，马丁和穆勒提出的一连串事件不太可能轻易重演，或者可能根本不会重演。我对一系列不同的偶然情况发生在其他星球的怀疑更为强烈，这就是为什么我怀疑真核细胞的演化从根本上说是偶发事件，而且在地球上只发生了 1 次。让我们考虑一下可能发生了什么。为了清楚起见，我将把它作为一个简单的故事来叙述，并略去那些扰乱了基本含义的“可能有”（图 4）。

很久以前，一种产甲烷菌和一种 α-变形菌生活在一起，在深海中氧气稀少。α-变形菌是一个清道夫细胞，用多种方式谋生，但通常通过发酵其他细菌剩下的食物产生能量，而将甲烷和二氧化碳作为代谢废物排出。产甲烷菌在这些废物中生活得很开心，因为它可以用这些来建造它所需要的一切。这种安排是如此的舒适和方便，以至于两者越来越亲密，产甲烷菌逐渐改变其形状（它们有细胞骨架，可以选择改变它们的形状）来拥抱它的恩人。这种变化可以在图 3 中看到。

随着时间的推移，拥抱变得令人窒息，可怜的 α-变形菌没有足够的膜表面来吸收食物，它们如果找不到折中的方案，很快就会饿死，但是现在它被产甲烷菌紧紧地包裹着，不能离开。另一种可能是 α-变形

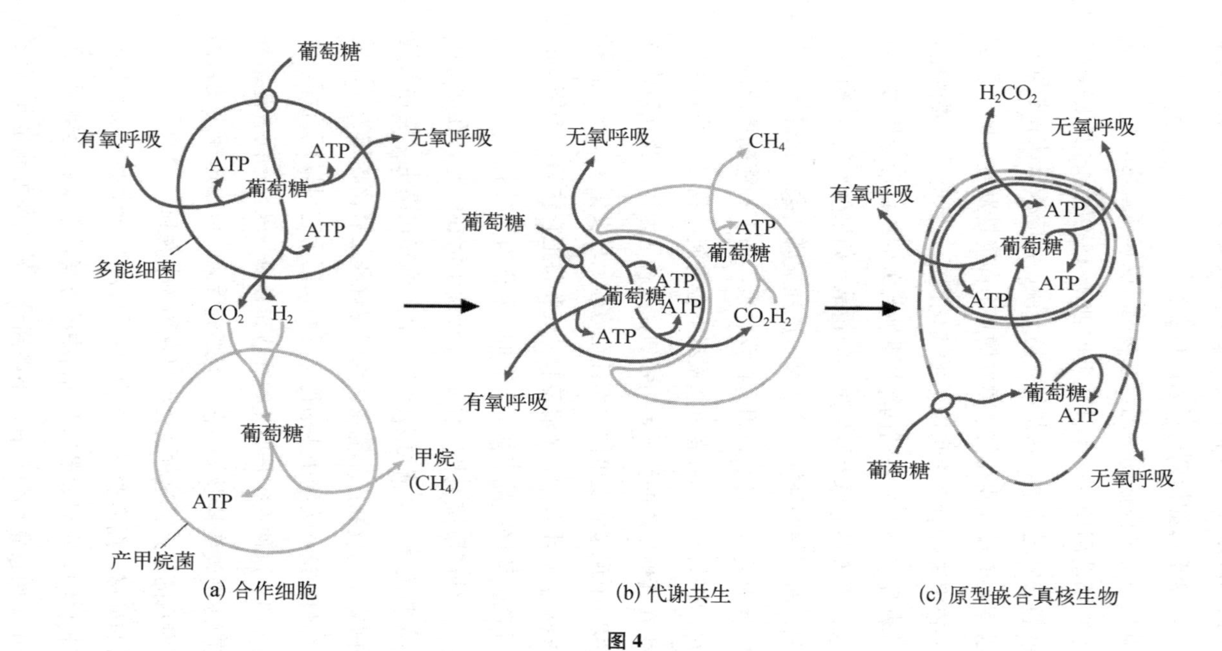

(a) 合作细胞　　(b) 代谢共生　　(c) 原型嵌合真核生物

图 4

氢假说。一个简单的示意图显示了一个多能细菌和一个产甲烷菌之间的关系。(a) 细菌能够进行不同形式的有氧和无氧呼吸，以及发酵产生氢气；在厌氧条件下，产甲烷菌利用细菌释放出的氢气和二氧化碳。(b) 由于现在产甲烷菌依赖细菌产生的氢气，这种共生关系变得更加紧密，逐渐被吞没。(c) 细菌现在完全被吞没。从细菌到宿主的基因转移使宿主能够以与细菌相同的方式摄入和发酵有机物，使其摆脱只能依靠甲烷生成来营生的生活方式。虚线表示细胞嵌合。

菌自己移动到产甲烷菌体内，而产甲烷菌用自己的表面吸收所有需要的食物，这两种细菌可以继续它们安逸的生活，因此 α-变形菌就搬了进来。

在我们继续这个简单的故事之前，让我们看几个细菌住在其他细菌中的例子；而这并不代表一定要被吞噬。一个最广为人知的例子是蛭弧菌（*Bdellovibrio*），一种移动迅速的可怕的细菌捕食者，以每秒大约 100 倍细胞长度的速度快速移动，直到它与宿主细菌发生碰撞。在碰撞即将发生之前，它会快速旋转并穿透细胞壁。一旦进入细胞内，它会分解宿主的细胞成分并在 1 至 3 小时内完成一个生命周期。有多少非捕食性细菌能接触到其他细菌或者说古细菌，这个问题尚无定论。但是氢假说的基本假设，即产生另一个细胞不一定要靠吞噬作用，这听起来并不是不合理的。事实上，2001 年的一次发现使它看起来更加合理：粉蚧——微小的、白色的、棉球状的昆虫——生活在许多室内植物上，β-变形菌会作为内共生体（活在其他细胞内的合作细菌）生活在它体内的某些细胞中。难以置信的是，还有更小的 γ-变形菌生活在这些内共生体细菌内。因此，一种细菌生活在另一种细菌中，而后者又生活在昆虫细胞内，表明细菌确实可以和平地生活在彼此体内。这一发现有点像那首古老的童谣："大跳蚤背上有小跳蚤咬它们，而小跳蚤有更小的跳蚤，所以它们是无限的。"

让我们继续开始我们的故事。α-变形菌现在被发现住在一个产甲烷菌体内，到目前为止一切太平。但是出现了一个新的问题。产甲烷菌并不会吸收 α-变形菌所需要的食物，它通常是用氢气和二氧化碳自己制造食物，因此它不能养活它的恩人。幸运的是，α-变形菌自己出手了。它拥有吸收食物所必需的所有基因，所以它可以把这些基因交给产甲烷菌，这样所有的问题都解决了。产甲烷菌现在可以从外部吸收食物，这应该使 α-变形菌能够继续供应它氢气和二氧化碳。但是问题不那么容易解决。现在产甲烷菌正在吸收食物，并代表α-变形菌将它转化为葡萄糖。麻烦在于，产甲烷菌通常使用葡萄糖来构建复杂的有机分子，而α-变形菌则将其分解为能量。葡萄糖进行了拉锯战：产甲烷菌不会把葡萄糖传递给生活在体内的贪婪的细菌，让它们把葡萄糖消耗掉，而是不经意地将食物转移到建设项目中。而如果这一现象持续下去，两个都会饿死。α-变形菌可以通过交出更多的基因来解决这个问题，这将使产甲烷菌发酵一些葡萄糖以提供α-变形菌可以使用的分解产物。于是基因的转移就发生了。

你可能想知道，不加思考的细菌是如何交出使这项交易成功所需的所有基因的？这类问题困扰着所有关于自然选择的讨论，但它的答案和大多数问题一样，仅仅是从种群的角度来考虑问题。在这种情况下，我们考虑的是一个细胞种群，其中一些细胞茁壮成长，一些细胞死亡，一些继续存在。以一个产甲烷菌种群为例，种群中的所有产甲烷菌都有许多小的α-变形菌与它们生活在一起，但是一些个体间的关系相对“疏远”，因为α-变形菌并没有被产甲烷菌所包围；它们相处融洽，但是有相当多的氢气会流失到周围环境或其他产甲烷菌那里。这些“松散”的关系可能会败给更紧密的关系，在这种关系中，α-变形菌被包裹，氢流失更少。当然，每一种产甲烷菌都可能藏有大量的α-变形菌，其中一些可能比其他细菌包裹得更好，因此，尽管这个组合整体而言运行良好，一些α-变形菌可能会因为亲密的拥抱窒息而死。如果它们死于窒息会发生什么？假设有其他细菌代替它们，共生体的整体运行可能不会受到任何影响，但即将死亡的α-变形菌会将其基因泄漏到环境中，其中一些会被产甲烷菌以横向基因转移的方式吸收，而其中又有一些会被整合进产甲烷菌的染色体中。假设这个过程同时发生在数百万，也许数十亿的共生产甲烷菌种群中，根据平均法则，其中至少有一些会成功转移了所有正确的基因（大多是作为一个功能单元或一个操纵子组合在一起的）。然后产甲烷菌将能够从周围环境中获得有机化合物。完全相同的过程可以用来解释发酵基因如何转移到产甲烷菌中；事实上，这两组基因被同时转移也并非是不可能的。同时，这也是一种种群动态变化：如果受益人恰好比它的同胞们更成功，那么自然选择很快就会扩大这个成功结合的胜利果实。

但是这个故事有一个令人吃惊的结局。通过横向基因转移获得了两组基因的产甲烷菌现在可以做任何事情了。它可以从环境中吸收食物，并发酵产生能量。就像丑小鸭变成天鹅一样，它突然不再需要做一个产甲烷菌了。它四处自在游荡而不再需要避开有氧的环境，这曾经是阻碍它唯一的能量来源——甲烷的产生——的环境啊。而且，在有氧环境中漫游时，内部化的 α-变形菌可以更有效地利用氧气来产生能量，因此它们也受益匪浅。宿主（我们不能再称之为产甲烷菌）所需要的只是一个“水龙头”，一个 ATP 泵，它可以插入 α-变形菌的膜中获得其产生的 ATP。如果我们可以相信各种真核生物的基因序列的话，ATP 泵确实是真核生物的发明，它们在真核生物的历史上很早就演化了出来。

所以关于生命、宇宙、万物或真核细胞起源问题的答案，仅仅是基因转移。氢假说解释了两个细胞之间的化学依赖是如何演化成一个包含线粒体的嵌合细胞的。这个细胞能够通过外膜导入有机分子，比如糖，并像酵母一样在细胞质中使其发酵。它还能将发酵产物传递到线粒体中，由线粒体利用氧气或是其他分子氧化它们，比如硝酸盐。这个嵌合细胞还没有细胞核。它可能已经失去了细胞壁，也可能没有。它有细胞骨架，但可能还不能够用它们像变形虫一样改变形状；而仅仅是用它们提供刚性的结构支撑。简言之，我们已经构建了一个没有细胞核的真核生物“原型”。我们将在第三章回到这个原型，看它是如何发展成为一个成熟的真核生物的。不过，为了结束这一节，让我们来考虑氢假说中的机会因素。

偶然和必然

氢假说的每一步都取决于选择压力，而选择压力可能足够强，也可能不足以迫使特定的适应性变化产生，而每一步都完全取决于上一步，因此，如果生命演化重演，是否会重复完全相同的步骤顺序，答案包含着很大的不确定性。对反对这一理论的人来说，最后几个步骤中最大的问题是，从依赖无氧环境的状态过渡到需要依靠有氧环境，并在其中遍地开花、蓬勃发展的真核细胞如何诞生。要做到这一点，所有有关有氧呼吸的基因尽管长期被废弃但必须在早期嵌合体中保留下来。如果理论是正确的，那么它们就应该保留下来；但是如果这种转变持续的时间稍长，那么有氧的基因可能很容易因突变丢失，而依赖氧气的多细胞真核生物就永远不会诞生；我们也不会，也不会有任何细菌以外的东西诞生。

这些基因没有被丢失，听起来像是一种离谱的侥幸，也许这就解释了为什么真核生物只演化出了1次。或许还有一些环境的因素轻推了我们的祖先一把，使其朝着正确的方向前进。罗切斯特大学的阿里尔·安巴尔和哈佛大学的安德鲁·诺尔在2002年的《科学》杂志上指出，海洋的化学变化可能解释了为什么真核生物是在氧气水平上升的时候演化出来的，尽管它们的生活方式是完全无氧的。当大气中氧气水平上升的时候，海洋中硫酸盐的浓度也上升了（因为硫酸盐 SO_4^{2-} 的形成需要氧气）。这又导致了另一种细菌，硫酸盐还原菌的数量的大量增加，我们在第一节中简单地提到过这种细菌。在当今的生态系统中，我们注意到硫酸盐还原菌几乎总是能在竞争氢气中击败产甲烷菌，因此这两种细菌很少在海洋中共存。

当我们想到氧气水平的上升，我们往往会想到更多的新鲜空气，但氧气含量上升的实际影响是违反直觉的。正如我在之前的一本书《氧气：建构世界的分子》中所讨论的，实际情况是这样的。火山喷出的恶臭硫烟雾中含有单质硫和硫化氢等形式的硫。当硫与氧气反应时，它被氧化生成硫酸盐，这和我们今天面临的酸雨问题是一样的，从工厂释放到大气中的硫化物被氧气氧化，生成硫酸（H_2SO_4）。“SO_4”是硫酸基团，硫酸盐还原菌需要氧化氢——从化学角度来说，这和还原硫酸盐是一样的，因此这就是细菌的名字。这就是困难所在。当氧气水平上升时，硫被氧化形成硫酸盐，它在海洋中积聚——氧气越多，硫酸盐越多。这是硫酸盐还原菌所需的原材料，它将硫酸盐转化为硫化氢。尽管硫化氢是气体，但实际上比水重，所以它会沉到海洋底部。接下来会发生什么取决于硫酸盐、氧气等物质浓度的动态平衡。如果硫化氢比深海中的氧气形成得更快（光合作用不如阳光下那么活跃），那么结果就是一个“分层”的海洋。今天最好的例子是黑海。总的来说，在分层海洋中，深层部分是停滞的，充满硫化氢的气味（我们可以称为“一潭死水”），而阳光照射下的表面则充满了氧气。地质证据表明，这正是20亿年前全世界海洋发生的事情，停滞状态显然持续了至少10亿年，甚至更长时间。

现在我要说的是，当氧气水平上升时，硫酸盐还原菌的数量也随之上升。如果像今天这样，产甲烷菌无法与这些贪婪的细菌竞争，就将面临氢气的严重短缺，这将给产甲烷菌一个很好的理由与产氢细菌，比如红细菌属，建立亲密的伙伴关系，到目前为止进展还不错。但是是什么迫使原型真核生物在失去有氧呼吸基因之前进入含氧的地表水呢？答案可能同样是硫酸盐还原菌。这一次，竞争可能是为了硝酸盐、磷酸盐和一些金属等营养物质，它们在阳光照射下的地表水中更为丰富。如果原型真核生物要离开它的“池塘”，那么向上移动是能够使其获益的。如果是这样的话，早在第一批真核细胞失去有氧呼吸基因之前，竞争就可能将它们压入含氧的地表水中，在那里它们会发现这些基因非常好用。这是多么讽刺的一个转折！真核生物的伟大崛起竟然源自与不相容的细菌部落竞争中的落败，自然的荣光闪耀在弱者逃亡的旅途中。《圣经》上说的是正确的：温柔的人必承受地上。

真的是这样吗？现在盖棺定论还为时过早。我想起了意大利那句和蔼可亲又愤世嫉俗的话，大致翻译为“这可能不是真的，但它是精心编造的”。在我看来，氢假说是一个激进的假说，它比任何其他理论都能更好地利用已知的证据。它正确地结合了可能和不可能来解释为什么真核生物只出现过 1 次。

除此之外，还有另一个考虑，这使我相信氢假说，或者类似的假说，基本上是正确的，这与线粒体提供的更深层次的优势有关。这解释了为什么所有已知的真核生物都拥有或者曾经拥有过线粒体，正如我们之前所注意到的，真核生物的生活方式是非常挥霍浪费的。改变形状和吞食食物需要大量能量，在没有线粒体的情况下唯一可以维持奢侈生活的真核生物是寄生菌，而它们除了改变形状也几乎不用做任何其他的事情。在接下来的几节里，我们将看到，几乎所有的真核生物的生活方式都会随着细胞骨架的动态变化而变大，形成细胞核，囤积大量的 DNA，产生性、多细胞——这一切都取决于线粒体的存在，所以这些都不能，或至少极不可能发生在细菌中。

其原因与跨膜产生能量的精确机制有关，在细菌和线粒体中，能量的产生方式基本相同，但线粒体在细胞内，而细菌则利用其细胞膜，这种内化不仅解释了真核生物的成功，而且还揭示了生命的起源。在第二章中，我们将讨论细菌和线粒体的能量产生机制，这项机制又如何显示了生命起源于地球上的可能方式，以及为什么它给了真核生物，而且只给了真核生物，继承世界并繁衍生息的机会。

第二章

生命力：质子动力与生命起源

线粒体产生能量的方式是生物学中最奇怪的机制之一，它的发现被拿来与达尔文和爱因斯坦的发现相提并论。线粒体将质子泵运过膜，在几纳米的距离上产生相当于一道闪电的电压。这些质子动力被生命的基本粒子（位于膜中蘑菇状的蛋白质）所利用，以 ATP 的形式产生能量。这种激进的机制与 DNA 本身一样是生命的基本机制，并使人们对地球上生命的起源有了更深入的了解。

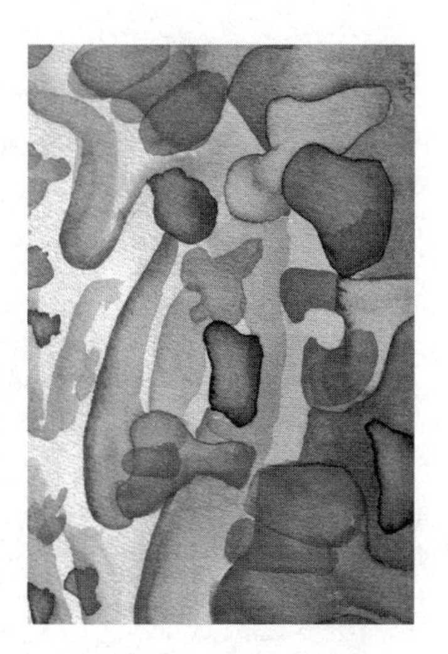

生命的基本粒子——线粒体膜上生成能量的蛋白质

能量和生命是齐头并进的。如果你停止呼吸，你将无法产生维持生命所需的能量，你将在几分钟内死去。保持呼吸！现在你吸入的氧气正被输送到你的全身（15 万亿个细胞中的几乎每一个细胞），在那里氧气通过细胞呼吸燃烧葡萄糖。你的身体是一个令人难以置信的能量机器。以相同质量相比较，即便你慵懒地坐着，你每秒转化能量的速度也是**太阳**的 1 万倍。

这听起来不太可能，说得委婉一点，让我们考虑一下数字。太阳的光度大约是 4×10^{26} 瓦，总质量是 2×10^{30} 千克。在它的预计大约 10 亿年的寿命中，每克太阳材料将产生大约 6 000 万千焦耳的能量。然而，这种能量的产生不是爆炸性的，而是缓慢和稳定的，维持了一个长久始终如一的能量输出。在任何时刻，太阳的巨大质量中只有一小部分与核融合有关，而这些反应只发生在致密的核中。这就是为什么太阳能燃烧这么长时间。如果你把太阳的光度除以它的质量，那么每 1 克太阳质量都会产生 0. 000 2 毫瓦的能量，也就是每克每秒 0. 000 000 2 焦耳的能量（0. 2 微焦/克/秒）。现在假设你的体重是 70 公斤，如果你和我一样，每天大约要吃 12 600 千焦耳（约 3 000 卡路里）。把这些能量转化为热量、功或脂肪沉积则需要平均每克每秒 2 毫焦（2 毫焦/克/秒）或每克 2 毫瓦（比太阳大 1 万倍）。有些高产能的细菌，如固氮菌属（*Azotobacter*），每秒每克产生 10 焦耳，比太阳高出 5 000 万倍。

在细胞的显微层次上，所有的生命都是充满活力的，甚至是那些表面上不动的植物、真菌和细菌。细胞像机器一样运转，为特定的任务传递能量，不管这些任务是运动、复制、构建细胞材料，或是把分子泵进泵出细胞。就像机器一样，细胞充满了活动的零件，移动它们需要能量。任何无法自己产生能量的生命形式都很难与无生命的物质区分开来，至少在哲学上是这样。病毒看上去像活的，因为它们有经过设计组织起来的痕迹，但是它们只是占据了生命和非生命之间朦胧的地带。它们拥有复制自己所需要的一切信息，但保持无生命的状态直到它们感染细胞为止，因为它们只能用受感染细胞的能量和细胞装置来复制自己。这意味着病毒不可能是地球上第一个生物，它们也不可能从外太空被带到我们的星球：因为它们依赖其他生物，没有它们就无法生存。它们的简单并不是因为原始，而是一种极其精致、精简的复杂。

尽管生物能量对生命有着明显的重要性，但它受到的关注却远远少于它应得的。根据分子生物学家所提出的理论，生命的一切都和信息有关。信息是由基因编码的，这些基因阐明了构建蛋白质、细胞和身体的方法。DNA（基因的组成成分）的双螺旋结构，是我们这个信息时代的符号，而双螺旋结构的发现者，沃森和克里克的名字也变得家喻户晓。而基因获得这种地位的原因则综合了个人主义、实用主义和象征主义的因素。克里克和沃森才华横溢，如魔术师般地掀开了 DNA 结构的神秘面纱。沃森的名著《双螺旋》定义了一个时代，改变了公众对科学的看法；从那以后，他一直作为一个直言不讳并充满激情的基因研究的倡导者。实际上，基因编码的测序使我们能够将自己与其他有机体进行比较，从而回顾我们自己的过去并能一窥生命的故事。人类基因组计划的设立是为了揭示关乎人类状态的各种未发现的秘密，基因治疗为患有致残性基因疾病的人们点燃了希望之烛。但最重要的是，基因是一个强有力的象征。我们可能会为先天决定还是后天养成争论不休，与基因的力量抗争；我们可能担心转基因作物和克隆或定制婴儿的罪恶；但无论这些事情是对是错，我们为这些事情担心是因为我们在内心深处明白基因是重要的。

也许是因为分子生物学占据了现代生物学的核心位置，我们对生命的能量只是口头上承认其重要性，就像我们承认工业革命是现代信息时代的必要先驱一样，电力对于计算机的运行显然是必不可少的，但这些都太老生常谈了，不值得一说。计算机之所以重要，是因为它们的数据处理能力，而不是因为它们是电子设备。我们可能只会在电池耗尽找不到插头时才意识到电源的重要性。同样，能源重要的是满足细胞的需要，但显然是次于控制细胞并利用细胞的信息系统。没有能量的生命是死的，但是没有信息来控制能量，那么细胞可能像火山、地震或爆炸一样具有破坏性。但真的是这样吗？从太阳射出的赋予生命以能量的大量射线表明，不受控制的能量流动未必就具有破坏性。

与我们对遗传学的担忧不同，我想知道有多少人对生物能学的险恶影响感到担忧。它们所用的术语就像过去那套被称为蒙昧主义的用语，其术语如巫师的长袍般充满了神秘的符号。即使是愿意学生物化学的学生也会对“化学渗透”和“质子驱动力”等术语保持警惕。虽然这些术语的含义和遗传学的术语一样重要，但它们却鲜为人知。生物能学的英雄彼得·米切尔于 1978 年获得了诺贝尔化学奖，他应该却并没有和沃森一样出名。与沃森和克里克不同，米切尔是一个隐居的怪才，他自己设计并重新装修了位于康沃尔的一个乡间别墅作为实验室。在一段时间内，他的部分研究经费甚至来源于养奶牛的日常收入，他甚至因为奶油的品质优良而获过奖。他的文笔无法和沃森的《双螺旋》相比——除了日常枯燥无味的学术论文（米切尔自己的案例甚至比一般论文更晦涩），他还写了两本“小灰书”阐述自己的理论并私下发表，这些论文在一些感兴趣的专业人士中流传。他的观点不能被概述为一个像双螺旋结构一样引人注目的标志，让人不禁联想到科学在整个社会的缩影。然而，米切尔负责阐述和证明的是生物学中最伟大的见解之一。这是一场真正颠覆了人们长久以来所珍视的思想的奇特革命。正如著名的分子生物学家莱斯利·奥格尔所说："自达尔文之后，生物学领域再也没有一个人像爱因斯坦、海森堡或薛定谔那样提出一个违反直觉的想法……他的同时代人可能会问：'你是认真的吗，米切尔博士？'"

这本书的第二章大体上是关于米切尔发现生命产生能量的方式，以及他的这些观点对生命起源问题的启示。这些观点将使我们看到线粒体为我们做了什么：为什么它们对所有高级生命形式的演化都是必不可少的。我们将看到能量产生的精确机制是至关重要的：它限制了生命所能获得的机会，而在细菌以及真核生物细胞中，它的作用是非常不同的。我们将看到，能量产生的精确机制阻止了细菌演化为复杂的多细胞生物，同时也给了真核生物无限的可能性，使其在规模和复杂程度上增长，把它们推上一个上升的斜坡，成就了我们今天所看到的周围的生命奇迹。但能量产生机制同样也限制了真核生物，尽管方式完全不同。我们将看到，性甚至是两性的起源，都可以用能量产生方式的限制来解释。除此之外，我们将看到我们晚年时候的衰退，老化和死亡也写在我们 20 亿年前与线粒体签订的合同的附属细则上。

要理解这一切，我们首先需要理解米切尔对生命能量见解的重要性。他的想法从大致轮廓上看很简单，但要感受到它们的全部力量，就需要我们更深入地了解它们的细节。要做到这一点，我们将从历史的角度来看，当我们和这些伟大的心灵同行的时候，我们可以感受到，在生物化学的黄金时代，他们曾如何与这些细节抗争，并获得诺贝尔奖。而我们将沿着这条光辉的发现之路前进，揭示细胞是如何产生如此多的能量以至于让太阳都黯然失色。

第四节　呼吸作用的意义

形而上学者和诗人曾经认真地描写生命的火焰。16 世纪的炼金术士帕拉塞尔苏斯甚至明确地宣称："人在死去的时候就像失去空气的一团火。"尽管隐喻可以用来阐明真理，但我怀疑形而上学者会轻视"现代化学之父"拉瓦锡的观点，拉瓦锡认为生命的火焰不仅仅是一个隐喻，而是完全类似于真正的火焰。拉瓦锡说，"燃烧和呼吸是同一个过程"，但这种完全字面上的科学表述正是诗人们一直抗议和感到不满的。拉瓦锡在 1790 年写给法国皇家学院的一篇论文中写道：

> 呼吸是碳和氢的缓慢燃烧，在各个方面都类似于在一盏油灯或点燃的蜡烛中发生的燃烧，在这方面，呼吸着的动物是活跃的可燃物，它们正在燃烧和消耗自己……正是动物的本质——血液——在运输燃料。如果动物没有习惯性地通过为自己提供营养来弥补它们通过呼吸作用失去的东西，很快就会油尽灯枯，动物就会灭亡，就像灯在缺乏燃料的时候熄灭一样。

碳和氢都是从食物中的有机燃料（比如葡萄糖）中提取出来的，所以拉瓦锡说的是正确的，呼吸的燃料是由食物补充的。可惜的是，他没法再进一步深入探索了。4 年后，在法国大革命中，拉瓦锡被送上了断头台。伯纳德·贾菲在他名为《坩埚》的书中，将这一罪行称为“后世的审判”：“只有当人们意识到法国大革命最严重的罪行不是处决国王，而是处决了拉瓦锡；才是对价值有了正确的衡量[①]，因为拉瓦锡是法国出产的伟人当中排在前三或前四的人。”法国大革命之后过了一个世纪，在 1890 年代，一个拉瓦锡的雕像面向公众揭幕了，后来人们才发现雕塑家用的不是拉瓦锡，而是孔多塞的脸，孔多塞是拉瓦锡生命的最后几年里的学院秘书。法国人务实地断定“所有戴假发的人看起来都一样”，雕像在第二次世界大战期间被熔毁。

尽管拉瓦锡彻底改变了我们对呼吸作用化学本质的理解，但即使是他自己也不知道呼吸作用具体发生在哪里——他相信这一过程一定发生在血液中，当它们流经肺部的时候。事实上，有关呼吸作用发生位置的争论几乎贯穿了 19 世纪，直到 1870 年，德国生理学家爱德华·弗鲁格才最终说服生物学家相信，呼吸作用发生在身体的每一个细胞当中，是所有活细胞的基本特征，那个时候没有人确切知道细胞呼吸发生在哪里，普遍观点是发生在细胞核当中。1912 年，金伯利认为呼吸作用实际上发生在线粒体中，但直到 1949 年，当尤金·肯尼迪和阿尔伯特·伦宁格首次证明呼吸酶位于线粒体中时，才被普遍接受。

葡萄糖在呼吸中的燃烧是一种电化学反应，确切地说是一种**氧化反应**。根据今天的定义，一种物质**被氧化**就是失去电子。氧（O_2）是一种强氧化剂，因为它对电子有强烈的化学“渴求”，倾向于从葡萄糖或铁等物质中提取它们。相反，一种物质如果获得电子就**被还原**。因为氧获得从葡萄糖或铁中提取的电子，它被还原成为水（H_2O）。注意，在形成水的过程中，氧分子的每个原子也吸收 2 个质子（H^+）来平衡电荷。总的来说，水的形成相当于 2 个电子和 2 个质子——共同构成了 2 个完

① 这里的价值的衡量，measure of values，是一语双关，因为拉瓦锡的一大贡献就是构建了度量体系，数值的测量也是 measure of values。——译者

整的氢原子——从葡萄糖转移到氧原子。

氧化反应和还原反应总是偶联的，因为电子在孤立状态下不稳定——它们必须从另一种化合物中被提取出来。任何把电子从一个分子转移到另一个分子的反应都叫作氧化还原反应，因为一方被氧化，另一方同时被还原。生命中所有的能量产生反应基本上都是氧化还原反应。氧并不总是必需的。许多化学反应都是氧化还原反应，因为电子被转移，但它们并不都涉及氧。即使电池中的电流也可以被看作氧化还原反应，因为电子从一个供给方（逐渐氧化）流向接受方（被还原）。

当拉瓦锡说呼吸是一种燃烧，或者是氧化反应，他在**化学上**是正确的。然而，他不仅在呼吸作用发生的部位上犯了错，对于呼吸作用的功能也没有认清：他相信呼吸作用是用来产生热量的，而热量是一种不可摧毁的液体。但显然我们并不像蜡烛那样，当我们燃烧燃料时，我们不只是把能量作为热量散发，我们用它来奔跑、思考、造肌肉、做饭、做爱。所有这些任务都可以被定义为“做功”。从某种意义上说，它们需要能量的输入才能发生，而不是自发发生的。一直到人们对能量本身的性质有了更好的认识之后，才理解了呼吸作用是如何负责这一切的，而这些直到 19 世纪中叶热力学出现后才真相大白。最伟大的发现是由英国科学家詹姆斯·普雷斯科特·焦耳和威廉·汤普森（开尔文勋爵）在 1843 年提出的——热和机械功之间是可以相互转换的——蒸汽机的原理。这也导致了一个更为普遍的认识，后来成为热力学第一定律，即能量可以从一种形式转换为另一种形式，但从不会被创造也不会被消灭。1847 年，德国医生兼物理学家赫尔曼·冯·亥姆霍兹将这些想法应用到生物学中，他展示了食物分子在呼吸作用中释放的能量部分被用于产生肌肉中的力。将热力学应用到解释肌肉收缩上，在一个仍然被“活力论”（相信生命是由化学所无法产生的特别的力量或神灵所激发的）包围着的时代里这是独具慧眼的。

对能量的新的理解最终促使人们认识到分子的化学键中包含一种隐含的“势能”，当反应进行时，它们可以被释放。一些能量可以被生物捕获或以不同的形式保存，然后被用来做功。因此，我们不能谈论生物“生成能量”，尽管这是我偶尔也会犯的错误，因为讲起来是一个很方便的表达。当我说生成能量时，我指的是势能的转换，葡萄糖等燃料的化学键中所蕴含的能量被转化为生物能量“货币”，被生物用来驱动各种形式的工作；换句话说，我的意思是产生更多的“做功”货币。正是这些能量货币，我们的故事现在转向了。

细胞中的色彩

直到 19 世纪末，科学家们才知道呼吸作用在细胞中发生，并且是生命各个方面的能量来源，但实际上它是如何工作的——葡萄糖氧化所释放的能量如何与生命的能量需求接轨——所有人都在猜测。

很明显葡萄糖在有氧的情况下不会自燃。化学家说氧在热力学上活性很高，但在动力学上却是稳定的：它不会很快发生反应。这是因为氧在反应之前必须被“激活”。这种激活需要能量的输入（比如火柴），或者催化剂——一种能降低反应发生所需的活化能的物质。对维多利亚时代的科学家来说，任何参与呼吸作用的催化剂似乎都含有铁，因为铁与氧有很高的亲和力（比如铁锈的形成过程），也能可逆地与氧结合。我们已经知道一种含有铁并可逆地与氧结合的化合物，就是血红蛋白，它是赋予红细胞颜色的色素。正是血液的颜色给了我们第一个线索，帮助我们了解呼吸作用在活细胞中是如何进行的。

像血红蛋白这样的色素是有色的，因为它们吸收特定颜色的光（某个波段的光，如彩虹中那样），但不吸收（反射）其他颜色的光。一种化合物吸收光的模式被称为它的吸收光谱。当血红蛋白与氧气结合时，它们会吸收光谱中的蓝绿色和黄色部分，但反射红光，这就是为什么我们认为动脉血是鲜艳的红色。当在静脉血中氧气从血红蛋白脱离时，吸收光谱发生变化。脱氧血红蛋白吸收光谱中绿色部分的光，并反射红光和蓝光，使静脉血呈紫色。

由于呼吸发生在细胞内，研究人员开始在动物组织而不是血液中寻找类似血红蛋白的色素。首个成功的案例出自一位名叫查尔斯·麦克蒙的爱尔兰执业医生，他在马厩上方干草阁楼里的一个小实验室工作，他利用业余时间进行研究。他经常通过墙上的一个小洞观察走过来的病人，如果他不想被打扰，他会摇铃通知他的管家。1884 年，麦克蒙在组织中发现一种色素，其吸收光谱变化与血红蛋白相似。他声称这种色素一定是人们追求的"呼吸色素"，但不幸的是，麦克蒙无法解释其复杂的吸收光谱，甚至无法证明光谱完全是由它引起的。他的发现就这样一直被淡忘了，直到 1925 年剑桥大学的波兰生物学家大卫·基林重新发现了这种色素。据所有认识的人说，基林是一位杰出的研究者，一位鼓舞人心的演讲者，一个和蔼可亲的人，他还特意把自己发现色素的功劳排在了麦克蒙之后。但事实上，基林的成就远远超越了麦克蒙的观察范围，他揭示了光谱不是由一种色素引起的，而是由三种色素引起的。这使他能够解释使麦克蒙感到不知所措的复杂吸收光谱。基林将色素命名为细胞色素，并根据吸收光谱上的谱带位置将它们标记为 a、b 和 c。这些标记沿用至今。

然而，奇怪的是，基林所发现的细胞色素都没有直接与氧反应。很明显，有些东西被忽略了。这个丢失的环节是由 1931 年获得诺贝尔奖的德国化学家奥托·沃伯格弄清楚的。我说是弄清楚的，因为沃伯格的观察是间接的，而且相当巧妙。对于呼吸色素，与血红蛋白不同的是，它们在细胞内以极微量的形式存在，无法用当时粗糙的技术分离出来直接进行研究。相反，沃伯格利用了一种奇特的化学性质，即一氧化碳在黑暗中与铁化合物结合，而在被照亮时与铁化合物分离，来弄清楚他所说的“呼吸酵素”[1] 的吸收光谱。

结果光谱显示这是一类被称为氯高铁血红素的物质，类似于血红蛋白和叶绿素（植物在光合作用中吸收阳光的绿色色素）。

有趣的是，呼吸酵素在吸收光谱的蓝色部分吸收最强，即反射绿色、黄色和红色的光。这使得呼吸酵素呈褐色，而不是像血红蛋白一样的红色，也不是像叶绿素一样的绿色。然而，沃伯格发现，简单的化学变化可以使酵素变成红色或绿色，其吸收光谱与血红蛋白或叶绿素非常相似。这引起了一些怀疑，正如他在获诺贝尔奖的演讲中表示：“血中的色素和叶中的色素都是由酵素产生的……因为显然酵素的存在早于血红蛋白和叶绿素。”他所说的暗示了呼吸作用的演化要早于光合作用，我们将看到，这是一个有远见的结论。

呼吸链

尽管取得了这些巨大的进展，沃伯格仍然无法理解呼吸到底是怎么发生的。在他获得诺贝尔奖时，他似乎倾向于认为呼吸是一个一步到位的过程（即一下子释放葡萄糖中的所有能量），而且无法解释大卫·基林的细胞色素是如何拼入这个画面的。与此同时，基林在开发呼吸链的概念，他设想氢原子，或者至少它们的组成成分——质子和电子——被从葡萄糖中分离出来，然后一个接一个地沿着细胞色素链传递，就像消防队员传递水桶一样，直到它们最后与氧气反应生成水。这样一系列的

① 在黑暗中让细胞暴露在一氧化碳中可以阻止呼吸作用，而光照会导致一氧化碳脱离，进而使细胞重新开始呼吸。沃伯格认为呼吸的速率取决于一氧化碳在光照后脱离的速率。如果用易于被酵素吸收的波长的光进行照射，一氧化碳会很快脱离，会测量出一个很快的呼吸速率。另一方面，如果酵素不能吸收特定波长的光，一氧化碳则不会脱离，呼吸作用依然会受阻。通过用 31 种不同波长的光（由火焰和蒸汽灯产生）照射发酵液，并测量每种情况下的呼吸速率，沃伯格拼凑出了呼吸酵素的吸收光谱。

小步骤有什么好处？任何看过20世纪30年代兴登堡（有史以来最大的齐柏林飞艇）灾难性结局的人一定对氢与氧反应所释放出的大量能量印象深刻。通过将这一反应分解成若干中间步骤，每一步都能释放出少量可控的能量，如基林所说，这种能量可以（以一种尚不清楚的方式）被用于肌肉收缩等工作。

在20世纪20至30年代，基林和沃伯格一直保持着活跃的信件来往，讨论许多细节上存在的分歧。具有讽刺意味的是，沃伯格在20世纪30年代发现了呼吸链中额外的非蛋白质组分（现在被称为辅酶），正是他的发现给予了基林的呼吸链这一概念更高的可信度。而他本人也因为这项发现于1944年获得了第二个诺贝尔奖，但因为是犹太人，希特勒不允许他接受诺奖（尽管如此希特勒还是因沃伯格的国际声望有所动摇，没有把他囚禁或使他陷入更糟糕的境地）。可悲的是，基林本人对呼吸链结构和功能的深刻见解从未获得诺贝尔奖的肯定，这无疑是诺贝尔奖委员会的疏忽。

完整的图像慢慢浮现在我们眼前。葡萄糖被分解成更小的碎片，这些碎片被送入一个被称为三羧酸循环[①]的剥削资产的旋转木马中。这些反应剥离出碳和氧原子，并将它们以二氧化碳的形式进行废物排放。氢原子与沃伯格的辅酶结合进入呼吸链。在那里，氢原子被分裂成组成它们的电子和质子，它们的进一步传递是不同的。我们稍后将研究质子的情况；现在，我们将注意力集中在电子上。这些电子沿着由一连串的电子载体所组成的传递链传递。传递链中的每一个电子载体都被依次还原

① 汉斯·克里布斯爵士因为阐明了这个循环而获得了1953年的诺贝尔奖，尽管其他许多人对这个循环的细节也做出了很多贡献。克里布斯在1937年的关于这个循环的开创性论文曾被《自然》杂志拒绝了，从那以后，他挫折的个人经历鼓励了一代又一代失意的生物化学家。除了在呼吸作用中扮演的核心角色之外，三羧酸循环也是细胞制造氨基酸、脂肪、血红素和其他重要分子的起点。很遗憾这里不是详细讨论它的地方。

（吸收电子）和氧化（失去电子）。这意味着呼吸链由一系列相连的氧化还原反应组成，因此表现得像一根微小的电线。电子以大约每 5 到 20 毫秒 1 个电子的速度从一个载体传递到另一个载体。每一个氧化还原反应都是放能的，换句话说，每一个反应释放出的能量都可用于做功。在最后一步中，电子从细胞色素 c 传递到氧，在那里它们与质子重新结合形成水。这最后一个反应发生在沃伯格的呼吸酵素中，它被基林重新命名为**细胞色素氧化酶**，因为它利用氧来氧化细胞色素 c。基林的术语一直沿用至今。

今天我们知道呼吸链由 4 个巨大的分子复合物组成，嵌入线粒体的内膜（图 5），每个复合物的大小是碳原子的数百万倍，但即便如此，它们在电子显微镜下也几乎看不到。单个复合物由许多蛋白质、辅酶和细胞色素组成，包括那些由基林和沃伯格发现的。

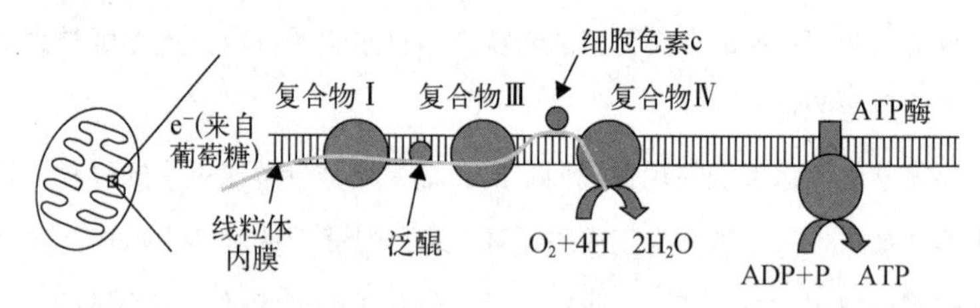

图 5

简化的呼吸链，显示复合物Ⅰ、Ⅲ和Ⅳ，以及 ATP 酶。复合物Ⅱ未在这里显示，因为电子（e^-）从复合物Ⅰ或复合物Ⅱ的位置进入传递链，并通过泛醌（也称辅酶 Q，在超市被作为一种健康饮食补剂出售，尽管其功效令人怀疑）传递到复合物Ⅲ。电子沿着传递链向下传递的过程在图中以曲线标注。细胞色素 c 将电子从复合物Ⅲ带到复合物Ⅳ（细胞色素氧化酶），并在那里与质子和氧反应形成水。注意，所有的复合物都是被分开嵌入膜中的，而泛醌和细胞色素 c 在复合物之间来回运送电子。然而到底是什么样的媒介将呼吸链上的电子流和 ATP 酶中 ATP 生成连接在一起？这个谜曾经困扰了整整一代人。

奇怪的是，线粒体基因编码一些蛋白质，而核基因编码其他蛋白质，所以复合物是由 2 个独立的基因组编码的混合物。在 1 个线粒体的内膜上有成千上万条完整的呼吸链。看起来这些链在物理上是相互分离的，事实上，即使是单个链中的复合物似乎也是独立存在的。

ATP：通用能量货币

尽管基林关于呼吸链的早期概念本质上是正确的，但也许最重要的问题仍然没有得到解答：如何保存能量，而不是就地消散？能量是通过电子沿着呼吸链传递到氧气而释放出来的，但之后，能量会被消耗在细胞的其他地方，通常是线粒体之外。必须有某种媒介，可能是某种分子，它可以保存呼吸过程中所释放的能量，然后将其转移到细胞的其他部分，并将其与某种工作结合起来。不管这个媒介是什么，它必须具有较高的适应性，才能适用于细胞所进行的各种不同类型的工作，在使用之前必须有足够的稳定性以保持完整（即使是移动一个细胞那么短的距离也需要花上一些时间）。换句话说，它必须是一种分子世界的通用货币，或者是可以用来交换服务的代币。呼吸链就是造币厂，新货币就是在这里生产的。那么这种货币会是什么呢？

回答这一问题最初的灵感来自对发酵的研究。我们对发酵这一过程知之甚少，然而发酵自古以来在酿酒和酿造中的重要性掩盖了这一事实。对这一过程化学本质的了解来自拉瓦锡，他测量了所有产品的重量，并宣称发酵只不过是糖的化学分解，产生酒精和二氧化碳。当然，他说得很对，但在某种意义上，拉瓦锡忽略了一点。对他而言发酵只是一种没有内在功能的化学过程，而酵母仅仅是一种残渣，恰好催化了糖的化学分解。

到了 19 世纪，发酵的研究者分成了两个阵营，一派认为发酵是一个有功能的“活”的过程（大多数的活力论者相信，有一种特殊的生命力，它不可简约为单纯的化学过程），另一派则认为发酵是单纯的化学过程（支持者大多是化学家）。长达一个世纪的宿怨似乎已经被路易·

巴斯德解决了，他是一位重要人物，证明了酵母是由活细胞组成的，这种发酵是由这些细胞在缺氧的情况下进行的。事实上，巴斯德将发酵描述为“缺氧的生命”。作为一名活力论者，巴斯德确信发酵必须有一个目的，也就是说，一个在某种程度上有益于酵母菌的功能，但即使是他自己也承认，关于这个目的可能是什么，他“完全是在黑暗中摸索”。

巴斯德于 1895 年去世，2 年后，爱德华·布赫纳推翻了活酵母是发酵所必需的信念，也因此在 1907 年获得诺贝尔奖。布赫纳使用的是德国啤酒酵母而不是巴斯德的法国葡萄酒酵母。很明显，德国酵母更强壮，因此布赫纳做到了巴斯德没做到的，布赫纳在研钵中加入沙粒成功地将酵母研磨成糊状，然后用液压机从糊状物中压榨出汁。如果往这种“现榨酵母汁”中加入糖，然后将混合物放在恒温箱中，几分钟内便开始发酵。虽然和活酵母相比产生的酒精和二氧化碳少了很多，但产生酒精和二氧化碳的比例和活酵母产生的比例相同。布赫纳提出发酵是通过生物催化剂进行的，他称之为酶（来自希腊语 *en zyme*，意思是“在酵母中”）。他得出结论，活细胞是化学工厂，酶在其中制造各种产品。布赫纳第一次表明，只要条件合适，这些化学工厂即使在细胞本身消亡之后也可以重建。这一发现宣判了活力论的末日，并提出了一个新的观念，即所有生命过程最终都可能用类似的简化原则来解释，20 世纪生物分子科学的统治性主题。但是布赫纳留给我们的精神遗产仅仅是把活细胞看作一个装满了酶的袋子，我们将看到这使得我们对膜在生物学中的重要性的认识不足。

英国的亚瑟·哈登爵士和德国的汉斯·冯·奥伊勒（还有其他人）使用布赫纳的酵母汁，在 20 世纪的头几十年里逐渐将发酵过程中的一系列步骤拼凑到一起。他们总共解开了大约 12 个步骤，每个步骤都由各自的酶催化。这些步骤像工厂生产线一样连接在一起，其中一个反应的产物是下一个反应的反应物。因为他们的这项工作，哈登和冯·奥伊勒在1929年获得了诺贝尔奖。但最大的意外发生在1924年，当时另一位诺贝尔奖获得者奥托·迈耶霍夫表示，几乎完全相同的过程也发生在肌肉细胞中。不过在肌肉中，最终的产物是造成痉挛的乳酸，而非令人愉悦的酒精，但迈耶霍夫表明，两者的12个生产步骤几乎是相同的。这是生命基本统一性的一个引人注目的证明，意味着，正如达尔文所假设的那样，即使是简单的酵母菌也与人类有亲缘关系。

到了20世纪20年代末，细胞利用发酵产生能量的观点变得越来越清晰。发酵作为备用能源（在有些细胞中是唯一能源），通常在主要的能量发生器（有氧呼吸）发生故障时启动。因此，发酵和呼吸被认为是平行的过程，两者都为细胞提供能量，一个是在缺氧，另一个是在有氧的情况下。但更大的问题仍然存在：各个步骤是如何与能量储存相偶联，使得能量能够在细胞的其他部分、其他时间里被使用？发酵和呼吸一样，是否产生了某种能量货币？

答案出现于1929年，卡尔·洛曼在海德堡发现了ATP。洛曼的研究表明，发酵与ATP（三磷酸腺苷）的合成相关，ATP可以在细胞中留存长达数小时，是由腺苷与3个磷酸盐基团连成一条链，一种有点不稳定的结构。末端的磷酸盐基团从ATP分离开时会释放出大量的能量，这些能量确实可以为生物中进行的各种过程提供动力。在20世纪30年代，苏联生物化学家弗拉基米尔·恩格尔哈特指出，ATP是肌肉收缩所必需的，当缺乏ATP时，肌肉会绷紧呈僵直状态，就像在僵硬的尸体中一样。肌纤维需要能量来收缩并再次放松，它们分解ATP释放能量，留下二磷酸腺苷（ADP）和磷酸盐（P）：

$$ATP \rightarrow ADP + P + \text{能量}$$

由于细胞的ATP供应有限，新鲜的ATP必须不断地从ADP和磷酸盐中再造出来，要做到这一点，当然需要能量的输入，将上面的方程式倒过来就可以看出这一点，这就是发酵的作用：提供再生 ATP 所需要的能量。发酵 1 个葡萄糖分子可以再生 2 个 ATP 分子。

恩格尔哈特随即考虑到下一个问题。肌肉收缩需要 ATP，但只有在氧气含量较低的情况下，才能通过发酵产生 ATP。如果肌肉在氧气存在的情况下收缩，那么很可能需要其他一些过程产生所需的 ATP；恩格尔哈特说，这一定是有氧呼吸的作用。换句话说，有氧呼吸也可以产生 ATP。恩格尔哈特开始试图证明他的论断。当时的研究人员所面临的困难是技术层面的：肌肉不容易被磨碎用来研究呼吸作用，它们会受损和渗漏。恩格尔哈特采用了一种不寻常的但操作起来更容易的实验对象——鸟类的红细胞。利用它们，他发现呼吸作用确实产生了 ATP，而且比发酵产生的 ATP 要多得多。不久之后，西班牙人塞韦罗·奥乔亚发现通过有氧呼吸，1 个葡萄糖分子可以产生多达 38 个 ATP 分子。他也因此在 1959 年获得了诺贝尔奖。这意味着 1 个葡萄糖分子通过有氧呼吸产生的 ATP 是发酵作用的 19 倍。总的 ATP 产生量是惊人的。一个普通人 ATP 的产生速度为每秒 9×10^{20} 个，相当于每天约 65 公斤的周转率（即生产和消耗 ATP 的速率）。

最初很少有人接受 ATP 具有普遍的重要性，但是 20 世纪 30 年代，弗里茨·利普曼和赫尔曼·卡尔卡在哥本哈根证实了这一点，到了 1941 年（这时候他们已经在美国），他们宣布 ATP 是生命的“通用能量货币”。这在 20 世纪 40 年代是一个大胆的主张，很容易弄巧成拙进而断送他们的职业生涯。然而令人惊讶的是，尽管生命如此华丽多彩，但这一说法基本上是正确的。ATP 被发现存在于研究过的每一种细胞中，无论是植物、动物、真菌还是细菌。在 20 世纪 40 年代，ATP 被认为是发酵作用和呼吸作用的共同产物，到了 20 世纪 50 年代，光合作用也被加到了名单中——它通过捕捉太阳光的能量来产生 ATP。因此，生命的三大能量通道，呼吸作用、发酵作用和光合作用都产生 ATP，这是生命基本统一性的又一深刻例证。

难以捉摸的波形符号

人们常说 ATP 有一个高能的键，它是用一个“波形符号”（～）而不是一个简单的连字符（－）来表示的。当高能键被打断，便会释放出大量的能量，这些能量可以用来为细胞的各种工作提供动力。不幸的是，这种简单的表述实际上并不正确，因为 ATP 中的化学键没有什么特别之处（当然，破坏高能键确实会释放一些能量）。不寻常的是 ATP 和 ADP 之间的平衡。与 ADP 相比，细胞中的 ATP 远远多于上文提到的反应（ATP→ADP＋P＋能量）进入自然平衡状态时的量。如果将 ATP 和 ADP 在试管中混合，放置几天，整个混合物会分解成 ADP 和磷酸盐。我们在细胞中看到的情况正好相反：90%的 ADP 和磷酸盐转化成了 ATP。这有点像抽水上山——抽水上山需要耗费大量的能量，而一旦你在山顶有了水库，当水从山顶冲下时，其所含的势能便可以被释放出来。一些水力发电的方案就是这样工作的。当电力需求量较低时，水会在晚上被泵送到一个山上的水库。当电力需求量激增时，水就会被释放出来。在英国，热门肥皂剧播出之后，对电力的需求量会激增，成千上万的人同时去厨房，为了喝杯好茶打开电水壶。为了满足这种需求的激增，威尔士山水库的闸门会被打开，在晚上需求下降后再补上，为应对下一次集体喝茶时间做好准备。

在细胞内，ADP 不断地被泵“上山”以产生一个以 ATP 形式存在的势能库。当这个 ATP 水库的防洪闸被打开，它就可以为细胞的各种任务提供能量，就像下坡的水流被用来给电力设备供电一样。当然，产生如此高浓度的 ATP 需要大量的能量，就像将水抽到山上需要许多能量一样，提供这些能量的正是呼吸作用和发酵作用，这些过程释放的能量被用来在细胞内产生非常高水平的 ATP，因此违背了正常的化学平衡。

这些想法有助于我们理解 ATP 是如何被用于为细胞内的工作提供能量的，但并不能解释 ATP 是如何形成的。而 20 世纪 40 年代埃夫拉伊姆·拉克尔对发酵作用的研究似乎可以提供答案。拉克尔是生物能学的巨人之一。他是一个在维也纳长大的波兰人，像许多同时代的人一样，20 世纪 30 年代末，为了逃避纳粹迫害到了英国。在战争爆发后，他结束了在马恩岛上的实习移居到了美国，在纽约定居了几年。破解了发酵过程中 ATP 的合成机制是他 50 年研究生涯诸多贡献中的第一个重要贡献。拉克尔发现，在发酵过程中，通过将糖分解成更小的碎片所释放的能量会被用来抵抗化学平衡，将磷酸盐基团添加到这些碎片上。换句话说，发酵产生了带有磷酸盐基团的高能中间产物，这些中间产物反过来将磷酸盐基团给 ADP 从而形成 ATP。这个变化从能量方面考虑是可以顺利发生的。就像水流下山可以带动水车一样——水的流动与水车的转动是偶联的。ATP 的形成同样是通过偶联的化学反应发生的，因此，发酵释放的能量驱动一个偶联的耗能反应，即 ATP 的形成。据推测，拉克尔和整个领域的人都认为，一个类似的化学偶联模型也可以解释 ATP 是如何在呼吸作用中形成的。但恰恰相反！化学偶联模型并没有帮助人们洞察呼吸作用中 ATP 如何形成，而是开启了一场持续了几十年的徒劳探索。另一方面，最终的解决方案为我们提供了对生命和复杂性本质的洞察，这比分子生物学中的任何发现（除 DNA 双螺旋结构本身以外）都更为深刻。

这个问题取决于高能中间产物的特性。拉克尔和他在纽约的同事发现，在呼吸作用中，ATP 是由一种叫作 ATP 酶（或 ATP 合成酶）的巨大酶复合物产生的。多达 3 万个 ATP 酶复合物分布在线粒体内膜上，在电子显微镜下隐约可以辨认出来，像蘑菇一样从膜上长出来（图 6）。1964 年，当 ATP 酶首次被观察到时，拉克尔将其描述为“生命的基本粒子”。正如我们将要看到的，这是一个今天看起来愈发贴切的绰号。ATP 酶复合物与呼吸链中的复合物共享线粒体内膜，但它们并没有物理上的联系：它们被分别嵌入膜中。这就是问题的根源。这些独立的复合物如何跨越物理间隙相互通信？更具体地说，呼吸链如何将电子流释放的能量转移到 ATP 酶上，从而产生 ATP？

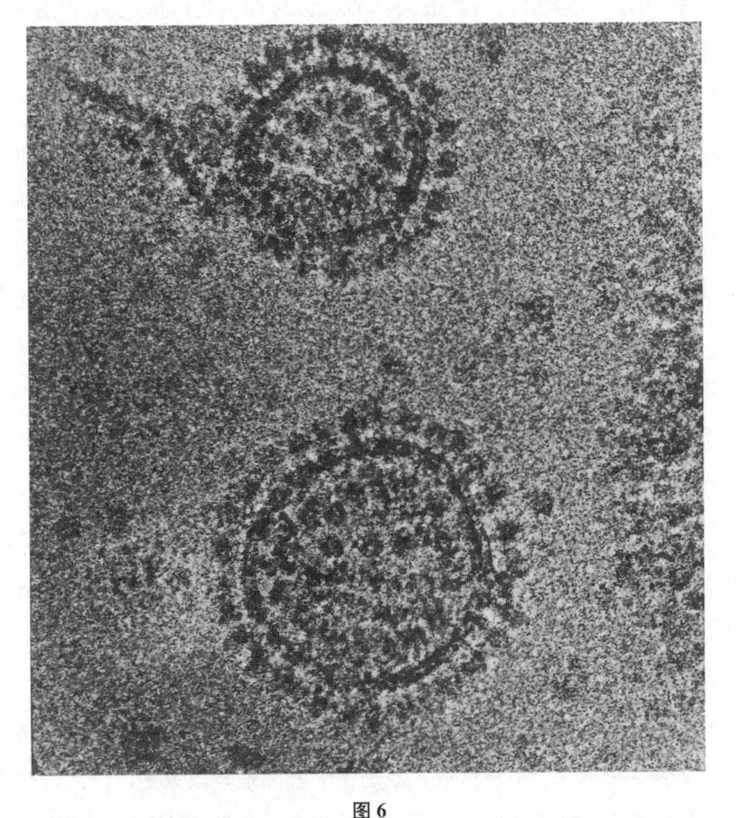

图 6

“生命的基本粒子”，由埃夫拉伊姆·拉克尔命名。ATP 酶像蘑菇一样从膜上长出来。

在呼吸作用中，唯一已知的反应是当电子沿着呼吸链向下传输时发生的氧化还原反应。已知复合物依次被氧化和还原，但就是这样：它们似乎与其他任何分子都没有相互作用。所有的反应都与 ATP 酶是分开的。研究人员认为，呼吸作用释放出的能量可能会被用来形成某种高能的中间产物，就像发酵作用中那样。这种中间产物会移动到 ATP 酶的位置，毕竟化学反应需要接触；对于化学家来说隔空进行反应那就是巫术。所谓的高能中间产物需要包含一个相当于在发酵作用中形成的糖与磷酸基团间的化学键，当其被破坏时，会释放出足以形成 ATP 高能键所需的能量，ATP 酶可能催化了这一反应。

正如在科学界经常发生的那样，在一场革命即将到来之际，人们似乎已经完全理解了大致的轮廓，剩下要做的就是填充一些细节，比如高能中间产物的身份，后来大家知道它有一个波形符号，至少在你想维持友好的讨论氛围下。这个中间产物的确难以捉摸，一整代最智慧的脑袋与最灵巧的实验员花费了 20 多年去寻找它，并推翻了至少 20 个候选分子。但即便是这样，发现它依然只是时间问题，它的存在是细胞的化学性质所注定的。说白了，细胞只不过是一袋酶，身为爱德华·布赫纳的弟子，这点他们再清楚不过了。酶促演化学反应，而化学反应则全是关于原子间键的变化。

在呼吸作用的化学反应中，有一个细节是令人不安的：产生的 ATP 分子的数量是会变动的。一个葡萄糖分子可以产生大约 28 到 38 个 ATP 分子。实际的数量会因产生时间不同而发生变化，虽然可以高达 38 个，但通常都位于这个范围内较低的位置。但重要的一点是缺乏一致性，因为 ATP 是由电子沿着呼吸链的传递形成的，1 对电子沿着呼吸链传递会产生 2 到 3 个 ATP：不是整数。但是化学就都是整数数字，任何曾努力配平化学方程式的人都明白。不可能让半个分子与另外 2/3 的分子发生反应。那么，ATP 的产生所需要的电子数怎么可能是可变的而且还不是整数?

另一个细节也让人烦恼。呼吸需要一个膜，没有它根本无法进行。膜不仅仅是一个用来容纳呼吸作用所需的各种复合物的袋子。如果膜被破坏，呼吸作用就会被解偶联，就像一辆失去铰链的自行车：不管我们怎么猛踩，轮子都不会转动。当呼吸作用解偶联时，葡萄糖氧化依然通过呼吸链迅速进行，但不会形成 ATP。换句话说，输入和输出是脱节的，释放出的能量是以热量形式散失的。这种奇怪的现象并不仅仅是由对膜的机械损伤造成：它也可以由一些表面上不相关的化学物质引起，这些化学物质被称为**解偶联剂**，这些解偶联剂并不会对膜结构造成机械性地破坏。所有这些化学物质（包括阿司匹林和摇头丸，前者耐人寻味，而后者则毫不意外）都以类似的方式使葡萄糖的氧化与 ATP 脱节，但它们之间似乎没有任何共同的化学成分，解偶联也无法用传统的术语来解释。

到 20 世纪 60 年代初，整个领域开始陷入绝望的泥沼中。拉克尔说(让人想起理查德·费曼著名的量子力学格言)：“任何一个没有完全困惑的人都不理解这个问题。”呼吸作用产生的能量是以 ATP 的形式存在的，但其方式不符合化学的基本规则，甚至似乎在嘲笑它们。到底发生了什么?尽管这些奇怪的发现大声呼喊人们迫切地进行一次彻底反思，但当彼得·米切尔在 1961 年给出令人震惊的答案时，没有人做好了心理准备。

第五节 质子动力

彼得·米切尔是生物能学领域的局外人。他战争期间曾在剑桥学习生物化学，1943 年开始在那里攻读博士学位，因为他战争前在一次运动事故中受伤，没有被征召入伍。米切尔在战争年代是一个风云人物，以艺术和创造力以及顽皮的幽默感而在当地闻名。他是一个有成就的音乐家，喜欢留着贝多芬年轻时那样的长发。米切尔后来也像贝多芬一样失聪了。他有私人收入可以美化自己的仪态，他是少数几个在战后单调乏味的岁月里开得起劳斯莱斯的人；他的叔叔戈弗雷·米切尔拥有温佩建筑帝国。米切尔在该公司的股份后来帮助他建立了私人实验室——格林研究所，并维持其运转。尽管被誉为最聪明的年轻科学家之一，他也花了 7 年的时间才完成他的博士学位。一部分原因是他的研究被迫转向了战时目标（抗生素的生产），另一部分原因是他被要求重新提交他的论文；他的一位考官抱怨说："讨论部分看起来很愚蠢，不像是一个报告。"更了解米切尔的大卫·基林说："问题是彼得对于他的考官来说太特立独行了。"

米切尔的工作是有关细菌的，特别是细菌如何将特定分子运进运出细胞的问题，而这通常是逆浓度梯度进行的。总的来说，米切尔对**矢量**代谢感兴趣，也就是那些在时空上具有方向性的反应。对于米切尔来说，细菌运输系统的关键在于细胞的外膜。它显然不仅仅是一个无生命的物理屏障，因为所有的活细胞都需要通过这个屏障不断选择性地与外界交换物质。至少需要吸收食物并清除废物。这个膜的作用是半透性屏障，限制分子的通过并控制其在细胞内的浓度。米切尔对跨膜主动运输的分子机制很感兴趣。他认识到许多膜蛋白与其转运分子间的特异性和酶与其底物间的特异性相当。和酶一样（当底物浓度足够高时），当浓度梯度逐渐扩大，主动运输也会停止，因为对抗浓度梯度的力不断增加，就像当气球充满空气时，向气球吹气就变得越来越困难。

米切尔 20 世纪 40 年代、50 年代初在剑桥，50 年代末在爱丁堡，发展了他的许多想法。他把主动运输看作生理学范畴的问题，涉及活细菌的运作。当时生理学家和生物化学家之间很少交流。然而很明显，跨膜的主动运输需要能量的输入，这反过来又促使米切尔思考生物能学（作为生物化学的一个方面）。他很快意识到，如果膜泵建立了浓度梯度，那么原则上浓度梯度本身就可以作为一种驱动力。细胞利用这种力的方式与气球释放空气推动它穿过房间，或者蒸汽机释放蒸汽推动发动机中的活塞运动的方式相同。

这些考虑足以使当时还在爱丁堡大学的米切尔在 1961 年的《自然》杂志上提出一个激进的新假说，他提出细胞内的呼吸作用是通过**化学渗透偶联**进行的，这个术语的意思是化学反应可以造成渗透压梯度，反之亦然。**渗透**是从学生时代就很熟悉的一个术语，即使我们可能已经不太记得它的准确定义。它通常意味着水通过一层膜，从溶质浓度较低的溶液流向溶质浓度较高的溶液，但米切尔完全不是这个意思。所谓的化学渗透我们可以想象，他指的是水以外的化学物质在膜上的流动，但这也不是他的意思。他实际上使用了希腊语中的“渗透”一词，意思是“推动”。化学渗透，对米切尔来说，是逆浓度梯度推动分子穿过膜，因此，在某种意义上，它与渗透作用正好相反，渗透作用是顺着浓度梯度的。米切尔说，呼吸链的作用只是推动质子穿过膜，在另一边形成一个质子库。膜只不过是一个水坝。被困在水坝后面的受阻的质子力，可以在某个时刻释放，以推动 ATP 的形成。

它是这样工作的。回想上一节，呼吸链复合物被插入膜中。进入呼吸链的氢原子被分解成质子和电子。电子像电线中的电流一样沿着呼吸链向下传递，通过一系列的氧化还原反应（图 7）。能量被释放出来，米切尔说，释放的能量根本不会形成一种高能化学中间产物；波形符号之所以难以捉摸是因为它不存在。相反，电子流释放的能量被用来将质子泵过膜。4 种呼吸复合物中的 3 种利用电子流释放的能量将质子推过膜，膜对质子是不可透过的，因此任何回流都是受限的，于是一个质子水库就建立起来了。

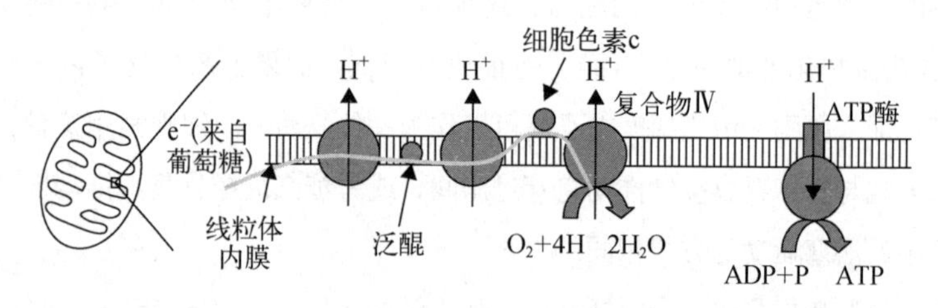

图 7

简化的呼吸链，如图 5 所示，但现在显示了中间产物的本质——质子。电子（e^-）从复合物Ⅰ向下传递到复合物Ⅳ，每一步释放的能量都伴随着质子被跨膜运出。这导致质子在整个膜上的浓度差，可以用酸性差（pH 值，或酸性，是由质子浓度定义的）和电位差来测量，因为每个质子携带 1 个正电荷。质子库实质上是势能库，就像山顶上的一个蓄水池，是一个可以用来发电的势能蓄水池。同样，沿着浓度梯度向下流动的质子也可以用来驱动机械任务，在这里指 ATP 的合成。质子通过 ATP 酶的流动称为“质子驱动力”，它使 ATP 酶的微小分子马达转动，促使 ADP 和磷酸盐结合生成 ATP。

质子携带正电荷，这意味着质子梯度既有电性成分又有浓度成分。电性成分在整个膜上产生电位差，而浓度成分则产生 pH 值差，或是酸性（酸性的定义是质子浓度），外面的酸性高于里面的酸性。pH 值和跨膜电位差的组合构成了米切尔所说的“质子驱动力”。正是这个力驱动了 ATP 的合成。因为 ATP 是由 ATP 酶合成的，米切尔预测 ATP 酶需要由质子驱动力提供能量——质子从原本关闭的水库中如水流一般沿质子梯度向下流动；米切尔喜欢称之为质子电，或称为质子流。

米切尔的想法被忽视，被敌视，被贬低为胡言乱语，甚至还有人说他的理论是抄袭的。拉克尔后来写道："和当时学界的普遍态度相比，这些构想听起来像是宫廷小丑或末日预言家的宣告。"这个理论是用奇怪的、神秘的电化学术语表述的，并使用了当时大多数酶学专家不熟悉的概念。只有拉克尔和阿姆斯特丹的比尔·斯莱特（基林的另一个门徒）很认真地对待这件事，尽管依旧持开放的怀疑态度；而斯莱特很快就失去了耐心。

米切尔才华横溢，脾气暴躁，热衷争论，口若悬河，他的这些个性加剧了局势的恶化。他可能会激怒他的对手。在与米切尔的一次争吵中，人们看到斯莱特愤怒地一只脚乱蹦，生动阐述了"气得跳脚"这个词。这些争论也给米切尔造成了损失，他因胃溃疡被迫辞去爱丁堡大学的职务。在 2 年的时间里，他将康沃尔郡博德明附近的 18 世纪衰败的庄园格林别墅修复为家庭住宅和私人研究机构。1965 年，他重返研究前沿，为即将到来的战斗做好准备。在接下来的 20 年里，激烈的争论被称为"氧磷之争"（来自氧化磷酸化，呼吸中 ATP 的产生机制）。

质子动力的解释

米切尔的假说巧妙地解决了困扰着旧理论的难题。它解释了为什么膜是必要的，以及为什么膜必须是完整的——膜上的一点泄漏都会让少量质子通过，从而使得质子驱动力作为热量耗散掉。一个有了缺口的大坝是毫无作用的。

它还解释了神秘的解偶联剂是如何工作的。回想一下"解偶联"是指葡萄糖氧化和ATP生成之间失去对应关系，就像一辆失去铰链的自行车，输入的能量不再与一个有用的功能相连。解偶联剂会使能量输入与输出脱节，但在其他方面似乎没有什么共同点。米切尔表明，它们确实有一些共同点——它们是弱酸，溶于膜脂中。由于弱酸可以根据它们周围环境的酸性来结合或释放质子，它们能使质子跨膜穿梭，在碱性或弱酸性条件下，它们失去1个质子并获得1个负电荷，因此被膜另外一面的正电荷和酸性所吸引而移动过去。然后，在强酸性条件下，作为一种弱酸，它们会再次吸收1个质子，这会中和电荷，使它们再次受到浓度梯度的影响，穿过膜到达酸性较弱的一面再次失去了质子而重新受到电牵引。这种循环只有在解偶联剂溶解在膜中时才会发生，而不管它是否结合了质子。正是这种微妙的循环条件的存在，挫败了早先所尝试的各种解释。(有些弱酸可溶于脂质，但只有当它们与质子结合时才可溶；反之亦成立，当它们释放出质子时，它们不再可溶于脂质，因此不能穿过膜；也就不能造成呼吸作用的解偶联。)

更为根本的是，化学渗透假说解释了“远距离作用”的巫术——似乎需要一种高能量的中间产物，即难以捉摸的波形符号。质子在某个地方被泵到膜的另一侧，在膜表面的任何地方都产生一样的作用力，就像水坝后的水压力取决于水的总体积，而不是泵的位置。因此虽然质子在某个特定的地方被泵过膜，但可以通过膜上任何地方的ATP酶返回，其作用力取决于质子的压力。换句话说，没有化学中间体，但质子驱动力本身起着中介作用，呼吸作用释放的能量被保存在质子库，这也解释了生成ATP的电子数量为什么可以不是整数，尽管对于每个电子流过呼吸链时，被泵过膜的质子的数量是固定的，但一些质子通过大坝泄漏回来，而另一些则被用于其他目的：它们不被用来为ATP酶提供能量(我们将在下一节回到这一点)。

也许最重要的是，化学渗透假说做出了一些明确的预测，这些预测是可以检验的。在接下来的10年里，米切尔与他的终身研究同事珍妮弗·莫伊尔和其他人一起，证明了线粒体确实会产生1个pH梯度和1个横跨内膜的电荷（大约150毫伏）。这个电压听起来可能并不太大（只有手电筒电池的1/10），但我们需要从分子的角度来考虑，膜只有5纳米（10^{-9}米）厚，所以跨膜的电压大约是每米3 000万伏，这和闪电的电压差不多，是普通家庭电线可承受的1 000倍。米切尔和莫伊尔的研究结果继续表明，氧气水平的突然上升会导致跨膜泵送的质子数量短暂上升；他们表明，呼吸"解偶联剂"确实是通过使质子在膜上来回穿梭起作用的；他们还表明，质子驱动力确实为ATP酶提供了能量。他们还证明，质子泵运与电子沿呼吸链的传递相偶联，如果任何原材料（氢原子、氧、ADP或磷酸）不足，质子泵运就会减慢甚至停止。

那时，米切尔和莫伊尔并不是唯一研究化学渗透的实验人员了。拉克尔自己也证明了，如果把呼吸复合物分离出来，然后加入到人工脂质体中，它们仍然可以产生一个质子梯度，但也许康奈尔大学的安德烈·贾根多夫和欧内斯特·乌里韦在1966年完成的实验最能够说服学者们，至少是植物学家，相信化学渗透的理论是准确的。贾根多夫最初对化学渗透假说的反应是敌对的。他写道："我听到彼得·米切尔在瑞典的一次生物能学会议上谈到了化学渗透作用。他的话我左耳进右耳出，这让我感到很厌烦，因为他们让这么一个可笑的、不可理喻的演讲者参会。"但他自己的实验最终说服了他。

在对叶绿体膜的研究中，贾根多夫和乌里韦将膜悬浮在pH＝4的酸性溶液中，并给予足够时间使得膜两边达到平衡。然后他们将pH＝8的碱性溶液注入制剂中，使整个膜的pH值相差4个单位。他们发现ATP是由这个过程产生的，不需要光或任何其他能源：ATP的生成是由质子差异独立驱动的。注意，我在这里说的是光合作用中的膜，米切尔理论的一个显著特点是，它调和了看似无关且差异巨大的能量产生模式，如光合作用和呼吸作用，两者都是通过跨膜的质子驱动力产生ATP的。

到了20世纪70年代中期，大部分人都转向支持米切尔的观点，米切尔甚至绘制了一张图表，显示了他的竞争对手"转变"的日期，这让他们非常愤怒。尽管许多分子细节仍有待研究，依然存在争议。米切尔于1978年单独获得诺贝尔化学奖，这是另一个引起激烈争论的原因，但我相信他所带来的观念上的飞跃让他的获奖显得理所当然。他经历了一段痛苦不堪的时期，与不佳的健康状况以及敌对的生物能学创立者们进行斗争，但他活着看到了当初对他进行猛烈批评的人们的转变。米切尔在他的诺贝尔演讲中感谢了他们在知识上的宽容大度，他引用了伟大的物理学家马克斯·普朗克的话："一个新的科学思想不是通过说服对手而获得胜利，而是因为对手终将死去。"米切尔说，这是一个"非常令人高兴的成就"。

自1978年以来，研究人员对电子传递、质子泵运和ATP形成的详细机制进行了研究，其中最大荣耀莫过于约翰·沃克对ATP酶结构的原子细节的测定，他与保罗·博耶分享了1997年的诺贝尔化学奖。博耶多年前就提出了基本机制（原理上大体相似，但细节上与米切尔所提出的机制不同）。ATP酶是自然界纳米技术的一个奇迹般的例子：它的工作方式如同旋转马达，因此被认为是已知最小的机器，由微小的蛋白质零件构成。它有2个主要部件，一个驱动轴，贯穿膜的两侧，一个旋转头，与驱动轴相连，从电子显微镜上看像蘑菇头。质子库在膜外造成的压力，迫使质子通过驱动轴，带动旋转头；大约每3个质子通过驱动轴，头部就会转动120°，所以3次转动正好是一圈。ATP酶的头部有3个结合部位，这3个部位是ATP被组装起来的地方。头部每旋转一周，产生的张力就会使化学键断裂或形成。第一个部位结合ADP；而头部的下一次转动会将磷酸盐基团附着到ADP上，形成ATP；第三次转动会释放 ATP。在人类中，一个完整的 ATP 酶头部转动一圈需要 10 个质子并产生 3 个 ATP 分子。在其他物种中，ATP 酶转动一圈需要的质子数量不同，这使得情况变得更加复杂。

ATP 酶的作用方向是可逆的。在某些情况下，ATP 酶可以反向运行，此时它可以分解 ATP，然后利用释放的能量将质子逆向泵运过驱动轴，对抗质子梯度回到膜的另一边。事实上，ATP 酶（而非 ATP 合成酶）的名字就来源于第一次它被发现的时候所起的作用。这种奇怪的特性背后隐藏了生命的一个重大的秘密，我们稍后会回到这个问题上。

呼吸作用更深层次的意义

广义上讲，呼吸作用利用质子泵运产生能量。氧化还原反应释放的能量被用来泵运质子穿过膜。跨膜的质子差异相当于 150 毫伏的电荷。这就是质子驱动力，它驱动 ATP 酶的马达产生 ATP——生命的通用能量货币。

光合作用中也有类似的现象。在这种情况下，太阳的能量被用来以与呼吸作用中类似的方式将质子泵过叶绿体膜。细菌的功能也和线粒体一样，通过细胞外膜产生质子驱动力。对于任何一个不是微生物学家的人来说，没有比细菌的惊人的产能方式更令人困惑的生物学领域了。它们似乎能够从任何东西中收集能量，从甲烷到硫黄再到混凝土，这种表面上奇特的多样性本质上是相关的。每一种方式的原理都完全相同：电子沿着氧化还原链向下传递到终端的电子受体（可能是 CO_2、NO_3^-、NO_2^-、NO、SO_4^{2-}、SO_3^-、O_2、Fe^{3+}，或其他）。不管是哪一种方式，来自氧化还原反应的能量都被用来泵运质子穿过膜。

如此深层次的统一值得被注意，不仅因为它很普遍，也许更重要的是它生成能量的方式是如此独特而迂回。莱斯利·奥格尔说：“如果要赌细胞用什么方式生成能量，很少有人把钱压在质子泵运上。”不过，质子泵运是光合作用和所有呼吸作用的秘密。在所有这些过程中，氧化还原反应释放的能量被用来泵运质子穿过膜，产生质子驱动力。似乎把质子泵运过细胞膜和DNA一样是地球生命的标志。这是生命的基础。

事实上，正如米切尔所认识到的，质子驱动力的意义远不止是产生ATP，它是一种力场，用一种不可触及的能量源包裹细菌，质子驱动力牵涉到生命的几个基础方面，其中最显著的是将分子运进运出细胞膜的主动运输。细菌有几十种膜转运体，其中许多利用质子驱动力将营养物质泵入细胞或将废物排出细胞。细菌利用质子驱动力而非ATP为主动运输提供能量：它们从质子梯度中分出一点能量来为主动运输供能。比如通过将乳糖运输与质子梯度相偶联，将乳糖逆浓度梯度运输到细胞中：膜泵结合一个乳糖分子和一个质子，因此运入乳糖的能量成本由质子梯度的变化来满足，而不是ATP。同样地，为了保持细胞内的低钠水平，去除一个钠离子的费用是通过输入一个质子来支付的，这又一次在不消耗ATP的情况下以耗散质子梯度的形式来实现。

质子梯度会因自身的原因而耗散，产生热量，在这种情况下，呼吸作用被认为是解偶联的，因为电子流和质子泵运继续正常工作，但没有产生ATP。相反，质子通过膜上的小孔回流，从而将质子梯度中蕴含的能量以热量释放出来。这本身是有用的，可以作为产生热量的手段，我们将在第四章中看到，但它也有助于在能量需求较低的时候维持电子流，不然“停滞”的电子容易从呼吸链中逃逸出来，与氧气发生反应产生破坏性的氧自由基。我们可以把它想象成河流上的水电站大坝。在需求量低的时候，就有大坝决堤，洪水泛滥的危险，通过设置溢流通道可以降低洪水的风险。同样，在呼吸链中，电子的持续流动可以通过将电子流动与ATP生成解偶联来维持。一些质子不是通过主水电站大坝闸门（ATP酶）而是通过溢流通道（膜上的小孔）。这种溢流有助于防止电子蓄积过度而产生的任何问题，比如形成自由基；并且对健康有重要的影响，我们将在后面的几节中看到。

除了主动运输，质子驱动力还可以用在其他的工作上。例如，细菌的运动也依赖于质子驱动力，正如美国微生物学家富兰克林·哈罗德和他的同事在20世纪70年代所展示的那样。许多细菌通过旋转附着在细胞表面的螺旋状的鞭毛来运动。通过这种方式它们可以达到每秒钟几百个细胞长度的移动速度。用来旋转鞭毛的蛋白质是一个微小的旋转马达，与ATP酶本身没有什么不同，也是由流经驱动轴的质子电流来驱动的。

简而言之，细菌基本上是质子驱动的。尽管ATP被称为通用能量货币，它并不是用于细胞的所有方面。细菌的稳态（分子进出细胞的主动运输）和运动（鞭毛推进）都依赖于质子驱动力而不是ATP。总之，质子梯度的这些重要用途解释了为什么呼吸链泵运的质子比合成ATP所需的多，为什么很难确定一个电子通过后形成的ATP分子的数量——质子梯度除了用来生成ATP以外，还是生命其他许多方面的基础，所有这些都得从质子梯度这里分上一杯羹。

质子梯度的重要性也解释了ATP酶发生逆转的古怪特性，即以消耗ATP为代价泵出质子。表面上看，这种ATP酶的逆转似乎是一种负担，因为它会迅速耗尽细胞的ATP储备。只有当我们意识到质子梯度比ATP更重要时，这一切才说得通。细菌需要充满质子驱动力才能生存，就像星球大战中的银河巡洋舰在攻击帝国的星际舰队之前，它的保护力场必须全面开动一样。质子驱动力通常是通过呼吸作用来充满的。然而，如果呼吸作用无法进行，细菌就会通过发酵产生ATP。这时候一切都会逆转。ATP酶会立即分解新产生的ATP，并利用释放的能量将质子泵过膜，维持电荷，这相当于对力场的紧急修复。所有其他依赖ATP的任务，即使是像DNA复制和繁殖这样重要的任务，也都必须等待。

在这种情况下，发酵的主要目的可以说是维持质子驱动力，对于一个细胞来说，维持充足的质子驱动力比拥有一池子 ATP 来完成诸如繁殖等其他关键任务更为重要。

对我来说，所有这些都暗示了质子泵运的古老性。质子泵运是细菌细胞的首要需求，是维持其生命的机器。质子泵运是一种高度统一的机制，在生命的所有三个域中都是如此，是各种形式的呼吸作用、光合作用和细菌生命的其他方面（包括稳态和运动）的核心，简而言之，它是生命的一个基本性质。根据这一观点，我们有充分的理由认为生命的起源与质子梯度的自然能量紧密相关。

第六节 生命的起源

地球上的生命是如何开始的，这是当今最令人振奋的科学领域之一，是一个充满了各种思想、理论、推测，甚至数据的狂野的西部。它太大了，无法在这里详细讨论，因此，我将仅限于有关化学渗透重要性的几点观察上。但为了帮助大家了解，让我快速地描述一下这个问题。

生命的演化在很大程度上取决于自然选择的力量——而这又取决于特性的遗传，自然选择才能发挥作用。今天，我们继承了由 DNA 组成的基因，但 DNA 是一个复杂的分子，不可能只是“凭空”出现。此外，DNA 在化学上是有惰性的，正如我们在导言中所指出的。回想一下，DNA 只不过是编码了蛋白质的合成，甚至这也是通过一种更活跃的媒介 RNA 来实现的，各种形式的 RNA 将 DNA 编码转化为蛋白质中的氨基酸序列。蛋白质是使生命成为可能的活性成分，它们本身就具有结构和功能的多样性，以满足生命的需求，即便是最简单的生命形式，它们的需求也是各式各样的。自然选择将个别蛋白质打磨成可以完成特定任务所需要的样子。而蛋白质的首要任务就是复制 DNA，并用 DNA 作为模板合成 RNA，因为没有遗传自然选择是不可能发生的；而尽管蛋白质拥有各种荣誉事迹，但在结构上的重复性不足以作为好的遗传密码。因此遗传密码的起源是一个鸡生蛋还是蛋生鸡的问题。蛋白质的演化有赖于 DNA，而 DNA 的演化又需要蛋白质。这一切是如何开始的？

今天普遍认同的答案是，中间物 RNA 过去曾居于中心地位。RNA 比 DNA 简单，化学家甚至可以在试管里将它拼凑出来，这使得我们可以相信，它可能曾经在早期的地球或太空中自发形成。人们在彗星上发现了很多有机分子，包括 RNA 的一些组成部分。RNA 可以以类似 DNA 的方式自我复制，从而形成一个自然选择可以作用的复制单元。它还可以直接编码蛋白质，就像今天它们在做的一样，因此在模板和功能之间建立了一种联系。与 DNA 不同，RNA 在化学上没有惰性，它可以折叠成复杂的形状并能够以与酶（RNA 催化剂被称为核酶）相同的方式催化某些化学反应。因此，生命起源的研究人员指出了一个原始的“RNA 世界”，其中自然选择作用于独立进行自我复制的 RNA 分子，使其慢慢地积累了复杂性，直到被 DNA 和蛋白质这种更强大和更有效的结合所取代。如果这段简短的旅程让你对这部分内容有了更多兴趣，我可以再次推荐克里斯蒂安·德·迪夫的《演化中的生命》，这是一本好的入门读物。

虽然这个理论如此优雅，但是“RNA 世界”有两个严重的问题：第一，核酶不是很通用的催化剂，甚至考虑到其催化活性如此之低下，对于它们是否能带来一个复杂的世界都要打一个很大的问号。对我来说，它们比矿物更不适合作为最初的催化剂。金属和矿物是如今许多酶的核心，包括铁、硫、锰、铜、镁和锌。在所有这些案例中，酶反应是由矿物（技术上来说，辅基）催化的，而不是由蛋白质催化的，蛋白质提高了反应的效率，但不能决定反应是否发生。

第二，更重要的是，在能量和热力学方面存在一个计算问题，RNA 的复制是要做功的，因此需要能量的输入。这种能量需求是恒定的，因为 RNA 不是很稳定，很容易被分解，这种能量是从哪里来的？天体生物学家认为早期地球上有大量的能量来源，这里仅仅举几个例子——陨石、电风暴、火山喷发物的高温或水下热液喷口。但是这些不同形式的能量是如何转化为生命可利用的形式却很少被描述出来——这些能量即使在今天也没有一个是可以被直接使用的。也许最合理的说法是在过去几十年间一度很受欢迎后来又被罢黜的“原始汤”理论——由各种形式的能量组合煮出一锅“原始汤”，通过发酵作用提供生命可利用的能量形式。

20世纪50年代，当斯坦利·米勒和哈罗德·尤里通过在气体中制造电火花来模拟闪电时，原始汤的想法得到了实验的支持，这些气体被认为代表了地球早期的大气——氢气、甲烷和氨气。他们成功地制造出了丰富的有机分子混合物，包括一些生命的前驱物，如氨基酸。他们的想法之所以后来失宠，是因为没有证据表明地球大气中含有足够数量的这些气体；而且如今普遍认为当时的大气氧化能力较强，有机分子在那样的环境下更难形成。但是彗星上发现的丰富的有机物又让我们兜了一圈。许多天体生物学家热衷于将生命与太空联系起来，认为原始汤可能是在外太空煮好的。然后大约在距今45亿年到40亿年前这段时间里，发生了长达5亿年的大规模的小行星轰炸，地球和月球因此被炸得坑坑洼洼，但地球意外收到了慷慨的捐赠——原始汤。如果这汤的确存在过，那么或许生命就是从这锅汤的发酵开始。

但是发酵作为最初的能量来源有几个问题。第一，正如我们所看到的，发酵和呼吸作用、光合作用都是分离的，因为它不会将质子泵到膜的另一边。如果所有供发酵的有机化合物都是来自外太空的，那么在40亿年前小行星撞击之后，营养物质的供给应该很快就耗尽了。除非在可发酵的底物耗尽之前能够发明光合作用，或是其他从元素制造有机分子的方法，否则生命将逐渐走向灭绝。这是一个时间先后上的问题。化石证据表明地球上的生命至少在距今38.5亿年前就出现了，光合作用在距今35亿到27亿年之间演化出来（尽管最近这一证据受到质疑），考虑到发酵和光合作用之间的不连续性——这其中甚至没有中间步骤能给我们带来哪怕一个光合作用演化中的失败者——那么至少几亿年，也许 10 亿年的时间看起来非常奇怪。没有其他能量来源，小行星输送的有机分子真的能滋养生命那么长时间吗？这听起来不太可能，特别是在臭氧层形成前，紫外线辐射会导致复杂有机分子的分解。

第二，认为发酵是简单和原始的观点是错误的。它反映了我们的偏见，认为微生物的生化反应很简单，而这是不正确的，甚至可以追溯到路易·巴斯德的观点，他把发酵描述为“无氧的生命”，寓意着简单。但是巴斯德，正如我们所看到的，承认自己对发酵的功能“一无所知”，所以他很难断定它是简单的。发酵至少需要十几种酶，而且，作为第一种也是唯一一种提供能量的手段，可以被看作具有不可简约的复杂。我故意使用这个术语，是因为一些生物化学家提出，生命的演化需要造物主的指导，生命只有在“智能设计”之后才有可能。我不同意这个观点，任何演化生物学家都会这样做，但反对意见必须得到解决，而且在某些情况下反对意见也会提出存在的问题。以发酵作用而言，在一个没有任何其他形式能量供给的 RNA 世界中，很难想象如何演化出一个包含了所有这些相互联系的酶的功能单位。但是请注意，我特别提到一个“没有任何其他形式能量供给”的世界。我们需要的是一种产生能量的方法，它是“可简约的复杂”。因此，我们必须解决的问题并不是没有任何其他形式能量供给的情况下发酵是如何演化的，而是它演化所需的能量来自哪里。如果光合作用演化得晚些，发酵作用又太复杂以至于不可能在没有能量供给的情况下演化，那么我们就只剩下了呼吸作用这个可能。呼吸作用的演化可能发生在早期地球上吗？通常的反对的理由是原始地球上氧气非常少（请参考我的另一本书《氧气：建构世界的分子》中相关的讨论），但这并不是一个障碍。其他形式的呼吸作用使用硫酸盐或硝酸盐，甚至铁，而不是氧气——所有这些都将质子泵运过膜。因此它们的基本机制与光合作用更为接近，并对可能存在的中间步骤给出了提示。注意，这将呼吸作用的演化置于光合作用之前，正如奥托·沃伯格在1931年提出的那样，我们面临着这样一个问题：呼吸作用也是“不可简约的复杂”吗？我认为不是——相反的，它几乎是原始地球环境所造成的必然结果——但在我们考虑这一点之前，我们需要考虑一个针对发酵作用是原始的能量来源的终极的、致命的反驳。

第三个反对意见涉及LUCA的属性，LUCA是地球上最后一个所有已知生命的共同祖先。一些非常有趣的数据表明，LUCA中不存在经典的发酵作用；如果的确是这样的话，那么自生命起源之后，在LUCA之前的那些早期的生命形式中，发酵也不会存在。这些数据来自比尔·马丁，我们在第一章中见过他。在那里我们研究了生命的三个领域：古细菌、细菌和真核生物。我们看到真核生物几乎肯定是由古细菌和细菌结合而成的。如果是这样的话，那么真核生物一定是相对较晚才演化出来的，LUCA一定是细菌和古细菌最后一个共同祖先。马丁用这个逻辑来考虑发酵的起源。在某种程度上，我们可以假设细菌和古细菌任何共有的基本属性，比如通用遗传密码，是从这个共同的祖先那里遗传下来的，而任何主要的差异都可能是后来演化出来的。比如，光合作用（产生氧气）只在蓝藻、绿藻和植物中发现。植物和藻类都是光合作用的冒名顶替者——依靠叶绿体进行光合作用，而叶绿体都是由蓝藻细菌演化而来的，因此可以说光合作用是在蓝藻中演化而来的。最关键的是，在任何一个古细菌中，或者在蓝藻之外的任何其他细菌群中都没有发现这种现象，因此我们可以推断光合作用是在蓝藻中单独演化的，而这是细菌和古细菌在演化上分开之后发生的。

让我们将同样的论点应用到发酵作用上。如果发酵是产生能量的第一种方式，那么我们应该在古细菌和细菌中找到类似的途径，正如我们在两者中都发现了遗传自共同祖先的通用遗传密码一样，相反，如果发酵作用像光合作用一样是后来才演化的，那么我们就不能期望在古细菌和细菌中都发现它们，而只是在一些群体中看到。我们发现了什么？答案很有趣，因为古细菌和细菌都能发酵，但是要用不同的酶来催化这些步骤，其中有几个是完全不相关的。假设古细菌和细菌不是用相同的酶进行发酵，那么经典的发酵途径必须是后来才在这两个领域独立演化的。这意味着 LUCA 不能进行发酵，至少我们今天知道是这样。如果它不能发酵，那么它一定是从别的地方得到了能量。我们被迫第三次得出同样的结论：发酵不是地球上最原始的能量来源。生命一定是以另一种方式开始的，而原始汤的想法是错误的，或者充其量是无关紧要的。

第一个细胞

如果质子泵运过膜是生命的基础，就像我所说的，那么在此基础上，它应该同时存在于细菌和古细菌中。的确，两者都有具有相似成分的呼吸链。两者都使用呼吸链将质子泵运过膜，产生质子驱动力。两者都有结构和功能基本相似的 ATP 酶。

尽管呼吸作用比今天的发酵复杂得多，但如果把它简化为基本要素，它实际上要简单得多：呼吸作用需要电子传递（基本上只是 1 个氧化还原反应）、1 个膜、1 个质子泵和 1 个 ATP 酶，然而发酵需要至少 12 种酶按顺序工作。呼吸作用在生命史早期演化的主要问题是需要 1 个膜，米切尔本人也意识到了这一点（他于 1956 年在莫斯科的一次演讲中讨论过），现代细胞膜是复杂的，很难想象它们从 RNA 世界中演化出来。当然，存在着更简单的替代品。但这些替代品的问题很大程度上在于它们对任何东西都是不可透过的。不可透过的膜阻碍了与外界的交换，进而阻碍了新陈代谢，也阻碍了生命本身。考虑到在 LUCA 的呼吸作用中膜似乎已经起作用了，我们是否能从现代的古细菌和细菌身上推断出它是什么样的膜？

答案揭开了一个非同寻常的演化上的分水岭，以及很多深刻的启示。这些启示由比尔·马丁和迈克·罗素（来自格拉斯哥大学）于2002年在伦敦皇家学会上阐明。细菌和古细菌的膜都由脂质组成，但除此之外，它们几乎没有共同点。细菌的膜脂质是由疏水的（油性）脂肪酸通过一种称为酯键的化学键与亲水的（喜欢水）头部结合而成。相反，古细菌的膜脂质是由分支的五碳单元（称为异戊二烯）组成，异戊二烯以聚合物的形式连接在一起。异戊二烯形成了许多交叉链，使古细菌的膜具有细菌所没有的刚性。此外，异戊二烯链通过一种不同类型的化学键（称为醚键）与亲水头部结合。细菌和古细菌的亲水头部均由磷酸甘油构成，但每一个亲水头部都使用不同的镜像形式。它们就像一副手套的左右手。你可能会觉得这种差异看起来不大，但请记住，脂质膜的所有成分都是由细胞通过复杂的生化途径使用特定的酶制成的。由于成分不同，制造它们所需的酶也不同，编码这些酶的基因也是如此。

细菌膜和古细菌膜在结构和基本成分上的根本性差异使得马丁和罗素得出结论：LUCA（生命最后的共同祖先）不可能有脂质膜，脂质膜一定是它的后代各自独立演化而来的。但如果它能像我们所看到的那样，运用化学渗透原理，那么LUCA肯定有某种膜，并可以通过这种膜来输送质子。如果这层膜不是由脂质构成的，那它还能是由什么构成的呢？马丁和罗素给出了一个激进的答案：他们说LUCA可能有一层无机膜，一层由铁硫矿物构成的薄薄的泡泡膜，包围着一个充满有机分子的微观细胞。

根据马丁和罗素的说法，铁硫矿物催化了第一次有机反应，产生了糖、氨基酸和核苷酸，最终可能导致了前面讨论过的“RNA世界”，而后自然选择可以接管。他们在皇家学会的论文对可能发生的反应给出了详细的见解；我们会将讨论的范畴控制在和能量相关的部分，而光是这部分本身就足够深刻了。

全金属外壳

铁硫矿物，如黄铁矿，可能在生命起源中扮演了某种角色，这种想法可以追溯到20世纪70年代末，在海平面下3公里处发现了“黑烟囱”。黑烟囱是热液喷口——一个巨大的、摇摇欲坠的黑塔，在海底的高压下被过度加热，将滚滚“黑烟”吹入周围的海洋。“烟”是由火山气体和矿物组成的，包括铁和硫化氢，它们在周围的水中以铁硫矿物的形式沉淀下来。最大的惊喜是黑烟囱里竟然充满了生命，尽管有高温高压和绝对的黑暗。一整个生态群落在那里蓬勃发展，它们直接从热液喷口获得能量，显然不依赖于太阳能。①

铁硫矿物具有催化有机物的作用，它们今天依然存在于许多酶的辅基，如铁硫蛋白。铁硫矿物可能本身就是生命的助产士，一种通过铁硫矿物催化二氧化碳还原，在地狱般的黑烟囱内形成大量有机分子的方法。这套理论是由德国化学家兼专利律师冈特·瓦赫特绍尔于20世纪80年代末到90年代在一系列精彩论文中提出。一位研究人员惊呼，读这些论文的感觉就像是意外发现一篇从21世纪末跌入时间隧道穿越回来的科学论文一样。

瓦赫特绍尔设想最初的有机反应发生在铁硫矿物表面，他的想法似乎得到了基因树的支持，基因树表明超嗜热菌（在高压和高温下生长的微生物）是细菌和古细菌中最古老的类群之一，然而，这一遗传证据受

① 没有微生物是真正独立于太阳能之外的。地球上的所有生命，甚至是深热生物圈中的微生物，都是通过氧化还原反应获得能量的。这一切之所以成为可能，是因为海洋和空气与地球本身失去了化学平衡，而这种平衡依赖于太阳的氧化能力。深热生物圈中的微生物利用氧化还原反应，而这依赖于海洋相对氧化的状态，归根到底也是太阳造成的，没有太阳这种反应是不可能发生的。它们的新陈代谢和更替非常缓慢——单个细胞可能要用100万年来繁殖，其中的一个原因是它们依赖于从上方以令人绝望的缓慢速度滴下的被氧化了的矿物质。

到了德·迪夫等人的质疑，并且瓦赫特绍尔假定的反应也在热力学基础上受到了批评。而最重要的是，黑烟囱的故事也没有办法解释稀释的问题。一旦前驱物在晶体的二维表面上发生反应，它们就会脱离并自由扩散到广阔的海洋中。除非它们依然附着在表面，否则没有任何东西可以容纳它们；很难想象生物化学的流体循环会在矿物表面的固定位置演化出来。

迈克·罗素在19世纪80年代末提出了另一套想法，并从那以后不断改进，最近又开始与比尔·马丁合作。罗素对这些巨大的、危险的黑烟囱不太感兴趣，而对一些规模不大的火山渗漏点则关注颇多。其中一个这样的渗漏点是在爱尔兰蒂纳格有3.5亿年历史的黄铁矿矿床上。这些矿物形成了大量管状结构，每一个大约有笔盖那么大，罗素推测，泡泡状沉积物可能与最初的生命孵化场相似。他说，这些泡泡可能是由两种化学性质不同的流体混合而成的：从地壳深处渗出的还原性的、碱性的热水，以及上面氧化程度更高和酸性更强的含有二氧化碳和铁盐的海水。铁硫矿物，如四方硫铁矿会在混合区沉淀成微小的泡泡膜。

这不仅仅是猜测。罗素和他的长期合作者艾伦·霍尔，在实验室里模拟过。把硫化钠溶液（代表从地球内部渗出的热液）注入氯化铁溶液（代表早期海洋）中，罗素和霍尔获得了以铁硫膜为界的大量微小的泡泡（图8）。这些泡泡有两个显著的特征，使我相信罗素和霍尔的思路是正确的。首先，细胞具有天然的化学渗透性，外部比内部酸性更强。这种情况类似于贾根多夫和乌里韦的实验，当时这个实验证明跨膜的pH值差异足以产生ATP。因为罗素的细胞具有天然的pH梯度，所以细胞产生ATP只需要演化出一种跨膜的ATP酶，这比演化出整个有功能的发酵途径不知道容易到哪里去了！如果说通往生命起源之路的第一步只不过是一个ATP酶，那么拉克尔对ATP酶作为“生命的基本粒子”的描述就太有先见之明了，这可能比他所能料想的还要多。

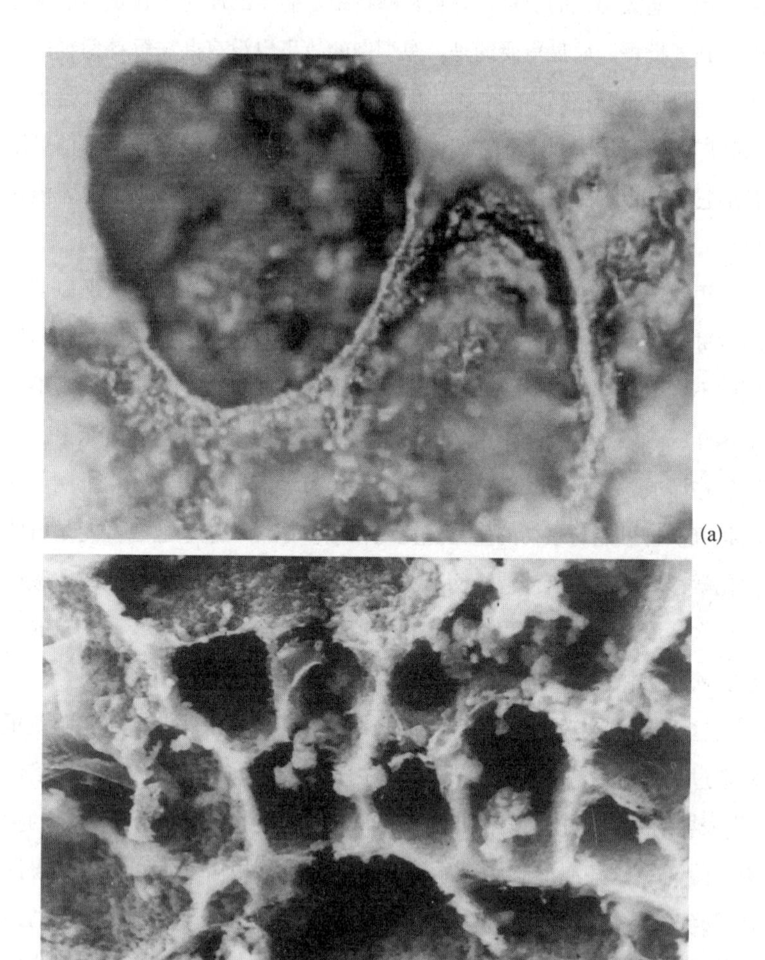

图 8

被铁硫膜包裹的原始“细胞”。(a) 从爱尔兰蒂纳格地区发现的 3.5 亿年前的铁硫矿物（黄铁矿）的电镜照片；(b) 在实验室里通过将代表热液的硫化钠（NaS）溶液注入代表富含铁的早期海洋的氯化亚铁（$FeCl_2$）溶液后形成的结构的电镜照片。

第二，泡泡膜中的铁硫晶体传导电子（正如今天仍然存在于线粒体膜中的铁硫蛋白一样）。从地幔涌出的还原性液体富含电子，而相对氧化的海洋则缺乏电子，在膜上建立一个几百毫伏的电位差——这与今天细菌膜上的电压非常相似。这个电压刺激电子穿过膜从一个隔间流向另一个隔间。更重要的是，带负电荷的电子流会吸引内侧带正电荷的质子，产生一个基本的质子泵运机制。

铁硫电池不仅提供持续的能量供应，而且还充当微型电化学反应器，催化基本的生化反应，并浓缩反应产物。生命的基本组成部分，包括 RNA、ADP、简单氨基酸、短肽等，都可能依赖铁硫矿物（也许还有沉积黏土）的催化性质，在冈特·瓦赫特绍尔所描述的反应中形成，但它有两个巨大的优点是瓦赫特绍尔的黑烟囱反应所没有的，一是它们是由膜包裹的（防止它们扩散到海洋中），二是它们是由自然能源——质子梯度——提供能量的。

生命本身

这一切听起来不太可能吗？在前一节中，我曾表示，生命的起源并非像真核生物的演化一样不可能。想想如今我们周围正在发生的。地球早期的这些环境可能并不算罕见。火山活动估计是今天的 15 倍。地壳较薄，海洋较浅，构造板块刚刚形成。火山渗透点普遍存在于地球表面的大部分区域，更不用说剧烈的火山活动了。只需要海洋与从地壳深处涌出的火山液之间存在氧化还原状态和酸性上的差异——而这种差异确实存在，那么形成数百万个由铁硫膜包裹的小细胞就不是问题。

正如罗素所设想的，早期的地球是一个巨大的电化学电池，它依靠太阳的能量来氧化海洋。紫外线分解水并氧化铁。从水里释放出来的氢非常轻，地球重力无法留住它，于是挥发到太空中。相对于地幔中更为还原的环境，海洋逐渐被氧化。根据化学的基本规则，混合区不可避免地形成天然的细胞，而这些细胞本身就带有化学渗透和氧化还原梯度。新形成的月球（那时比今天更接近地球）所造成的较大的潮汐差进一步加剧了混合。我们几乎可以肯定，这样细胞真的会形成，而且也许是非常大规模的。我们可以在蒂纳格这样的地方看到它们的遗迹。从这里到制造出细菌还有很长的路要走，但这些条件是很好的开端。

在地球早期，这样的必要条件不仅是可能的，而且它们是稳定和持续的。这些条件的形成只需要太阳的能量，而不需要像光合作用或发酵作用这样复杂的发明。太阳只需要氧化海洋就可以了，正如我们知道的那样。天体生物学家考虑了各种能量形式——陨石撞击、火山热、闪电，而在史前神话中经常被提及的太阳的力量，说来也奇怪，却时常被科学家们所忽视。正如杰出的微生物学家富兰克林·哈罗德在他的经典著作《生命力》（这也是为什么我以“生命力”作为这一章的标题）中所说：“人们不禁怀疑，遍布地球的巨大能量流在生物学中所起的作用，比我们当代的哲学所知道的还要大：也许，能量的洪流不仅仅使得生命得以演化，还使得生命从无到有。”

数十亿年来，太阳提供了偿还热力学第二定律债务所需的恒定能量来源，它造成了化学不平衡，促进了天然化学渗透性细胞的形成。原始的情形至今仍被忠实地呈现在所有细胞的基本特性中。有机细胞和无机细胞都是由一层膜界定。它在物理上包住了细胞的有机成分，防止它们扩散到海洋中。不管是有机还是无机细胞，生物化学反应是由矿物催化的（如今作为酶中的辅基）。在这两种情况下，膜是能量的壁垒和载体。在这两种情况下，能量都是通过化学渗透梯度来获得的，外部是正电荷和酸性条件，内部是相对负电荷和碱性条件。在这两种情况下，氧化还原反应，电子传递和质子泵运重新产生梯度。当细菌和古细菌最终从孕育它们的温床中出来，冒险进入开阔的海洋时，都带着一个关于它们出生的明确无误的印记，直到今天它们仍然展示着这个印记。

但这一与生命的起源相呼应的印记，也是生命的主要局限。我们也许会问，为什么细菌从来没有演化到超越细菌的地步？为什么40亿年的细菌演化从来没有成功地生产出一种真正的多细胞、智能细菌？更具体地说，为什么真核生物的演化需要古细菌和细菌的结合，而不仅仅是由被青睐的一支细菌或古细菌逐渐增加复杂性？在第三章中，我们将看到，这个长期存在的谜团的答案，就藏在化学渗透这个产能方式的基本性质中，我们也能够解释为何真核这一系能以非凡的态势开枝散叶最终演化出动物与植物。

第三章

内幕交易：复杂性的基础

细菌在地球上统治了20亿年。它们演化出了几乎无限的生化多样性，但从未发现让尺寸变大或形态上复杂性增加的秘密。其他行星上的生命可能会陷入同样的困境。在地球上，只有当能量生成被内化在线粒体中，大尺寸和复杂性才成为可能。但是为什么细菌从来没有内化自己的能量生成呢？答案存在于顽强不息的线粒体DNA，一个存在了20亿年的悖论中。

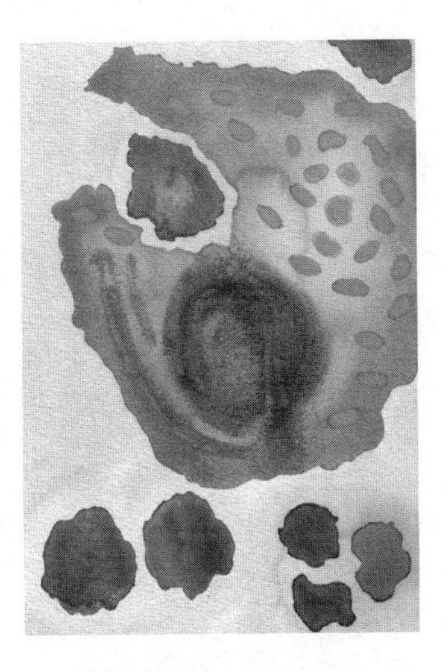

一个巨大的内含物质的细胞——在真核生物中，能量生成被内化在线粒体中

下面是一个能让演化生物学家笑到喷饭的词汇表：目的，目的论，复杂性上升的斜坡，非达尔文主义。所有这些术语都带着宗教的观点来看待演化并认为，生命的演化是被“编程”控制的，演化出更高的复杂性，演化出人性，使人类沿着一条平滑的曲线不断上升，从最底层的动物到天使，每一步都接近上帝——“伟大的存在之链”。[①] 这种观点不仅受到宗教理论家的欢迎，现在也受到天体生物学家的欢迎。认为物理定律实际上召唤生命出现在我们所生存的宇宙中，这种想法令人宽慰，并唤起了另一种想法，即认为人类的知觉也可能是物理的功劳。我在第一章中表示了不同的观点，我们将在第三章进一步探讨生物复杂性的起源。

在第一章中，我们观察到地球上所有复杂的多细胞生物都是由真核细胞组成的；相比之下，细菌在 40 亿年的绝大部分时间里都保持着细菌的样貌。在细菌和真核细胞之间有一道鸿沟，而宇宙中其他地方的生命很可能陷入细菌的窠臼中无法逾越。我们已经看到，真核细胞最初是在细菌和古细菌之间的一种不寻常的结合中形成的。我们现在要研究的问题是真核生物复杂性的“种子”：它到底是什么，以至于真核细胞似乎受到了鼓励般演化出了复杂性？不管这种印象多么有误导性，在审视真核细胞出现后的演化全图时，确实会产生有某种目的性的感觉。伟大的存在之链一步步接近上帝的观点的出现并不是偶然的，即使那是错误的。在第三章中，我们会看到复杂性的种子是由线粒体播下的，因为一旦线粒体存在后，生命几乎必然变得更复杂。驱动我们迈向更复杂性的动力来自内部，而不是来自天上。

诺贝尔奖获得者、分子生物学家雅克·莫诺是一名坚定的无神论者，在他知名的著作《偶然与必然》中谈到了目的这一主题。他说，很明显心脏的功能是将血液泵送到身体各部分，但讨论心脏时不提及它是一个泵，这样的讨论是毫无意义的。但这就是赋予了目的。更糟的是，如果我们说心脏是为了泵血而演化出来的，我们将犯目的论的终极罪过，即赋予某个前瞻性目的，预设了演化轨迹的终点。但是心脏几乎不可能“为”任何其他东西而演化。如果它演化的**目的**不是泵血，那么它作为一个如此好的泵真的是一个奇迹。莫诺的观点是，生物学充满了目的和明显的进行轨迹，我们假装它们不存在是违反常理的；相反我们必须解释它们。我们必须回答的问题是：盲目的尝试，某个无法预见结果的随机机制是如何运作，从而创造出我们周围的那些精巧而有目的的生物机器？

达尔文给出的答案当然是自然选择。盲目的尝试只会在一个种群中产生随机的变异。自然选择不是盲目的，或者至少不是随机的：它会筛选一个生物在特定环境中的整体适应度，即适者生存。幸存者把它们成功的遗传组成传给后代，这样任何改善心脏泵血功能的变化都会被传下去，而任何损害其功能的变化都会被选择所淘汰。在野外情况下，每一代只有百分之几的个体能够存活下来繁衍后代，它们往往是最幸运或最

---

① “伟大的存在之链”由古希腊哲学家亚里士多德提出，试图说明整个生命界是一个发展与联系的自然阶梯，但在被宗教统治的中世纪，“伟大的存在之链”被披上了上帝的外衣，即人们认为在世界中有一个自然事物的等级系统，在这个存在之链的最底端是岩石以及别的无生命的物质，在它们之上是植物，然后是动物，进一步向上是人，人之上是天使，接着是上帝，所有的事物都被固定在它们特定的位置之上，自然事物的目的是根据它在这个体系中所占的位置来确定的。——译者

适应的。而在很多代里，运气的作用就会被抵消，所以自然选择倾向于从最适应的个体当中选择最适应的，因此势必会不断改善功能，直到其他选择压力抵消这种变化的趋势。因此，自然选择就像一个防止齿轮倒转的棘轮，它把随机变化的行动导向正轨。当我们回头看时，这很可能**看起来**像是一个复杂性上升的斜坡。

最终，生物适应度是写在基因序列中的，因为只有它们会被遗传给下一代（应该说几乎只有，因为线粒体也是会被遗传的）。随着时间的推移，基因序列的改变受到一轮又一轮自然选择的精雕细琢，最终建立起令人目眩的生物复杂性大教堂。尽管达尔文对基因一无所知，基因密码提供了一种在种群中产生随机变异的机制：DNA 中“字母”序列的变异可以改变蛋白质中氨基酸的序列，对其功能的影响可能是正面的、负面的或是中性的。仅复制产生的错误就可以造成这样的影响。每一代都可能在 DNA 序列上产生几百个小变化（从数十亿个字母中），这些变化可能影响也可能不影响适应度。这些小变化毫无疑问会发生，并为达尔文所预期的缓慢演化产生一些原材料。不同物种的基因序列在数亿年的时间里逐渐分化，显示了这一过程的作用。

但是小的突变并不是导致基因组（一个生物完整的基因库）改变的唯一途径，而且我们对基因组学（对基因组的研究）的了解越多，小的突变似乎就越不重要。至少，更高的复杂性需要更多的基因，而细菌的小基因组很难为人类个体提供编码，更不用说个体间无数的基因差异了。通过调查各个物种我们发现，复杂程度和基因数量或是 DNA 的含量之间存在着普遍的相关性。那么这些额外的基因是从哪里来的呢？答案是已经存在的基因或整个基因组的复制，或是两个或多个基因组的融合，或是重复的 DNA 序列的扩散，这些重复的 DNA 序列是一些看似“自私的”复制者，它们在基因组里复制自己，但之后可能被征用来执行某些有用的功能（这里的有用是针对整个有机体而言）。

严格意义上来说，以上这些过程都不符合达尔文主义，因为达尔文的演化观点是对现有基因组逐步的、小的改进，而非大规模的、戏剧性的改变DNA的整体内容——它们跨越了遗传间隙，一举改变了现有的基因序列——尽管它们产生的是新基因的原材料，而不是新基因本身。除了这些跨越遗传间隙的跳跃，这个过程本身是符合达尔文主义的。基因组的变化是以一种随机的方式产生的，然后服从于自然选择轮回般的选拔。小的变化将新基因的序列逐步雕琢使其适应新的任务。只要DNA内容上大的变化没有产生出一个不可运行的怪物，就是可以被容忍的。如果拥有2倍的DNA没有好处，那么我们可以确信自然选择会再次抛弃它们，但是如果复杂的有机体需要大量的基因，那么消除多余的DNA肯定会给复杂性的最大可能设置一个上限，因为这等于是消除了形成新基因所需的原材料。

这使我们回到了复杂性的斜坡上。我们已经看到细菌和真核生物之间存在着巨大的不连续性。值得注意的是，细菌仍然是细菌：尽管在生物化学方面有着巨大的多样性和复杂性，但在40亿年的演化过程中，它们完全没有产生真正的**形态上**的复杂性。从它们的大小、形状和外观来看，几乎不能说它们是朝着任何方向演化的。相比之下，真核生物出现的时间只有细菌的一半，但真核生物毫无疑问沿着一个复杂性上升的斜坡在演化，它们发展出复杂的内膜系统，特殊的细胞器，复杂的细胞周期（而不是简单的细胞分裂），性别，巨大的基因组，吞噬作用，捕食行为，多细胞性，细胞分化，大尺寸，最后是机械工程的壮举：飞行、视觉、听觉、回声定位、大脑和知觉。只要这些进展是随着时间的推移而逐步发生的，它就可以被合理地描绘成一个复杂性上升的斜坡。所以我们面对的一边是细菌，它们具有几乎无限的生化多样性，但缺乏走向复杂性的动力；而另一边是真核生物，它们几乎没有生化多样性，但在身体构造的设计领域遍地开花。

当面对细菌和真核生物的区别时，达尔文主义者可能会回答说："啊，但是细菌确实产生了复杂性啊——因为它们产生了更复杂的真核生物，而真核生物又产生了许多更复杂的有机体。"这是真的，但从某种意义上说，这就是问题所在。我必须主张，线粒体**只可能**是由内共生引起的——两个基因组在同一个细胞中的结合，或是跨越遗传间隙的跳跃——没有线粒体，复杂的真核细胞根本**无法**演化出来。这一观点源于真核细胞本身是在获得线粒体的那次合并中形成的，拥有或曾经拥有线粒体是成为真核生物的必要条件。这番描述不同于有关真核细胞的主流观点，所以让我们迅速回顾一下它为什么重要。

在第一章中，我们研究了真核细胞的起源，正如汤姆·卡瓦利耶-史密斯所推测的最能代表主流观点的那样。概括地说，某个原核细胞（没有细胞核）失去了细胞壁，也许是由于其他细菌产生的抗生素的作用，但还是活了下来，因为它已经有了一个内部的蛋白质骨架（细胞骨架）。细胞壁的丧失对细胞的生活方式和繁殖方式产生了深远的影响。它发展出了细胞核和复杂的生命周期，利用它的细胞骨架像变形虫一样移动和改变形状，它发展了一种新的掠夺性生活方式，通过吞噬作用吞入整个细菌这样的大颗粒食物。简而言之，第一个真核细胞通过标准的达尔文演化论的方式演化出细胞核和真核生活方式，在之后的某个阶段，一个真核细胞碰巧吞噬了一个红细菌属，可能是一种像立克次氏体这样的寄生菌。内化的细菌存活下来，并最终通过标准的达尔文演化论转化为线粒体。

注意这条推理路线的两个要点：第一，它展示了我们可以称之为达尔文偏见的东西，因为它低估了两个不同基因组结合的重要性，这是一种非达尔文主义的演化模式；第二，它低估了线粒体在这一过程中的重要性。线粒体在被嵌入一个全功能真核细胞后，很容易在许多原始细胞系（例如贾第鞭毛虫等）中再次丢失。在这一观点中，线粒体是一种有效的能量产生方式，但仅限于此。获得线粒体的细胞只是安装了保时捷发动机以替换它们老旧的运奶车马达。我认为这一观点并不能真正解释为什么所有复杂的细胞都有线粒体，或者反过来说，为什么线粒体是复杂细胞演化所必需的。

现在来考虑比尔·马丁和米克洛斯·穆勒的氢假说，我们在第一章中也讨论了。根据这个激进的假说，两个非常不同的原核细胞之间的化学依赖导致了两者之间的密切联系。最终一个细胞物理上吞噬了另一个细胞，将两个单细胞的基因组结合在一起：一个巨大的跨越遗传间隙的跳跃，创造出一个“有希望的怪物”。这个跳跃进一步为这个新诞生的个体带来了一系列达尔文式的选择压力，导致了基因从客人到主人的转移。氢假说的关键点是，**从来没有**存在过一个原始的真核细胞——一个被认为拥有细胞核并且靠捕食为生，但是没有任何线粒体的生物。相反，第一个真核生物是来自两个原核生物的联合，这基本上不符合达尔文主义——因为它没有任何过渡阶段。

看看图9，这是1905年由俄国生物学家康斯坦丁·梅雷兹科夫斯基绘制的生命树，来看看这个标准分支树的倒转是多么令人不安。过去有很多关于生命树的争论，特别是斯蒂芬·杰·古尔德，他声称寒武纪的大爆炸颠覆了正常的生命树。寒武纪大爆炸指的是大约5.6亿年前在地质学上突如其来的生命大扩增。后来，大多数主要的分支都被无情地修剪，一整个门一整个门地灭绝。丹尼尔·丹尼特在《达尔文的危险的想法》中，痛斥古尔德的明显激进的演化树，它和其他演化树类似，除了有扭曲的主轴——低矮的灌木丛，伸出一些零乱的嫩枝，而不是一棵高大的生命树。但相比于梅雷兹科夫斯基的演化树，这并不算什么。梅雷兹科夫斯基的演化树是一种真正的倒过来的演化树。这里，生命的新领域来自分支的融合，而非分叉。

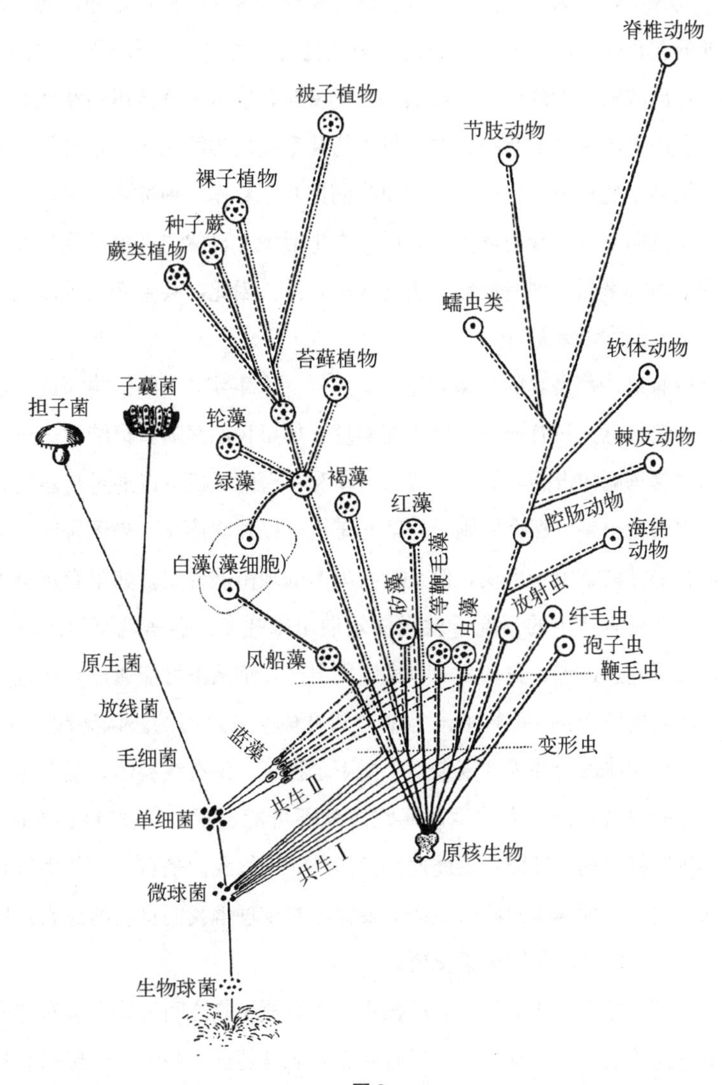

图 9

梅雷兹科夫斯基的倒转生命树，显示了分支的融合。标准的“达尔文主义”生命树是严格的分叉：分支但不融合。真核细胞的起源是内共生的。在生命树上，这表现为反向分叉：分支融合在一起，倒转了生命树的一部分。

我并不是要为革命振臂高呼。这些争论没有什么特别之处，共生是标准的演化规则的一部分，即使它被淡化为一种产生新奇事物的机制。例如，已故的伟大的约翰·梅纳德·史密斯和厄尔·萨瑟玛丽在他们发人深省的书《生命的起源》中，将生物共生类比为摩托车，是自行车和内燃机共生的结果。他们说，即使我们把共生看作一种进步，但还是不得不先发明自行车和内燃机。同样，在生活中，自然选择也必须先发明零件，而共生只是创造性地利用现成的零件。因此，共生完全可以用达尔文主义的术语来解释。

所有这些都是真的，但它掩盖了这样一个事实：一些影响深远的演化中的新玩意儿只有通过共生才能实现。如果我们跟随着梅纳德·史密斯和萨瑟玛丽的设想，如果一辆自行车和一台内燃机可以通过自然选择而独立演化出来，那么原则上，摩托车也可以独立演化。毫无疑问，通过现有部件的重组会更快，但是没有根本的理由能说明，如果有足够的时间，在没有共生的情况下就无法发展出摩托车。但是就真核细胞而言，我不同意这点。我认为，只靠它们自己，细菌不可能通过自然选择演化成真核生物：需要共生来为细菌和真核生物之间的鸿沟架起桥梁，特别是线粒体的合并为“复杂性”播下了种子。没有线粒体，复杂生命就不可能出现，而没有共生，线粒体就不可能出现——没有线粒体合并，我们将只剩下细菌，仅此而已。但是，不管我们是否认为共生符合达尔文主义，理解线粒体共生的必要性，对于理解我们自己的过去，以及我们在宇宙中的位置至关重要。①

在第三章中，我们将看到原核生物和真核生物之间为什么会有这样一个巨大的鸿沟，以及为什么只有共生才能跨越这一鸿沟——想想原核

① 在《孟德尔妖》一书中，马克·里德利思考了在真核细胞演化过程中合并的必要性：吞并是一种侥幸吗？同时保留了一组线粒体基因也是侥幸吗？真核生物能在没有合并的情况下演化出来吗？里德利认为，合并和保留基因可能都是侥幸，我不同意，但作为另一种观点，我强烈推荐他的书。

生物通过自然选择而演化出真核生物那样的化学渗透机制（在第二章中讨论）几乎是不可能的。这就是为什么细菌仍然是细菌，以及我们所知的基于细胞、碳化学和化学渗透的生命不太可能在宇宙中任何地方发展出超越细菌的复杂程度。在第三章中，我们将看到为什么线粒体在真核生物中播种了复杂性，将它们放在复杂性上升的斜坡的起点；在第四章中，我们将看到为什么线粒体将真核生物推上了斜坡。

第七节　细菌为何如此简单

伟大的法国分子生物学家弗朗索瓦·雅各布曾经说过，每个细胞的梦想都是成为两个细胞。在我们的身体里，这个梦想被非常仔细地控制着，否则就会导致癌症。但是雅各布是一名微生物学家，对于细菌而言，一个细胞变成两个不仅仅是一个梦。细菌以飞快的速度繁殖。当营养良好时，大肠杆菌每 20 分钟分裂 1 次，或 1 天分裂 72 次。1 个大肠杆菌的重量约为万亿分之一克（10^{-12} g）。1 天中 72 次细胞分裂相当于扩增 2^{72}（$=10^{72\times\log 2}=10^{21.6}$），即重量从 10^{-12} 克到 4 000 公吨。在 2 天内，指数级的倍增会使得大肠杆菌的质量变为地球质量的 2 664 倍（地球质量为 5.977×10^{21} 公吨）！

幸运的是，这种情况并没有发生，原因是细菌通常处于半饥饿状态。它们很快就会消耗掉所有可利用的食物，因此它们的生长再次受到营养缺乏的限制。大多数细菌一生大部分时间都处于停滞状态，等待进食。尽管如此，细菌在有食物时动员自我进行复制的速度说明了选择压力所起的巨大作用。令人惊讶的是，大肠杆菌细胞一分为二的速度比它们实际复制自己的 DNA 的速度还快，这需要大约 40 分钟（或 2 次细胞分裂所需的时间），因为它们在前一轮完成之前就开始了新一轮的 DNA 复制。在细胞快速分裂的时期，1 个细胞中同时会产生几个完整的细菌基因组拷贝。

细菌被自然选择赤裸裸的暴政所控制。速度是最重要的，这就是为什么细菌仍然是细菌的秘密。想象一个细菌种群的生长受到营养物质的限制。给予营养，细菌就开始细胞增殖。复制速度最快的细胞主宰着种群，而复制速度较慢的细胞则被取代。当供应的营养物质耗尽时，留下的就是一个处于困境中的新的种群，至少在下一餐到来之前。只要复制速度最快的细胞足够健壮，能够在野外生存，新的种群中大多数的个体将不可避免地由最快的复制者组成。

因为细胞分裂比 DNA 复制快，细菌分裂的速度可能会受到 DNA 复制速度的限制，即便是细菌可以通过每次细胞分裂复制一个以上的 DNA 来加速 DNA 复制，一次复制的数量也是有限制的，原则上，DNA 复制的速度取决于基因组的大小，以及复制基因组所需的资源的多少。对于复制而言，以 ATP 的形式储备适当的能量（即便是能量不充足）是必要的。能量效率不高或缺乏资源的细胞产生的 ATP 较少，因此复制基因组的速度往往较慢。换句话说，为了繁衍生息，细菌必须比竞争对手更快地复制基因组，而要做到这一点，要么需要更小的基因组，要么需要更有效的产能。如果两个细菌细胞以相同的速度产生 ATP，那么基因组最小的细胞将复制最快，并最终主宰整个种群。

如果额外的基因能使细菌细胞在缺乏资源的情况下比竞争对手更有效地产生 ATP，那么细菌细胞可以容忍基因组变大。在密歇根州立大学的康斯坦蒂诺斯·康斯坦蒂尼迪斯和詹姆斯·蒂杰的一项引人入胜的研究中，他们检查了所有 115 个已经完成全序列测序的细菌基因组。他们发现，基因组最大的细菌（约 900 万或 1 000 万个字母，编码 9 000 个基因）在资源稀缺但种类繁多的环境中（特别是在土壤中）占主导地位，这样的环境对缓慢生长几乎没有惩罚。许多土壤细菌 1 年大约只能产生 3 代，所以复制速度所承受的选择压力比复制的任何其他方面都少。在这种情况下，利用有限资源的能力是很重要的，而这反过来又需要更多的基因来编码以提供额外的代谢灵活性。因此，如果多功能性在繁殖速度方面提供了明显的优势，它就会带来回报。这就像在土壤中普遍存在的链霉菌（*Streptomyces avermitilis*），在代谢上具有多功能性，需要大基因组与之相匹配。

因此，在细菌中，当生长缓慢时，更大的基因组是可以耐受的，而且发展多功能性是优先的，即使如此，在多功能细菌中，小的基因组仍然在选择性上有优势，这似乎给细菌基因组设置了约 1 000 万个 DNA 字母的“上限”。这已经是细菌中最大的基因组，大多数细菌的基因组都要比这小得多。一般来说，可以说细菌基因组很小，因为较大的基因组需要更多的时间和能量来复制，因此会被选择所淘汰。与生活在同一环境中的真核细胞相比，即使是最多才多艺的细菌也有较小的基因组。而真核细胞是如何从抑制了最多才多艺的细菌的选择压力中逃脱出来的，是这节的主题。

基因丢失的演化轨迹

为了维持一个小的基因组，细菌要么被动地保持不变，总是拿着一手同样的基因，就像一个一直不下注的赌徒，要么可能更具活力，不断输掉一些基因再赢得一些新的基因——打掉手上的牌再抽取其他的。也许令人惊讶的是，至少对于那些认为演化是朝着更复杂（以及更多基因）方向稳步发展的人来说，细菌很快就会拿自己的基因来下注。它们经常输赢各半：基因丢失在细菌中再平常不过了。

其中一个最极端的例子是普氏立克次氏体，它是斑疹伤寒的病因，这种可怕的传染病会在充斥着老鼠和虱子的肮脏环境中，感染过度密集的人群。在历史上，斑疹伤寒曾经消灭了整支整支的军队，包括拿破仑在俄国的军队。1812 年，带着斑疹伤寒的残余部队，以及许多波兰和立陶宛的难民，一起逃离了俄国。普氏立克次氏体是以 20 世纪早期两位先驱调查员的名字命名的，美国的霍华德・立克次和捷克的斯坦尼斯洛斯・冯・普罗瓦泽克。与法属突尼斯的查尔斯・尼科尔一起，立克次和普罗瓦泽克发现这种疾病是通过人类体虱的粪便传播的。可悲的是，到 1930 年疫苗终于研制出来的时候，几乎所有这些早期的先驱者都死于斑疹伤寒，包括立克次和普罗瓦泽克。唯一的幸存者，尼科尔，因为他在该领域的贡献而获得了 1928 年的诺贝尔奖。尼科尔的发现被用于第一次和第二次世界大战，当时的卫生措施，如刮胡子、沐浴和烧衣服，都有助于限制疾病的传播。

立克次氏体是一种微小的细菌，几乎和病毒一样小，它作为寄生菌生活在其他细胞内。它非常适应这种生活方式，以至于不能再在宿主细胞外生存。它的基因组是由瑞典乌普萨拉大学的西夫・安德森和她的同事首次测序的。立克次氏体的基因组测序结果 1998 年在《自然》杂志上发表引起极大轰动。因为以与线粒体相似的方式生活在其他细胞中，立克次氏体的基因组被精简了，并且其剩余的基因与线粒体的许多基因的序列相似性很高，促使安德森和她的同事宣布立克次氏体是现存最接近线粒体的生物，尽管正如我们在第一章中看到的，其他人不同意。

此处我们关心的是立克次氏体失去基因的倾向。在过去演化的时间里，立克次氏体失去了大部分基因，现在只剩下 834 个编码蛋白质的基因。然而，这比大多数物种的线粒体的基因多出了一个数量级，但和它们在野外自由生活的近亲们相比，立克次氏体的基因数量却不足它们的 1/4。它之所以能以这种方式失去大部分基因，仅仅是因为它们不需要：在其他细胞内的生命，如果你能在那里生存的话，就是过着饭来张口的生活。寄生物生活在一个慷慨的主厨的厨房里，自己并不需要做什么。具有讽刺意味的是，它们不但没有变胖，反而减肥了：它们扔掉了多余的基因。

让我们先停下来，想想造成基因流失的压力。基因损伤是一种随机现象，可能发生在任何基因上，但基因丢失并不是随机的。任何细胞或有机体如果失去一个必需基因（或是它受损导致功能丧失了）都会死亡：它不能再在野外生存，因此会被自然选择所淘汰。另一方面，如果一个基因不是必需的，那么，根据定义，它的损失或损伤不可能是灾难性的。在我们自己的例子中，我们灵长类的祖先在几百万年前就失去了制造维生素C的基因，但因为他们的饮食富含水果而并没有灭亡，水果为他们提供了大量的维生素C。他们生存下来并繁荣兴旺。我们之所以知道这个故事，因为大多数基因仍然存在于我们的“垃圾”DNA中，好比一艘在水下有洞的船的残骸一样具有说服力。这些剩余的序列与其他物种中的功能基因密切相关。

在生化水平上，立克次氏体与我们的灵长类祖先极为相似。它并不需要那些从零开始制造细胞所必需的化学物质（如氨基酸和核苷酸）的基因，就像我们不需要制造维生素C的基因一样。立克次氏体可以简单地从宿主细胞导入它们，如果制造这些物质的基因碰巧被破坏了，那又怎样？——它们可以随意消失。立克次氏体基因组有1/4是由“垃圾”DNA组成的，这在细菌中不太常见。这些“垃圾”是最近沉没的基因所留下来的可识别的遗迹。这些如沉船残骸一般的基因虽然被破坏了，但是关于它们的记忆还没有被抹去：它们的残骸还在基因组中缓慢腐烂。这种垃圾DNA几乎肯定会在某个时候完全消失，因为它会减慢立克次氏体的复制。那些删除不必要DNA的突变会被选择所青睐，因为它们加快了复制速度。因此，损伤是第一步，然后是基因完全丢失。立克次氏体已经以这种方式丢失了4/5的基因组，这一过程今天仍在继续。正如安德森所说：“基因组序列只是演化过程中某个特定时间特定空间下的快照。”这里的快照记录的正是寄生菌退化中的一个瞬间，寄生菌正在失去不必要的基因。

细菌基因的得失平衡

当然，大多数细菌不是细胞内寄生菌，而是生活在外部世界。它们需要比立克次氏体多得多的基因。尽管如此，它们在失去多余的基因方面面临着同样的压力——它们只是承受不起失去那么多的基因。自由生活的细菌失去基因的趋势可以在实验室里测量。1998 年，布达佩斯的伊奥托沃斯罗兰大学的匈牙利研究人员蒂博尔·韦莱、克里斯蒂娜·陶卡奇和加博尔·维达，报告了一些简单的（概念上不是技术上的）但有启发性的实验。他们设计了三个细菌基因“环”或质粒（我们在第一节中遇到的基因“零钱”），每个质粒都含有一个使细菌对抗生素有抗性的基因，它们之间唯一重要的区别是它们的大小——每个质粒都含有不同量的非编码 DNA。然后将质粒加入大肠杆菌的培养物中（这些细菌可以在培养基中生长）。这些细菌接受它们被**转染**的质粒，并可以在必要的时候使用上面的基因。

在第一组实验中，匈牙利研究人员将这三种转染的细菌养在有抗生素的培养基中，任何失去质粒的细菌都会因此对抗生素失去抗性而被杀死。在这种选择压力下，质粒最大的菌落生长最慢，因为它们必须花费更多的时间和精力复制自己的 DNA。在培养 12 小时后，质粒最小的细胞的量已经超过了它们那些笨重的同类细胞的 10 倍。在第二组实验中，细菌在没有抗生素的情况下培养。现在，不管质粒的大小，这三种培养物的生长速度都差不多。怎么会这样呢？当对培养物进行二次检查以确定是否存在质粒时，发现多余的质粒正在丢失。这三种细菌都能以相似的速度生长，因为它们抛弃了抗生素抗性基因，在没有抗生素的情况下保留抗生素抗性基因是不必要的。这些细菌只是为了更快地复制而丢弃了不必要的基因，这是一种“要么使用它，要么失去它”的情况。

这些研究表明，细菌可以在数小时或数天内丢失多余的基因，如此快速的基因丢失意味着细菌往往在任何时刻都保留与生存能力相适应的最少数量的基因。自然选择就像一只鸵鸟，它的头埋在沙子里，从长远来看，一个行为有多愚蠢并不重要，只要它能提供一些短暂的喘息时间。在这种情况下，如果不需要抗生素抗性基因，大多数细胞都会失去抗生素抗性基因。即使在将来的某个时候可能会再次需要它。就像细菌失去抗生素抗性基因一样，它们也失去了在某个特定时刻不必要的其他基因。这些基因更容易从一种便携式的染色体上丢失，例如质粒，但是细菌也会丢失位于其主染色体的一部分的基因，尽管速度较慢。任何不经常使用的基因都会由于随机突变和对快速复制的选择而丢失。与真核生物相比，细菌主染色体上的垃圾 DNA 含量很低，基因数目也比较少，从这些方面都可以看出作用于细菌主染色体的机制的效率。这说明细菌很小，而且是奉行极简主义的，因为它们一有机会就把多余的行李扔进垃圾箱里。

然而，对细菌来说，抛弃基因并不像听起来那么鲁莽。它们也可以重新获得相同的基因或是其他基因。横向基因转移从周围环境（来自死亡细胞）或其他细菌中横向摄取 DNA。从其他细菌获得 DNA 是通过一种称为“细菌结合”的交配方式，这种方式表明细菌的确能够积累新的基因。积极获得基因补偿基因的丢失。在波动的环境中，在条件再次改变之前（例如，随着季节的变化），一个种群中的**所有**细菌丢失掉**所有**多余的基因，这种情况是不太可能发生的。因为基因丢失是一个随机过程。至少有一小部分细菌可能将冗余的基因保存完好，当情况再次发生变化时，它们可以通过横向基因转移将其传递给种群中的其他个体，这种对基因的开放态度解释了抗生素耐药性是如何如此迅速地在整个细菌种群中传播的。

虽然横向基因转移在细菌中的重要性从 20 世纪 70 年代开始被重新认识，但我们最近才开始认识到它能在多大程度上干扰演化树。在某些细菌物种中，观察到的变异有多于90%都来源于横向基因转移，而不是以传统方法从克隆或菌落中通过选择获得的。不同物种、属，甚至域之间的基因转移意味着细菌不会像我们对我们的孩子所做的那样，通过垂直遗传传递一致的核心基因。这使得在细菌中定义“物种”这个词变得非常困难。在植物和动物中，物种被定义为可以杂交产生可育后代的一群个体。这个定义不适用于细菌，因为它们通过无性繁殖的方式分裂形成由同样细胞组成的一个克隆。理论上，由于突变的原因，克隆会随着时间的推移而漂移，导致遗传和形态上的差异累计，这个过程被称为“物种形成”。但是横向基因转移常常会混淆这一结果。基因可以如此迅速和全面地转换，以至于刺耳的嘈杂声掩盖了所有祖先的痕迹——没有任何基因可以连续几代传下去而不受另一个具有不同祖先的细胞的对等基因干扰。现在的冠军是淋病奈瑟菌（*Neisseria gonorrhoeae*）：这种细菌基因重组的速度如此之快，以至于根本无法检测出任何克隆群；甚至是据称能代表细菌真正种系（血统）的核糖体RNA基因，也常常被交换，以至于无法给出任何代表其祖先的信息。

随着时间的推移，这种基因转移会造成很大的不同。举一个例子，基因转移已经产生了两种不同的大肠杆菌菌株，它们的基因含量差异更大（占它们基因组的1/3，或者近2 000个不同的基因），比所有哺乳动物加起来甚至可能是所有的脊椎动物放在一起的差异都大！垂直遗传（即基因在细胞分裂过程中只传递给子代细胞）的重要性在于产生不断被修饰的后代，而其重要性在细菌中是令人怀疑的。想象一下，通过检查家族传下来的传家宝试图寻找自己的出身，却发现我们的祖先都是一群完完全全的盗窃狂，永远偷对方的家当。因为生命树是严格基于垂直遗传的——错误假设了传家宝只能从父母传给子女——所以它的真实性是值得怀疑的。至少在细菌中，一个网络可能是更好的类比。正如一位绝望的专家在反思建造生命树的困难时所说，“只有上帝才能造出一棵树”。

那么为什么细菌对它们的基因如此开放呢？这听起来像是利他主义行为，为了整个群体的利益共享遗传资源，但事实并非如此；这仍然是自私的一种形式，梅纳德·史密斯称之为“演化稳定策略”。将横向转移与传统的纵向遗传相比较，在后一种情况下，如果抗生素威胁到细菌种群，只有少数细胞保留了挽救它们生命所需的基因，那么其余未受保护的种群将死亡，只有残余的幸存者的后代才能繁衍生息以补充人口。如果情况再次发生变化，有利于另一个基因，这种存活下来的后代也可能被毁灭。在迅速变化的条件下，只有保留了大量基因的细胞才能在大多数紧急情况下都存活下来，然而它们是如此地庞大和笨拙，以至于在这段时间内更快复制的细菌会在与它们的竞争中获胜。当然，这种精简的细菌可能会受到各种紧急情况的威胁，但如果它们能够从环境中获取基因的话就不会受到威胁；然后，它们可以将快速复制和遗传弹性相结合来应对几乎所有的攻击。以这种方式丢失和获得基因的细菌将取代笨重的基因巨人，或完全拒绝接受任何新基因的细菌而茁壮成长。据推测，最有效的获取新基因的方法是结合，而不是从已经死亡的细菌那里获取一些可能已经受损的基因。因此在个体层面上是自私的，但在群体层面是利他的，基因共享被自然选择所青睐。总的来说，我们看到细菌中两种不同趋势的动态平衡——一种是基因丢失的趋势，即在当前条件下将细菌的基因数量减少到尽可能小的程度；另一种是基因获得的趋势，即根据需要通过横向基因转移来积累新的基因。

我举过立克次氏体等细菌和实验室中基因丢失的例子，但除了它们基因组的稀疏性（基因数量少和缺乏垃圾 DNA）之外，很难证明基因丢失在“野生”细菌中是重要的，但细菌间横向基因转移的重要性证明了细菌失去多余基因的选择压力很强，而且具有普遍性，否则它们就不会丢掉之后再费劲把它们重新捡回来。尽管细菌会获得新的基因，但它们不会扩展基因组，因此据推测它们必须以同样的速度失去基因。因为种内细胞间（以及不同种的细胞之间）必须不断地将基因组缩小到在当前条件下可能的最小规模。

任何已知的细菌基因组的上限约为900万—1 000万个字母，编码大约9 000个基因。据推测，任何获得更多基因的细菌都会再次失去它们，因为复制额外基因所需的时间会减慢复制速度，不会产生任何相应的好处。这是细菌和真核生物之间的鲜明的不同。我们对细菌了解得越多，就越难对它们做出正确的概括。近年来，我们发现了具有线性染色体、细胞核、细胞骨架和内膜的细菌，所有的特征都曾被认为是真核生物独有的特权。基因数目是少数几个在仔细检查后没有被推翻的决定性差异之一。为什么没有超过1 000万个DNA字母的细菌，而正如我们在第一节中所指出的，单细胞真核生物无恒变形虫已经成功地积累了6 700亿个字母，比最大的细菌基因组多67 000倍，甚至是人类的200倍？真核生物是如何避开强加于细菌的繁殖限制的？我认为触及问题核心的答案是蒂博尔·韦莱和加博尔·维达在1999年提出的非常简单的解释。他们说，细菌的物理尺寸、基因组成和复杂性受到限制，因为它们被迫在细胞外膜上呼吸。让我们看看为什么这很重要。

几何的绊脚石

回想一下第二章呼吸作用是如何工作的，氧化还原反应产生一个跨膜的质子梯度，然后用于合成ATP。完整的细胞膜是产生能量的必要条件，真核细胞利用线粒体内膜产生ATP，而没有细胞器的细菌则必须利用细胞外膜。

细菌面临的限制是一个几何问题。为了简单起见，我们把细菌形状想象成一个立方体，然后把它的尺寸加倍。立方体有6个面，所以如果我们的立方体细菌的尺寸是1/1 000毫米（1微米），那么它的尺寸加倍就会使表面积变为4倍，从6平方微米（1×1×6）到24平方微米（2×2×6）。但是立方体的体积取决于它的长度乘以它的宽度乘以它的深度，从1立方微米（1×1×1）增加到8立方微米（2×2×2），增加了8倍。当立方体的每一个方向的尺寸为1微米时，表面积与体积的比率为6/1=6；而每一个方向的尺寸为2微米时，表面积与体积之比为24/8=3。立方体细菌的表面积体积比下降了一半。同样的情况也发生了，如果我们再把立方体的尺寸增加1倍，表面积与体积之比现在下降到96/64=1.5。因为细菌的呼吸效率取决于表面积（用于产生能量的外膜）与体积（消耗能量的细胞质量）的比率，这意味着随着细菌的增大，呼吸效率开始下降（或者更严格地说，和质量的2/3次方成正比，我们将在下一章中看到）。

呼吸效率的下降与营养物质吸收方面的一个问题有关：表面积与体积比的下降限制了食物的吸收速度，而食物的吸收速度与营养物质的需求量有关。通过改变细胞的形状，这些问题可以在一定程度上得到缓解。例如，一根棒子比一个球体有更大的表面积与体积比，或者把膜折叠成薄片或绒毛（就像我们自己的肠壁，这也是为了最大限度地吸收的需要）。不过，可以推测，复杂的形状发展到一定程度，必然会不受自然选择所待见，仅仅因为它们太脆弱或者很难被精确地复制。正如在空间感上遭到考验的橡皮泥玩家所知道的那样，不完美的球体是最坚固和可复制的形状。我们并不孤单：大多数细菌的形状是球形（球菌）或棒状（杆菌）。

在能量方面，一个具有2倍于“正常”尺寸的细菌细胞每单位体积产生的ATP只有原先的一半，同时不得不将更多的能量转移到制造细胞成分（如蛋白质、脂质和碳水化合物）以填充额外增加的细胞体积。较小的变种，较小的基因组，几乎总是受到选择的青睐。因此，只有少数细菌的大小可以与真核生物相比，这并不奇怪，而这些例外仅仅是再次证明了这一规律。例如，20 世纪 90 年代末发现的纳米比亚嗜硫珠菌（*Thiomargarita namibiensis*）又称为“纳米比亚硫珍珠”，和真核细胞大小相当，直径大约为 100 至 300 微米（0.1 至 0.3 毫米）。虽然这项发现引起了一些骚动，但实际上它几乎完全是由一个大液泡组成的。这个液泡积聚了呼吸作用所需的原材料（这些原材料被纳米比亚海岸的上升流不断地冲来又卷走）。它们的巨大尺寸只是一个假象，本身不过是覆盖在球形囊泡表面的薄薄的一层，就像充满水的气球表面的那层橡胶皮。

几何问题并不是细菌唯一的绊脚石。再想一想质子泵运。为了产生能量，细菌需要将质子泵过细胞外膜，进入细胞外的空间。这个空间被称为周质，因为它本身就被细胞壁所包围①。细胞壁据推测可能有助于防止质子完全消散。米切尔自己观察到细菌在呼吸时会使培养基酸化，如果细胞壁丢失，可能会有更多的质子自由散开。这些考虑可能有助于解释为什么失去细胞壁的细菌变得脆弱：它们不仅失去了结构上的支撑，而且失去了周质空间的外边界（当然，它们保留了周质空间内边界，即细胞膜本身）。没有外边界，至少在某种程度上质子梯度更容易消散，一些质子似乎被静电力“束缚”在膜上。质子梯度的任何分散都可能破坏化学渗透能的产生：能量的产生并不充分。随着能量的产生逐渐减少，细胞所有其他方面的功能也被迫下降。可以预料到细胞最起码是变得更脆弱了。实际上，这些被剥光的细胞如果能存活下来才是更令我们吃惊的。

---

① 严格来说，周质是指革兰氏阴性菌的内外细胞膜之间的空间。这些细胞是以一种特定染色剂，也就是革兰氏染色剂染色的结果而命名的。能被这种染色剂着色的细菌称为革兰氏阳性菌；不能被染色的细菌称为革兰氏阴性菌。这种奇怪的特性实际上反映了这些细菌细胞壁和细胞膜上的不同。革兰氏阴性菌有两层细胞外膜和一层薄的细胞壁，与细胞外膜相连。相比之下，革兰氏阳性菌的细胞壁较厚，但只有一层细胞膜。严格来说，只有革兰氏阴性菌有周质，因为革兰氏阴性菌的两个细胞膜之间有一个空间，然而，两种细菌都有细胞壁，这个细胞壁能够在细胞膜之外，细胞壁之内围出一个空间。为了简单起见，我将这个空间称为周质，因为尽管它们的结构不同，它在所有细菌中都达成了大致相同的目的。

如何在失去细胞壁的情况下存活

虽然许多类型的细菌确实在其生命周期的某些阶段失去了细胞壁，但只有两组原核生物成功地永久性地失去了细胞壁，它们存在至今就是一段传奇。是什么样的情境使得它们可以做到这一点？这是一个有趣的问题。

其中一组是支原体，主要由寄生菌组成，许多寄生菌生活在其他细胞内。支原体细胞很小，基因组也很小。1981 年发现的生殖支原体（*M. genitalium*）的基因组是已知的细菌细胞中最小的，编码的基因还不到 500 个。尽管它很简单，却是最常见的性传播疾病之一，产生类似衣原体感染的症状。它很小（直径只有 1/3 微米，比大多数细菌小一个数量级），因此通常需要在电子显微镜下观察；而且它很难培养，这意味着直到 20 世纪 90 年代早期基因测序取得重大进展之后，支原体的重要性才被认识到。和立克次氏体一样，支原体几乎失去了所有制造核苷酸、氨基酸等所需物质的基因。然而，和立克次氏体不同的是，支原体也失去了有氧呼吸以及任何其他形式的膜呼吸所需的基因：它们没有细胞色素，因此必须依靠发酵来获取能量。发酵不需要跨膜主动运输质子，这可以解释支原体在没有细胞壁的情况下是如何存活的，但是发酵葡萄糖分子产生的 ATP 只有有氧呼吸的 1/19，而这反过来又有助于解释支原体的退行性特征——它们的微小的尺寸和较少的基因组成，它们像隐士一样生活，几乎什么也没有。

第二组没有细胞壁的原核生物是极端嗜热菌（*Thermoplasma*），生活在 60℃的温泉中，最适宜的酸度为 pH 2。它们生活在英国的炸鱼薯条店可能会很不错，因为它们喜欢的生活条件相当于热醋。林恩·玛格利斯曾经认为极端嗜热菌可能是真核细胞的古老祖先，因为它们没有细胞壁却可以在“野外”生存；但是，正如我们在第一章中看到的，更有力的证据支持产甲烷菌才是最可能的原始宿主。2000 年的《自然》杂志报道了嗜酸热浆菌（*Thermoplasma acidophilum*）的全基因组测序结果，但没有提供与真核生物有密切联系的证据。

没有细胞壁，极端嗜热菌如何生存？简单来说：它们所生存的酸性环境扮演了周质的角色，所以它们不需要自己的周质。一般而言，细菌通过细胞膜将质子泵入细胞之外，细胞壁之内的周质中。因此这个小小的周质空间是酸性的，而它的酸性对于化学渗透是必不可少的。换句话说，细菌通常随身携带着一个便携式的酸浴。相比之下，极端嗜热菌已经生活在一个酸浴中，这实际上是一个巨大的公共周质，因此它们可以放弃自己的便携式酸浴。只要它们能维持细胞内的中性环境，它们就可以利用跨细胞膜的自然化学渗透梯度。那么它们如何保持细胞内的中性呢？同样，答案也很简单：它们像其他细菌一样通过细胞呼吸，主动地将质子从细胞中泵出，换句话说，就像大多数原核生物一样，从食物释放的能量被用来逆浓度梯度泵出细胞中的质子；而质子回流到细胞中则被用来为 ATP 酶提供能量，推动 ATP 合成。

原则上，细胞壁的缺失不应对极端嗜热菌的能量效率或基因组大小产生影响，但实际上细胞有了退化。虽然它们的直径可以达到 5 微米，但它们的基因组只有 100 万到 200 万个字母，且只编码 1 500 个基因，是最小的细菌基因组之一；事实上，它的基因组是已知的非寄生生物中最小的。也许阻挡高浓度的质子进入的额外努力消耗了极端嗜热菌本来能够用于复制其基因组的能量。①

让我们来总结一下。支原体和极端嗜热菌的例外只是为了证明：细

① 极端嗜热菌的大小不一，但通常是很大的球形细胞，但基因组很小。如果它们生活在强酸中，需要限制质子进入细胞，它们可以通过降低表面积与体积比（比如成为大的球形）来实现这一点，当然，大的细胞体积会降低呼吸作用的效率，这或许能解释为什么它的基因组很小。如果能了解极端嗜热菌的细胞体积是否与周围环境的酸性有关那将是很有意思的。

菌和古细菌的复杂性都因为它们需要在细胞外膜上产生能量而降低。一般来说，细菌不能长得更大，因为细胞体积增加时，它们的能量效率下降很快。如果它们失去了细胞壁，也就是周质的外边界，质子梯度就更有可能消失，削弱了能量供应，使细菌变得脆弱。唯一没有细胞壁存活下来的原核生物是微小的退化了的隐士，如支原体，通过寄生和发酵生存，或者像极端嗜热菌，只能在酸性环境中生存。尽管失去了细胞壁，因此原则上可以摄入食物颗粒，但这两个群体都没有表现出真核生物通过吞噬作用吞噬食物的捕食性习性。它们也没有表现出要发展出细胞核的任何倾向或是真核生物的其他特征，而这正是我要争辩的，因为能否发展出这些特征取决于是否拥有线粒体。

为什么内幕交易会带来回报

线粒体的优势在于它们位于宿主细胞内。回想一下，线粒体被两层膜包围，一层外膜和一层内膜分别包围了两个不同的空间，线粒体基质和膜间隙。呼吸链和 ATP 酶复合物均嵌入线粒体内膜。质子从线粒体基质泵入膜间隙（见图 1，第 15 页），并通过 ATP 酶回流，以 ATP 的形式储存能量。因此，化学渗透所需的质子流便被包裹在线粒体内（至少大部分是这样；一些质子可能会逸出），而不影响细胞其他方面的功能。

细胞能量生成的内化意味着不再需要外部的细胞壁，因此细胞壁可以在不导致细胞脆弱的情况下被丢失。细胞壁的丢失解放了细胞外膜，使其能够特化从事其他任务，如信号传递、运动以及吞噬作用。最重要的是，内化使得真核细胞从约束细菌的几何问题中解放出来。真核细胞的平均大小是细菌的 1 万到 10 万倍，但当它们变大时，它们的呼吸效率不会以同样的方式下降。为了提高能量效率，真核细胞所需要做的就是增加细胞内线粒体膜的表面积；而实现这一目标只要增加一些线粒体就可以了。因此，能量生产的内化不但使得细胞壁的丧失成为可能，也使得细胞能够增大它们的体积。在化石记录中，真核细胞的巨大尺寸常常有助于把它们与细菌区分开来——而这种巨大的尺寸在地质学上的突然出现是伴随着细胞能量产生的内化而出现的。大约20亿年前，大型真核细胞突然出现在化石记录中；据推测，这应该在一定程度上准确地确定了线粒体的起源时间，尽管从化石上无法辨认线粒体本身是否存在。

因此，小的细菌体型在选择中很有优势，而真核生物则不会这样。当真核细胞越长越大，它们依然可以通过在体内保留更多的线粒体来保持能量平衡，就像圈养更多的猪一样。只要它们能找到足够的食物来氧化——足够喂饱这些猪——它们就不受几何问题的限制。虽然大的体型在细菌中是受到自然选择惩罚的，但在真核生物中却是有好处的。例如，大的体型可以改变行为或生活方式。一个大的充满活力的细胞不必花所有的时间复制它的DNA，而是花时间和精力研发一种蛋白质武器库。它可以像真菌细胞一样，向邻近的细胞喷射致命的酶来消化它们，然后再吸收它们的汁液。或者它可以变成捕食者通过吞下整个较小的细胞并在体内消化它们为生。不管怎样，它不需要快速复制就可以在竞争中保持领先，它可以简单地吃掉竞争对手。捕食，一种典型的真核生物生活方式，伴随着大体型出现，它的出现还取决于是否能克服体型增大过程中的能量壁垒，与人类社会类似的是，农业使更大的社区成为可能：有了更多的人力，就有可能满足粮食生产，并且仍然有足够的剩余人口组成一支军队，或者发明致命的新武器。狩猎采集的方式无法维持这么高的人口，在竞争中注定要输给人口众多又分工明确的对手。

有趣的是，在细胞中，捕食和寄生倾向于向相反的方向发展。根据经验，寄生菌的特征是退化的，在这方面，真核生物寄生菌也不例外。“寄生”这个词表达了一些可鄙的东西。相反，“捕食”这个词可以让人瑟瑟发抖。捕食倾向于挑起演化上的军备竞赛，在这场竞赛中，捕食者和猎物竞相变大：这就是红皇后效应，即双方必须都在跑才能保证彼此在相对同样的位置。我知道没有像真核生物那样，可以吞噬它们猎物的捕食性细菌细胞。也许这并不奇怪。捕食性的生活方式需要在任何东西被捕获和吃掉之前投入大量的精力。在细胞水平上，吞噬食物，特别是需要一个动态的细胞骨架和剧烈改变形状的能力，都会消耗大量的ATP，因此吞噬作用是由三个因素造成的：改变形状的能力（即要求失去细胞壁，然后发展出更具活力的细胞骨架）；足够大的身体以吞食猎物；充足的能量供应。

细菌可能会失去细胞壁但从未发展出吞噬作用。我们之前提到过的韦洛伊和维达认为，吞噬作用对大体型和大量ATP的额外要求可能阻止了细菌成为真核生物那样的有效捕食者。在外膜上呼吸意味着细菌体积增大必然产生相对于它们体积来说更少的能量。当它们变得足够大，足以吞噬其他细菌时，它们也不太可能拥有这样做所需的能量。更糟糕的是，如果细胞膜专门用于产生能量，那么吞噬作用也将是有害的，因为它会破坏质子梯度，细菌有可能通过发酵而不是呼吸作用来避免这类问题，因为这不需要膜。但发酵产生的能量也比呼吸产生的能量要少得多，这可能会限制细胞通过吞噬作用生存的能力。韦莱和维达注意到，所有通过发酵和吞噬这样的组合来生存的真核细胞都是寄生物，或许是因为它们可能能够在其他领域节约能源（例如，不用自己合成核苷酸和氨基酸，它们分别是DNA和蛋白质的组成单位）[①]，通过牺牲在某些领

① 发酵带来了一些有趣的困境，因为尽管从一个葡萄糖分子产生的ATP的数量来看，它的效率远低于呼吸作用，但是它在短时间内可以产生更多的ATP。这意味着通过发酵生长的细胞在与通过呼吸作用生长的细胞竞争中会取得胜利，然而这在现实中究竟是如何实现的还不太确定，因为发酵不能将葡萄糖等分子彻底氧化，而是将酒精等废物释放到周围环境中，我们因此获利。当然，这也有利于任何能够燃烧酒精的细胞，也就是说，能够用酒精继续进行呼吸作用的细胞都会因此获利。所以，就像龟兔赛跑一样，呼吸作用虽然较慢，但最终会带来回报。在吞噬作用过程中，“吃到一半”时能量耗尽可能比吃得慢更糟糕。第二个有趣的可能性是，呼吸作用实际上促进了多细胞生物的演化，因为多细胞生物足够大，可以储存任何原材料，这样就可以防止发酵作用的细胞抢先把原料消耗掉。

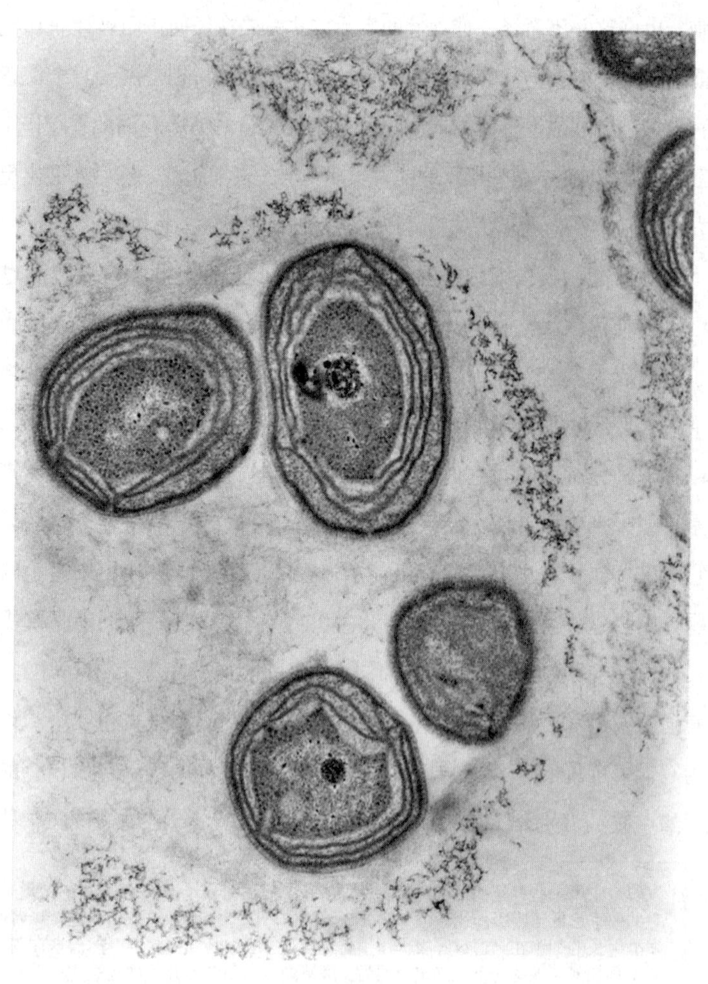

图 10

亚硝基单胞菌内部的生物能量膜，让它看起来像真核生物。

域的能量开销后，它们也许能够证明吞噬的能量消耗是合理的。但我没有注意到有任何研究就这个假说进行系统性的调查，而且不幸的是，蒂博尔·韦莱已经从这个研究领域中走了出来，换到其他研究领域了。

这些想法很有趣，可能在某种程度上解释了细菌和真核生物之间的分歧，但它们在我的脑海中留下了一个疑点：如果细菌变得更大，为什么它们会毫无例外受到惩罚？细菌是如此地有创造力，但没有一种细菌能完成增加体积的同时也提升能量产生状态的挑战。这听起来并不困难：它们所需要做的只是长出一些内部的膜来产生能量。细胞内的能量产生使真核生物在尺寸和行为上都有了质的飞跃，是什么阻止了细菌拥有自己的内膜？一些细菌，如亚硝基单胞菌和亚硝基球菌，实际上有相当复杂的内膜系统，专门用来产生能量（图 10)。它们有一个真核生物的“外观”。细胞膜被广泛地折叠，形成一个大的周质室。看起来从这里到一个内部完全分区的真核细胞只需要一小步；那么为什么它从来没有发生过呢？

在下一节中，我们将讲述我们在第一章结束时放弃的第一个没有细胞核的嵌合真核生物的故事，并探讨接下来可能的发展趋势。我们在第二章中探索的能量产生原理将引导我们了解，为什么两个细胞之间的共生是成功的，以及为什么仅凭自然选择细菌不可能像真核生物一样形成内部分隔。我们将明白为什么只有真核生物才能在细菌主宰的世界中成为巨大的捕食者，永久地颠覆了细菌世界。

第八节　为什么线粒体使复杂性成为可能

在上一节中，我们考虑了为什么细菌在形态上依然保持了小而且不复杂的样貌。原因主要与细菌面临的选择压力有关。这与真核细胞不同，因为大部分的细菌不会吞噬其他细菌。因此，它们在种群中的成功很大程度上取决于它们的复制速度。这又取决于两个关键因素：第一，复制细菌基因组是复制过程中最慢的一步，因此基因组越大，复制越慢；第二，细胞分裂需要消耗能量，所以能量效率越低，细菌复制速度越慢。基因组大的细菌往往会在与基因组小的细菌的竞争中败下阵来，因为细菌通过横向基因转移交换基因，所以可以随时获得有用的基因，而一旦这些基因变得累赘就把它们扔掉。因此，如果没有遗传上的负担，细菌的速度更快，竞争力更强。

如果两个细胞有相同数量的基因，并且有同样有效的能量产生系统，那么复制速度较快的细胞将是其中体型较小的那个。这是因为细菌依靠其细胞外膜来产生能量，以及吸收食物。它们的体积变大，表面积上升的速度比内部体积慢，因此它们的能量效率会降低。较大的细菌能量效率会降低，因此在与较小细菌的竞争中可能总是输给对手。大体型细菌的这种能量劣势阻碍了它们进行吞噬作用，因为吞噬猎物既需要大体型，也需要足够的能量来改变形状。因此，细菌中不存在真核生物式的捕食并吞食猎物的行为。真核生物似乎是通过内部产生能量来摆脱这个困境的，这使得它们相对不受表面积的影响，在不损失能量效率的情况下变大数千倍。

拿这个作为细菌和真核生物之间的产生本质差异的原因，听起来有点单薄，有些细菌有相当复杂的内膜系统，可以从表面积限制中释放出来，但仍然不太可能接近真核生物的大小和复杂性。为什么不呢？我们将在本节探讨一个可能的答案：线粒体需要基因来控制大面积内膜上的呼吸。所有已知的线粒体都保留了一组自己的基因。线粒体所保留的基因是特定的（用于控制细胞呼吸），而线粒体得以保留这些基因是因为它们与宿主细胞的共生关系。细菌没有这种优势。它们丢弃多余基因的倾向使它们无法拥有一组能控制能量产生的核心基因，这一直阻止它们发展出真核生物的大小和复杂性。

为了理解线粒体基因为什么重要，以及细菌为什么不能获得正确的基因组合，我们需要深入研究 20 亿年前那 2 个参与原始真核联盟的细胞间的亲密关系。以我们在第一章结束的故事为例，我们把嵌合真核生物作为一个有线粒体但尚未发育出细胞核的细胞，而真核细胞顾名思义是一个有“真正”细胞核的细胞，因此我们其实不能把我们的嵌合体称为真核生物。现在让我们来考虑一下将奇怪的嵌合细胞转变为真核细胞的选择压力。这些压力不仅是真核细胞起源的关键，也是真正的复杂性起源的关键，因为它们解释了为什么细菌一直是细菌：为什么它们永远不能通过自然选择演化成复杂的真核生物，而是必须通过共生来实现。

请回顾一下第一章中，氢假说的关键是将基因从共生体转移到宿主细胞，不需要演化上的创新，除了那些已经存在于 2 个合作细胞中的基因，我们知道有基因是从线粒体转移到细胞核的，因为现在线粒体几乎没有剩下什么基因，而且细胞核中有许多基因无疑是源自线粒体的，因为它们可以在其他物种的线粒体中找到，而不同的物种在失去哪些基因方面有着不同的选择。所有物种的线粒体都失去了绝大多数的基因，可能有几千个。这些基因中有多少进入了细胞核，有多少只是纯粹丢失了，对于研究人员来说是一个未知数，但似乎的确有数百个基因进入了细胞核。

对于那些不熟悉DNA“黏性”和弹性的人来说，这看起来像是一个魔术，让线粒体的基因突然出现在细胞核中，就像一只从魔术师高帽里变出的兔子。它们到底是怎么做到的？事实上，这种基因跳跃在细菌中很常见。我们已经注意到横向基因转移很普遍，而且细菌经常从环境中获取基因。尽管我们通常认为的“环境”是细胞外，事实上从细胞内获得多余的基因更加容易。

让我们假设第一批线粒体能够在宿主细胞内分裂。今天，我们在一个细胞内有几十或几百个线粒体，即使在另一个细胞内生活适应了20亿年后，它们的分裂大致上还是独立进行的。在开始的时候，宿主细胞有2个或2个以上的线粒体并不难，现在想象其中1个也许因为无法获得足够的食物死亡。当它死亡时，它会将其基因释放到宿主细胞的细胞质中。其中一些基因会完全丢失，但通过正常的基因转移，少数基因可能会被整合到细胞核中。这个过程原则上可以在每次有线粒体死亡的时候重复，每次都有可能将更多的基因转移到宿主细胞中。

这种基因转移听起来可能有点含糊不清或是过于理论空谈，但事实并非如此。澳大利亚阿德莱德大学的杰里米·蒂米斯和他的同事于2003年发表在《自然》上的论文证实基因转移这个过程在演化中会多么快而连续地发生。研究人员是在叶绿体（负责光合作用的植物细胞器）而不是线粒体中进行研究的，但在许多方面叶绿体和线粒体是相似的：它们都是半自主地产生能量的细胞器，都曾经是自由生活的细菌，并且都保留了自己的基因组。蒂米斯和他的同事发现，每16 000粒烟草种子中就有1粒发生叶绿体基因转移到细胞核中，这听起来可能不太令人印象深刻，但1株烟草在1年内产生的种子多达100万粒，也就是说总共有超过60粒种子，有至少1个叶绿体基因被转移到细胞核中，而这在每一代中都会发生。

线粒体基因转移到细胞核的形式与之非常相似，我们在许多物种的核基因组中发现了叶绿体和线粒体基因的拷贝，证明了这种基因转移在自然界中的确发生过。换句话说，同样的基因既出现在线粒体或叶绿体中，也出现在了细胞核中。人类基因组计划显示，人类身上至少发生过354次线粒体DNA独立地转移到细胞核中的事件。这些DNA序列被称为**核内线粒体序列**。它们以碎片拼接的形式完整再现了整个线粒体基因组，其中有些碎片是重复的，有些则不是。在灵长类和其他哺乳动物中，核内线粒体序列在过去的5 800万年中被有规律地转移，而且这个过程可能可以追溯得更远。据我们所知，由于线粒体中的DNA比细胞核中的DNA演化得快，因此核内线粒体序列中的字母序列可以作为一个时间胶囊，让我们了解在遥远的过去线粒体DNA可能是什么样子的。不过，这样的外来序列可能会造成严重的混乱，它们曾一度被误认为是恐龙的DNA，这让犯下这个错误的研究小组因此臊红了脸。

基因转移今天依然在继续，偶尔也会引起注意。比如在2003年，当时在华盛顿的沃尔特里德陆军医疗中心的克莱森·特纳与他的合作者的研究表明，一次自发的线粒体DNA向核的转移导致了一种被称为下丘脑错构胚细胞瘤综合征的罕见遗传性疾病发生在了一个不幸的患者身上。这样的基因转移在遗传疾病中有多么常见还不得而知。

基因转移主要是单向进行的。再想想第一个嵌合真核生物。如果宿主细胞死亡，它会释放其共生体，即原始线粒体，回到环境中，在那里它们可能会死亡，也可能不会，但不管它们的命运如何，嵌合共存的实验肯定是失败了。另一方面，如果一个线粒体死亡，但是另一个线粒体在宿主细胞中存活，那么嵌合体作为一个整体仍然是能够存活的。幸存的线粒体将不得不分裂。每次线粒体死亡时，释放到宿主细胞中的基因都可能通过正常的基因重组整合到其染色体中。这意味着存在防逆转的基因棘轮，有利于基因从线粒体转移到宿主细胞中，而不是相反的方向。

细胞核的起源

转移到核的基因会发生什么变化？我们在第一章和第二章中见过的比尔·马丁认为，这样的过程或许可以解释真核细胞核的起源。为了理解这一点，我们需要回忆一下前面章节中讨论过的两点。首先回想一下，马丁的氢假说认为，真核细胞是由古细菌和细菌的结合形成的。其次，回想一下第六节中古细菌和细菌的细胞膜中有不同类型的脂质。细节在这里并不重要，但想一想在第一个嵌合真核生物中我们会发现什么样类型的膜？宿主细胞，作为古细菌，应该有古细菌膜。线粒体，作为细菌，应该有细菌膜。那么，我们今天看到的情况如何？真核细胞膜在其脂质结构和许多内嵌蛋白（如构成呼吸链的蛋白，以及在核膜中发现的类似蛋白质）的细节上都是和细菌一致的。真核生物的膜（包括细胞膜、线粒体膜、其他的内部膜结构和双层核膜）都是细菌那样的膜。事实上，在真核生物中没有原始的古细菌膜的痕迹，尽管其他的特征使得我们几乎可以肯定，原来的宿主细胞确实是古细菌。

当我们期望发现不一致时，这样的基本一致性导致一些研究人员开始质疑氢假说，但是马丁认为这明显的异常实际上是一种助力。他认为细菌制造脂质的基因以及许多其他基因被转移给了宿主细胞。据推测，如果转移后基因仍然可以运作，那么这些基因会继续执行正常的任务，比如制造脂质；而事实上它们没有理由不像以前一样正常工作。但是和过去不同的是，宿主细胞可能失去了将蛋白质产物定位到细胞中特定位置的能力（蛋白质定位依赖于一个“地址”序列，这些序列在不同物种中不同）。因此宿主细胞可能能够制造细菌产物，例如脂质，但不知道该拿它们怎么办，特别是要把它们送到哪里。脂质是不溶于水的，因此如果不能被送到现有的膜上，就会沉淀成脂质囊泡——包围水的中空球形液滴，这样的液滴就像肥皂泡一样容易互相融合，延伸成液泡、管状泡或扁平的囊泡。在第一个真核生物中，这些囊泡可能只是聚集在它们形成的地方，围绕着染色体，形成松散的、袋状的膜结构。而这正是如今的核膜结构，它不是像线粒体或叶绿体那样的连续的双层膜结构，而是由一系列扁平的囊泡组成，这些囊泡与细胞内的其他膜系统是连续的。更重要的是当现代真核细胞分裂时，核膜会解散，使得染色体能够分离进入到每个子细胞中；而新的核膜会在这些子细胞的染色体周围形成。它集聚的方式让人联想起马丁的假说，而且这些核膜依然与细胞的其他膜系统保持连续性。因此，在马丁的剧本中，基因转移解释了核膜的形成，以及所有其他真核细胞膜系统的形成。所需要的只是一定程度的方向上的混乱，或是地图认知障碍而已。

还有一步要走：我们需要拼出一个由内到外都是细菌型膜的细胞，换句话说，我们需要用细菌脂质替换掉细胞膜上的古细菌脂质，这是怎么发生的？据推测，如果细菌脂质具有任何优势，如流动性或对不同环境的适应性，那么任何仅表达细菌脂质的细胞都将是有利的。自然选择将确保古细菌脂质被替换，如果这种优势存在的话，那就不需要演化上的“创新”了，仅仅摆弄现成的材料就可以。然而，依然可能存在某些真核生物并没有完成替换。如果能知道是否有一些原始的真核细胞依然保留了残余的古细菌脂质将是很有意思的。有些事实可以用来支持这个假设，实际上，所有的真核生物、真菌、植物和像我们这样的动物仍然拥有制造古细菌脂质的基本含碳模块（即**异戊二烯**）的所有基因。然而，我们不再使用它们来构建细胞膜，而是为了制造一支**类异戊二烯**的军队，也被称为萜烷类或萜烯类。这包括任何由异戊二烯单元连接组成的结构，共同构成了一个最大的天然产物家族，包括23 000多种编目分类的结构，比如甾体类、维生素类、激素类、芳香类、色素类和一些聚合物，许多类异戊二烯具有强大的生物学效应，例如抗癌药物紫杉醇（一种植物代谢物）便是一种类异戊二烯，所以我们根本就没有失去制造古细菌脂质的机制；我们所做的只是让这个机制更丰富了。

如果马丁的理论是正确的，那么他已经通过一系列简单的步骤获得了一个基本完整的真核细胞：它有一个由不连续的双层膜包围的细胞核；有内部的膜结构；有像线粒体这样的细胞器。细胞可以自由地失去它的细胞壁（当然外部细胞膜是不能失去的），因为它不再需要一个周质来产生能量。它来自产甲烷菌，因此将其基因包裹在组蛋白中，并且转录其基因和构建蛋白质的系统也基本是真核型的（见第一章）。但另一方面，这种假想的真核细胞可能无法将它的食物整个吞入，虽然有细胞骨架（可能从古细菌或细菌继承而来），但尚未获得像可移动的原生动物（比如变形虫）那样的动态细胞骨架。比较可能的情况是，最早的真核细胞可能与单细胞真菌相似，它将各种消化酶分泌到周围环境中，分解食物。这一结论被一些最近的遗传研究证实，但我们不会在这里探讨，因为仍然存在太多的不确定性。

为什么线粒体要保留基因

所以基因从线粒体转移到宿主细胞能够解释真核细胞的起源，不需要任何演化上的创新（有不同功能的新基因），然而基因转移如此简单又提出了另一个可疑的问题：为什么线粒体中还有基因？为什么它们不都转移到细胞核中？

在线粒体中保留基因有很大的缺点。第一，每个细胞中有成百上千的线粒体基因组拷贝（通常每个线粒体中有 5 到 10 个拷贝）。这个巨大的拷贝数是线粒体 DNA 在法医学和鉴定古代遗骸中扮演重要角色的原因之一——因为含量如此丰富，分离出一些线粒体基因总归不是什么难事。但同样的道理，这也意味着每当细胞分裂，大量看似多余的基因必须被复制。不仅如此，每一个线粒体都要保持自己的遗传设备，并用它们转录基因制造线粒体自己的蛋白质。从细菌节约的标准来看（正如我们所看到的，匆忙丢弃任何不必要的 DNA），这些多余的遗传物质似乎是一种奢侈的浪费。第二，正如我们在第六章中将要看到的，不同基因组在同一细胞内彼此竞争，可能会造成潜在的破坏性后果——自然选择会使线粒体相互竞争，或与宿主细胞竞争，只顾短期内获得某些基因而不去考虑长期的代价。第三，将基因这样的脆弱的信息系统储存在线粒体呼吸链的附近，而呼吸链会泄漏破坏性的自由基，这相当于将一批有价值的藏书储存在一个木制窝棚里，而棚里还住着一个登记在案的纵火犯！线粒体基因的易损伤性反映在其较快的演化速率上——在哺乳动物中，线粒体的演化速率是核基因的 20 倍以上。

所以保留线粒体基因的成本很高。我想再重复问一次：如果基因转移很容易，为什么还有线粒体基因？首要的也是最明显的原因是基因并不是问题的关键，关键是线粒体基因的产物，这些蛋白质需要在线粒体中发挥作用，它们主要参与细胞呼吸，因此对细胞的生命非常重要。如果基因被运送到核内，那么它们的蛋白质产物还是需要被运回线粒体，如果它们不能到达那里，细胞很可能会死亡。即使如此，许多在细胞核内编码的蛋白质也会回到线粒体：它们被短链的氨基酸——“地址标签”所标记，从而确定最终目的地。正如我们在几页前考虑脂质时所讨论的，地址标签是由线粒体膜中的蛋白质复合物识别的，线粒体膜充当海关关卡，控制膜内外的进出口。许多以线粒体为目的地的蛋白质都是以这种方式被标记的。但是这个系统如此简单，又提出了一个问题：为什么不能将所有的线粒体蛋白质以这种方式标记？

教科书的答案是，它们需要很长的时间来安排，即使是以广阔的演化时间来看依然很长。许多偶发事件必须要顺利通过后，蛋白质才可能成功地返回到线粒体。第一，基因必须正确地结合到细胞核中，这就是说，整个基因（而不是它的片段）必须被转移到细胞核中，然后整合到细胞核DNA中，且在整合以后必须能起作用：基因表达的开关必须被打开，被转录，而后产生蛋白质。这可能很难，因为基因或多或少随机插入其中，并且可以将已经存在的其他基因以及调节基因活性的调控序列弄乱。第二，蛋白质必须获得正确的地址标签——这看起来又像是一次偶发事件，否则它将不能返回线粒体，而是在细胞质中被合成后留在那里，就像一个无法进入特洛伊的特洛伊木马一样。获得正确的地址标签需要极长的时间。因此，理论学家认为，剩下的几个基因片段只不过是日渐萎缩的残留物，也许几亿年后，根本就没有线粒体基因留存下来。事实上，不同物种的线粒体中留存着数量不等的基因，更是印证了这一过程的缓慢与随机性。

细胞核还不够

但是这个答案并不是很有说服力。所有的物种都失去了**几乎**全部的线粒体基因组，但是**没有一个物种完全失去了所有基因**。从20亿年前大概有几千个基因开始，到如今没有一个物种有超过100个基因剩下。这一过程几乎在所有物种中都已进入尾声。这种基因丢失是平行发生的：不同的物种各自独立地失去了线粒体基因。从丢失基因的比例来看，所有物种都已经失去了95%到99.9%的线粒体基因。如果机会是唯一的决定性因素，我们可以预料，至少有一些物种已经完全丧失了全部的线粒体基因，并把所有的线粒体基因转移到细胞核中。可是没有物种这样做。所有已知的线粒体都至少保留了一些基因。从不同物种中分离出的线粒体全部保留着相同的核心基因：它们虽然各自独立地失去了大部分的基因，但基本上保持了相同的一小撮，这意味着我们不可将这个过程完全归咎于机会。有趣的是，叶绿体也是一样的，正如我们所看到的，没有叶绿体失去了所有的基因，而且同样的核心基因总是被保留下来。相反，与线粒体相关的其他细胞器，如氢化酶体和线体，则几乎总是失去了所有的基因。

人们提出了很多理由解释为什么所有已知的线粒体至少保留了一些基因。但大多数并不令人信服。有一个观点曾经很流行，比如有些蛋白质不能被定位到线粒体，因为它们太大或太疏水——但事实上这些蛋白质中的大多数在某些物种中或通过基因工程已经成功地定位到线粒体。显然，蛋白质的物理性质对于打包运输到线粒体并非难以克服的障碍。另一个观点是，线粒体遗传系统有通用遗传密码以外的密码，因此严格来说线粒体基因不再与核基因是等效的。如果这些基因被移动到细胞核，按照标准遗传密码读出，所得到的蛋白质与线粒体遗传系统所得到的蛋白质不完全相同，可能不能正常发挥作用。但是，这也不是完整的答案，因为在许多物种中，线粒体基因所使用的遗传密码确实是符合通用遗传密码的。既然在这些案例中没有差异，也就没有任何理由解释为什么不能将所有线粒体基因都转移到细胞核中，而是仍然顽固地存于线粒体中。同样地，叶绿体基因所使用的遗传密码与通用遗传密码无异，但是，像线粒体一样，它们总是保留着基因的核心内容。

我所认为正确的答案，尽管早在 1993 年就由当时在瑞典兰德大学的约翰·艾伦提出，但直到现在才在演化生物学家中获得认可。艾伦认为，有很多好的理由支持线粒体基因应该全部移动到细胞核中，没有明确的“技术性”原因来解释为什么应该留下。因此它们必须有一个非常强烈的**正面的**理由留下，而不是出于偶然地待在那里，因为尽管有许多缺点但自然选择依然有利于它们的保留。在利弊权衡中，利占上风（至少对于少量剩下的基因的确如此）。但是既然弊是如此重要而明显，那么一定是我们忽略了利——而它们必须比弊更有分量。

艾伦说，原因正是线粒体**存在的理由**：呼吸。呼吸作用的速度对环境的变化非常敏感，无论我们是醒着还是睡着，或是做有氧运动，坐着，写书，或是在追球。这些突然的变化要求线粒体在分子水平上调整自己的活性——这一需求太重要了，而且变化突然，不适合受远在核内的具有官僚作风的基因所控制。类似的需求上的突然变化不仅发生在动物身上，也发生在植物、真菌和微生物身上，它们更容易在分子水平上受到环境变化的影响（如氧气水平改变、热或冷）。为了对这些突然变化做出有效的反应，艾伦认为，线粒体需要在现场维持一个基因前哨站，因为发生在线粒体膜上的氧化还原反应必须在局部基础上受到基因的严格调控。注意，我指的是基因本身，而不是它们所编码的蛋白质，我们很快将看到为什么基因很重要。但是在我们继续讨论这些之前，我们应该注意到，对局部的基因快速反应单元的需求不仅解释了线粒体为什么必须保留一组基因，而且，我相信，揭示了为什么细菌不能单纯靠自然选择演化成更复杂的真核细胞。

平衡问题

让我们回想一下呼吸作用是如何进行的。电子和质子被从食物中剥离出来，并与氧气反应来提供我们需要的能量。能量一次释放一点，通过将反应分解成一系列的小步骤。这些步骤发生在呼吸链上，电子沿着呼吸链流动就像沿着一根细小的电线一样。在某些位置上，释放的能量被用来将质子泵到膜的另一侧，并留在另一侧，就像水库的水被挡在水坝后面。通过水坝上的特殊的通道（ATP 酶马达中的驱动轴），从水库返回的质子流为ATP（细胞的能量“货币”）的形成提供动力。

让我们简单地考虑一下呼吸作用的速度。所有的东西都像齿轮一样紧密相扣，所以一个齿轮的速度就控制着其余所有齿轮的速度。那么，什么能控制齿轮的整体速度呢？答案是需求。但是让我们仔细考虑一下。如果电子沿着呼吸链快速流动，那么质子被泵运的速度也会加快（因为质子泵运依赖电子流），质子库被“填满”。一个满溢的质子库反过来又提供了一个很高的压力，当质子流通过专用的ATP酶驱动轴时，能快速制造ATP。现在想想如果没有对ATP的需求会发生什么？在第四节中，我们看到ATP是由ADP和磷酸形成的，当它为了提供能量被分解时，就会再次变回到ADP和磷酸。当需求低时，细胞不会消耗ATP。呼吸作用将所有ADP和磷酸转化为ATP，那就是：原材料消耗殆尽，ATP酶必须停止运转。如果ATP酶的马达不转动，质子就不能再通过驱动轴。质子库接近满溢边缘，结果就是质子无法对抗高压而被泵运。而如果没有质子泵运，电子就不能顺着呼吸链流下来，换句话说，如果需求低，一切都会倒退，呼吸作用的速度也会变得极度缓慢，直到新的需求再次启动，所以呼吸作用的速度最终取决于需求。

这种情况发生在一切正常运转、齿轮润滑良好时。但呼吸减慢还有其他原因，这些原因与需求无关，而与供应有关。我们注意到一个例子：ADP和磷酸的供应。通常，这些原材料的浓度反映了ATP消耗的速度，但是也可能仅仅就是ADP和磷酸短缺了，此外也可能是氧气或葡萄糖的供应不足。如果周围没有足够的氧气（比如我们窒息了），那么沿着呼吸链的电子流必须减速，因为没有东西可以在末端移除电子。它们被迫停留在呼吸链中，所有其他东西也都随着减速，就像ADP短缺一样。那么葡萄糖呢？现在，进入呼吸链的电子和质子的数量受到了限制，就好像我们在挨饿一样，因此电子的流动被迫减慢，也就是说，每秒通过呼吸链的电子流量会下降。

因此在理想状况下，呼吸作用的整体速度应该能反映需求，也就是ATP的消耗速度，但是在困难的条件下，例如饥饿或窒息，或者可能是原材料的短缺，那么呼吸作用的速度就会受制于供给而不是反映需求。呼吸作用的整体速度都会反映在电子于呼吸链中的流动速度。如果电子快速流动，葡萄糖和氧气被迅速消耗，根据定义，呼吸作用是快速进行的。在说了这一番题外话后，现在我们可以回到关键点上。有第三个因素导致呼吸作用减慢；既不涉及供应也不涉及需求，而是关系到电线的质量：它关系到呼吸链自身的组成成分。

电子传递链的组成部分在两个可能的状态间变化：它们既可以被氧化（没有电子），也可以被还原（有电子）。显然它们不能同时存在——它们不能既没有电子又有电子。如果载体已经有电子，它不能接收另一个，直到电子被传到呼吸链中的下一个载体。在它交出这个电子前，呼吸作用会处于暂停的状态。相反，如果载体没有电子，它不能把任何东西传递到下一个载体上，直到它从前一个载体中接收到一个电子，在它收到这个电子前，呼吸作用将处于暂停状态。呼吸作用的整体速度取决于氧化和还原之间的动态平衡。在一个线粒体中有上千条这样的呼吸链，当这些链中50%的载体被氧化（准备从前一个载体接收电子），50%的载体被还原（准备将电子传递到下一个载体）时，呼吸将最迅速地进行。如果呼吸速率以数学的方式绘制出来，将会呈现正态分布的钟形曲线。呼吸作用在钟形曲线的顶部是最快的，往两侧——当载体变得更氧化或更还原时——都会急剧减慢。氧化和还原的载体之间失去这种平衡会降低能量的生产效率，正如我们所看到，这种低效在细菌中被自然选择强烈地排斥。

但是失去平衡的惩罚不只是低效而已，麻烦可大着呢。所有的呼吸链的载体都是有潜在反应性的，它们“想要”把它的电子交给一个邻居（它们有这样的化学倾向）。如果呼吸正常进行，每一个载体最有可能的就是将它的电子传给呼吸链中的下一个载体，而每一个载体“想要”电子的程度都比它的前一个载体要高一些；但是如果下一个载体已经满了，那么呼吸链就会被阻塞。现在有一个更大的风险，即反应性的载体将电子传递给其他的东西，而最有可能的候选物是氧本身，很容易形成有毒的自由基，比如超氧自由基。我在《氧气：建构世界的分子》那本书里讨论了自由基引起的损伤。在这里我想强调的一点是，自由基不分青红皂白地与各种生物分子起反应从而破坏它们，由呼吸链形成的自由基以深刻和意想不到的方式影响了生命，包括温血、细胞自杀和衰老的演变，我们将在后面的章节中看到。而现在我们只要注意一件事：如果呼吸链堵住了，就更容易泄漏自由基，就像堵塞的排水管更容易从小裂缝中喷出水来一样。

因此有两个很好的理由来保持细胞呼吸的平衡状态：保持呼吸作用尽可能快地进行，并限制反应性自由基的泄漏。但保持平衡不只是平衡进出呼吸链的电子数量：它取决于链内载体的相对数量，就像身体中的其他任何东西一样，载体不断被替换，因此载体的数量是会一直波动的。

让我们考虑一下。如果呼吸链中没有足够的载体会发生什么？运载工具的短缺意味着电子在呼吸链上的传播速度减慢，就像人们在救火时传递水桶的人数太少意味着水到达起火处的速度减慢。水的缓慢转移等同于水的短缺，即使蓄水池是满的，房子也会烧毁。相反，如果链中间有太多的载体，这些载体积累电子的速度要快于它们传递电子的速度。还是以传递水桶来类比，在链的开头，桶的传递速度比末端快，这样在中间就会产生积聚，所有的东西都乱了。在这两种情况下，呼吸作用都减慢了，因为呼吸链中的载体数量不平衡，而不是任何原料水平的不平衡。如果这些载体的浓度没有与呼吸作用的需求取得平衡，呼吸作用就会减慢，自由基会泄漏而造成损害。

为什么线粒体需要基因

现在我们可以看到为什么线粒体（和叶绿体）也必须保留自己的基因序列。让我们考虑第四节中遇到的呼吸链中的最后一个载体——细胞色素氧化酶。想象细胞中有100个线粒体，这些线粒体中有一个没有足够量的细胞色素氧化酶，因而在这个线粒体中，呼吸作用减慢，电子在链中堵塞，从那里它们可以逃逸形成自由基。这个线粒体效率低下，并且存在对自身造成伤害的危险。为了纠正这种情况，它需要制造更多的细胞色素氧化酶，从而向基因发送信息：**制造更多的细胞色素氧化酶**！这条信息将如何运作？信号很可能是自由基本身：自由基的突然爆发可以通过转录因子的作用来改变基因活性，转录因子只有在被自由基氧化时才起作用（它们被称为“对氧化还原敏感的”）。换句话说，如果没有足够的细胞色素氧化酶，电子会在链中受阻而作为自由基泄漏出来。自由基的突然出现被细胞解读为没有足够的细胞色素氧化酶，因而相应地制造更多的细胞色素氧化酶。[①]

让我们想象一下如果基因处于细胞核中将是什么情形。信息传达成功，细胞核发出指令来制造更多的细胞色素氧化酶拷贝，它用标准的地址标签引导新生成的蛋白质到线粒体，但是这个标签不能区分不同的线粒体。“线粒体”是一个概念，细胞中的所有线粒体都有着完全相同的

---

① 一个问题是细胞如何解读一个信号从而“知道”需要更多的细胞色素氧化酶。如果ATP的需求很低，也会产生一个自由基信号：电子在呼吸链的上游受阻，从而泄漏自由基，但这种情况并没有通过添加新的复合物而得到改善：对ATP的需求仍然很低，电子流仍然缓慢。但是细胞可以检测到ATP的水平，因此原则上可以结合两种信号：高ATP和高自由基。一种适当的反应是驱散质子梯度，以维持电子流。有证据表明这是可能发生的。相反，如果没有足够的呼吸复合物，ATP水平会下降，电子又会在呼吸链中受阻，现在信号会结合“低ATP”和“高自由基”，这样的系统理论上可以将对更多呼吸复合物的需求从对ATP的低需求区分开来。

地址（很难看出这是怎么回事，因为线粒体种群处于不断的周转状态）。因此，新合成的细胞色素氧化酶分布在所有的100个线粒体上。那些缺乏细胞色素氧化酶的线粒体没有得到足够的酶，而其他的则接收到太多，所以立即向细胞核发回一条消息说：**关闭细胞色素氧化酶的产生！**显然，这种情况是站不住脚的。线粒体不可避免地失去对呼吸作用的控制，并产生太多自由基。失去对呼吸作用控制的细胞肯定会被选择所淘汰——至少这是一个关键点——缺乏控制呼吸作用的能力会限制细胞能有效维持的线粒体数量。

现在想想另一种方式会发生什么。想象细胞色素氧化酶的基因被保留在线粒体中，当信号**产生更多的细胞色素氧化酶**被发送，它只影响线粒体内的局部基因。这些局部基因产生更多的细胞色素氧化酶，它立即被并入呼吸链中，从而纠正电子流中的不平衡并恢复呼吸作用的有效性。当消息**停止！关闭细胞色素氧化酶的产生！**被发回时，它也只不过是影响局部的基因序列，只对单个线粒体起作用。这种快速的局部反应可以发生在任何细胞的线粒体中，并且在同一细胞中的同一时间，对于不同的线粒体所起的作用可能完全不同。细胞对呼吸作用的整体速度保持控制。因此尽管维持如此大量的基因前哨站的成本很高，但是把基因转移到细胞核只能更糟。

在这一点上，专业的生物化学家或敏锐的读者可能会反对。我在第二章中提到呼吸复合物是由大量的亚基构成的，在复合物I中约有46个不同的蛋白质亚基。线粒体基因编码了当中一部分亚基，但绝大多数都是由核基因编码的。呼吸复合物是两个不同的基因组编码的混合物。那么，少数的线粒体基因是如何处于支配地位的呢？任何有关建设的决策都需要与细胞核共享吗？不一定。呼吸复合物似乎围绕几个核心亚基组装：一旦这些核心蛋白质被植入到膜中，它们就充当了组装其余亚基的灯塔和支架。因此，如果线粒体基因编码这些关键亚基，那么它们将控制正在建造的新复合物的数量。线粒体有效地做出建设决定，并在膜中插下一面旗帜；从细胞核来的组件在旗帜周围聚集。假设细胞核同时服务数百个线粒体，则细胞中的旗帜的数量在任何时候都可能保持相当恒定。核基因转录的速率不需要因补偿单个线粒体的波动而改变，但起到的效果是一下子紧紧地把握住了细胞中所有线粒体的呼吸速率。

如果这是真的，那么艾伦的理论就对哪些基因应该保留在线粒体中做出了具体的预测。它们应该主要编码呼吸链中的核心的电子传递蛋白，例如细胞色素氧化酶，像旗帜一样植入膜中，就像说“在这里建造”一样。而事实的确如此（图 11）。和线粒体有着相似地位的叶绿体也有着非常类似的情形。当然额外的基因也可能被保留（偶然发生或其他原因），但所有物种的线粒体和叶绿体基因都编码关键的电子传递蛋白，还有必需的装置（比如转运 RNA 分子），以便在线粒体内制造蛋白质。当基因丢失发展到极限时，毫无例外地只有呼吸作用的核心基因仍然存在。例如，疟原虫（疟疾的起因）的线粒体，只保留了 3 种蛋白质的编码基因。结果它们必须在每一个线粒体里保留制造这些蛋白质所需

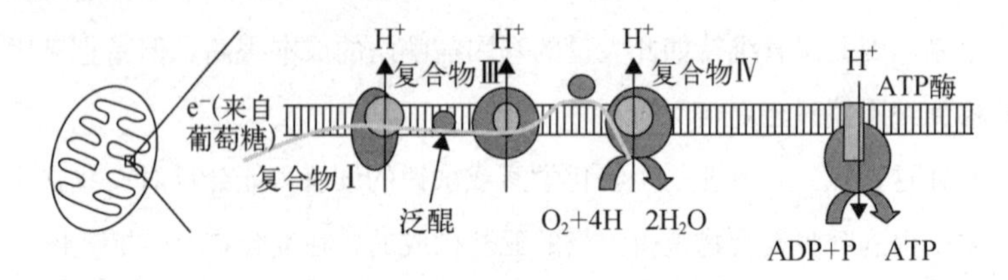

图 11

非常简化的呼吸链，显示了各亚基的编码，每个复合物由许多亚基组成，在复合物Ⅰ中约有 46 个，其中一些由线粒体基因编码，另一些由核基因编码。根据约翰·艾伦的假设，线粒体基因是局部控制呼吸速率的必要条件，而要实现这一点，由线粒体基因编码的亚基应该是插入细胞膜的核心亚基。图中显示这一点大体上是正确的：由线粒体编码的亚基（灰色部分）嵌入了细胞膜的中心部位，而由核基因编码的亚基（黑色部分）聚集在它们周围。这里复合物Ⅱ没有被标示。它不泵运任何质子，也没有线粒体基因编码的任何亚基。

的所有复杂的装置。所有这 3 个基因都编码细胞色素——呼吸链中核心的电子传递蛋白——正如所预测的那样。

这个理论还做出了另一个预测，这似乎大体上也是正确的。这就是任何不需要传导电子的细胞器都将失去它们的基因组。一个很好的例子是一些厌氧真核生物的氢化酶体。众所周知，氢化酶体与线粒体有关，无疑是从细菌中演化出来的。它们的功能是进行发酵产生氢气。它们不导电，不需要平衡电子流。根据艾伦的理论，它们不需要基因组——而实际上它们在所有的情况下的确都失去了基因组。

细菌产生复杂性的障碍

如果线粒体需要一组核心基因控制呼吸作用的速率，这是否可以解释为什么细菌不能通过自然选择演化成真核生物？我相信是这样的，尽管我应该强调这是我自己的观点（在其他地方已经展开讨论了）。细菌的大小和线粒体的大小一样。很明显，一组基因应该就可以控制这个区域膜上的呼吸作用进行产能。在演化出广泛的内膜系统的细菌身上大概也是如此，比如亚硝基单胞菌和亚硝基球菌。它们单靠一组基因生存，所以推测一组基因应该也够了。但是如果我们扩大细菌，让它的内膜的面积加倍，现在也许我们开始失去对膜的某些部分的控制。如果你认为不会，那我们再让内膜面积加倍。以亚硝基单胞菌为例，其内膜面积需要 6 到 7 次这样的加倍才和真核生物的水平一致。我怀疑我们现在能否保持对呼吸作用速率的控制。我们怎样才能保持控制呢？

一种方法是复制一部分的基因并委派它们控制这些额外的细胞膜——但我们如何选择出合适的基因呢？我无法想象出一种方式不涉及某种先见之明（事先知道该选择哪种基因），而演化是没有这种先见之明的。这种委派唯一能奏效的方式就是复制整个基因组，然后将其中一套的冗余基因剔除，直到所有冗余基因都消失（就像发生在线粒体中的那样），但是我们怎么知道该从哪个基因组丢失基因呢？这两个基因组都必须受遗传控制。同时，这样的一个细菌，有着两个活性基因组，在沉重的选择压力下，会丢弃任何多余的基因。这两个基因组都有可能失去一部分基因，但如此一来两个不同的基因组会相互竞争，可能导致细胞的损伤（在第六章中会涉及更多），当然也无法让细胞平稳度过与其他细菌的自然选择战斗。

如果可以对每个基因组的影响范围进行量化，可能有机会阻止基因组之间的竞争。真核生物通过将线粒体基因组封闭在双层膜中来解决影响范围问题。然而，这在细菌中是不可能的。如果多余的基因被封闭起来，那么就没有办法获得食物供给而产生 ATP。特别是，ATP 出口转运蛋白不存在于细菌中，将能量以 ATP 的形式运输给外面世界的竞争者无疑等于是细菌的自杀行为。ATP 出口转运蛋白连同 150 个线粒体转运蛋白家族的成员都是真核细胞的发明。我们知道这些是因为植物、动物和真菌中的 ATP 出口转运蛋白的基因序列都有着明确的关联，但是细菌中却没有类似的基因存在。这意味着 ATP 出口转运蛋白是在所有真核生物的最后共同祖先中演化出来的，这发生在主要群体的分化之前，但在嵌合真核细胞形成之后。

真核生物有时间演化出这样的精细构造，因为嵌合体的两个伙伴之间的关系在演化时期是稳定的。这两个伙伴和谐共处，除了足够的时间和稳定性以外，不需要任何其他的东西，就能够使得演化改变得以发生。能有这种稳定性，是因为这种合作关系带来了其他的优势。如果氢假说是正确的话，最初的优势是两种截然不同的细胞产生化学物质上的相互依赖。这种优势持续了足够 ATP 出口转运蛋白演化出的时间。而对于细菌而言，单靠自然选择不会产生相应的稳定性。简单地复制一组基因并用膜将其隔开，本身就不能提供任何优势。不但如此，没有任何回报地维护额外的基因和膜是一个耗能的过程，毫无疑问会被自然选择迅速抛弃。不管我们怎么看，在一个大面积膜上控制呼吸作用所需的额外基因对于细菌都是一个负担，选择压力总是倾向将其抛弃。最稳定的状态总是一个小细胞通过其外层细胞膜进行呼吸。这样的细胞几乎总是被选择青睐，从而取代体积更大但效率低下、容易产生自由基的竞争对手。

因此，我们现在终于可以体会到大尺寸和复杂性在细菌中的全部障碍。细菌尽可能快地复制，但至少在一定程度上被它们产生 ATP 的速度所限制。它们将质子泵运通过细胞外膜来产生 ATP。它们不能变得更大，因为它们的能量效率随着它们体积的增加而减少。这本身就使得捕食性真核生物的生活方式变得不太可能。因为吞噬作用需要大尺寸和充足的能量二者相结合，而仅靠外膜呼吸无法使得细胞获得足够的能量。一些细菌形成了复杂的内部膜系统，然而这些膜的面积比单个真核细胞中的线粒体膜面积少几个数量级。因为没有基因前哨站，细菌就无法在更大范围内控制呼吸作用的速率。考虑到快速繁殖和高效产能的强大选择压力，在建立这种基因前哨站的过程中，任何过渡状态都可能在它们出现时就被淘汰。只有内共生才足够稳定，从而提供一种长期的条件，使得在更大范围内控制呼吸作用所需的机制发展出来。

在浩瀚无穷的宇宙中，其他地方发生的事情会有不同吗？任何事情都是有可能的，但在我看来希望不大。自然选择是概率上的：相似的选择压力很可能在宇宙中的任何地方产生相似的结果。这解释了为什么自然选择经常聚集在类似的解决方案上，比如眼睛和翅膀。尽管经过 40 亿年的演化，我们知道没有一个细菌通过自然选择成功地成为真核生物的例子，除此以外，也没有任何一个线粒体在失去所有基因后依然保持线粒体功能的例子。我也不认为这些事件在其他地方发生的可能性更高。

什么是真核型的嵌合体？我们在第一章中看到，真核细胞在地球上只演化了1次，经过了一系列几乎不可能发生的情况。也许相似的过程会在别处重复，但我看不到物理学定律中任何部分可以表明复杂性的增加是不可避免的。物理会受到历史的阻碍。多细胞复杂性的演化似乎是不可能发生的；没有复杂性作为保障，智力的出现是不可想象的。然而，一旦那个使细菌保持简单的套索被解开，第一个巨大的、复杂的细胞，也就是第一个真核生物便诞生了，它的出现标志着道路的起点，如今这条道路几乎无可阻挡地通向我们周围所能看到的各种生物工程的壮举，包括我们自己。这条路径得以产生，就像真核细胞的起源一样，应该归功于线粒体，因为线粒体的存在使得大尺寸和更高复杂性的演化不只是有可能的，而且势在必行。

第四章

幂次定律：尺寸与复杂性上升的斜坡

生命会变得更复杂吗？基因中没有任何东西能把生命推上一个复杂性上升的斜坡，但基因之外有一种力量在起作用。尺寸和复杂性通常是联系在一起的。更大的尺寸需要基因上和解剖上更高的复杂性。但是变大有一个直接的优势：更多的线粒体意味着更多的能量和更高的代谢效率。有两个革命似乎都是由线粒体驱动的，一是真核细胞中的DNA和基因的积累，推动了复杂性；二是温血动物的演化，这些温血动物最终接管了地球。

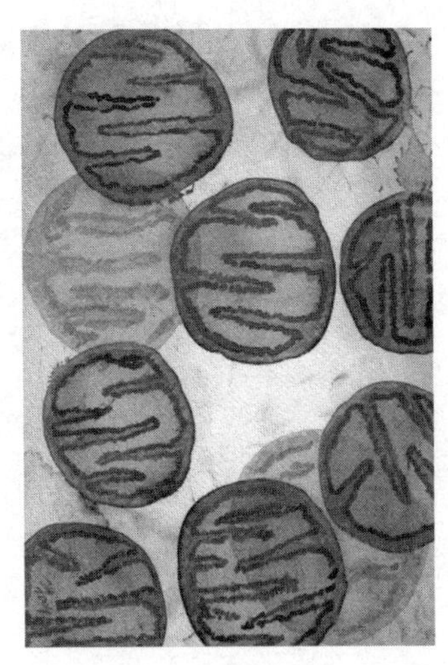

越多越好——线粒体数量决定了尺寸和复杂性的演化

在生物学中，尺寸是一个占据主导地位的偏见。总的来说，我们最感兴趣的是我们能看到的大的生命形式——植物、动物和真菌。我们对细菌或病毒的兴趣倾向于以人类为中心，一种病态的好奇心，探究它们所引起的疾病的恐怖，越可怕越好。引起坏死的细菌在几天内就把整条四肢啃得干干净净，它们比无数对我们星球的气候和大气产生了深远影响的微小浮游生物更能引起人们的注意。微生物学教科书往往过分关注病原体，尽管只有很小一部分微生物会导致疾病，但当我们在太空中寻找生命迹象时，我们实际上是在寻找外星智慧：我们想要的是有扭曲触角的外星人，而不是微小的细菌。

在最后几节中，我们探讨了生物复杂性的起源：为什么细菌产生了我们的远古祖先，第一个真核生物——具有细胞核和细胞器的形态复杂的细胞。我认为细胞内能量产生的基本机制使得共生的演化是必要的：真核细胞几乎不可能仅由自然选择演化而来。利用细胞内的线粒体产生能量使这一飞跃成为可能。虽然共生现象在真核细胞中很常见，但细菌内共生（一种细菌生活在另一种细菌内）却很不常见。造就了复杂真核细胞的细菌内共生似乎只发生过 1 次，这也许是通过第一章中所讨论的一系列不可能的事件发生的。

然而，一旦第一个真核生物演化出来，我们就可以合情合理地谈论一个复杂性上升的斜坡：从单个细胞到人类的发展，尽管让人有点头晕，但看起来的确像一个斜坡，尽管这只是一个蒙蔽人的表象。现在一个更大的问题正浮出水面：是什么驱使真核生物意图获得更大的尺寸和复杂性？在达尔文时代有一个回答很流行，并使许多生物学家在演化和宗教上达成了和解，就是生命天生会变得更加复杂。根据这一推理，演化会导致更高的复杂性，就像胚胎会发育成人一样，它遵循上帝的命令，每一步都接近天堂。我们的许多词组，如“高等生物”和“人之上升”①，都源于这一套哲学，尽管有包括达尔文在内的演化学者再三警告，这些表达在今天仍然非常常见。这种比喻很有说服力，很有诗意，但也会产生深刻的误导。另一个视觉上引人注目的比喻是，电子绕原子核的轨道与行星绕太阳的轨道是一样的，这个比喻长期隐藏了量子力学的神奇奥秘。演化与胚胎发育相类似的观点掩盖了演化没有先见之明的事实：它不能作为一个程序来运作（胚胎的发育必然由基因编程），所以复杂性不能依据远距离接近上帝的目标而演化出来，而只是作为直接的优势获得及时的回报罢了。

如果复杂性的演化没有被编程，我们是否相信它只是偶然发生的，还是自然选择的必然结果？事实上，细菌在形态方面从来没有表现出变复杂的趋势，因此否定了自然选择不可避免地有利于复杂性的可能。许多其他的例子表明，自然选择很可能像有利于复杂性一样也有利于简单性；而另一方面，我们已经看到，细菌由于呼吸作用问题而受阻，但真核生物并不如此。复杂性在真核生物中演化出来只是因为它可以？摆脱了更高的宗教内涵，斯蒂芬·杰·古尔德曾把复杂性与醉汉的随意漫步作了比较：如果人行道上有一堵墙挡住了醉汉的通道，那么醉汉就更可能掉入沟中，仅仅因为他没有地方可去。就复杂性而言，比喻中的墙就是生命的基础：不可能有任何东西比细菌更简单（至少作为一个独立的

① 《人之上升》是雅各布·布朗诺夫斯基的一本关于人类物种起源以及我们在知识和技术方面所取得的所有令人着迷和难以置信的飞跃的著作。——译者

生物），因此生命的随机行走只能是走向更高的复杂性。另一个与之相关的观点是，生命变得更加复杂，因为开发新的生态位更可能实现演化上的成功——一种被称为“拓荒”的理论。考虑到最简单的生态位已经被细菌占领，生命演化的唯一方向是走向更高的复杂性。

这两个论点都暗示了复杂性没有内在的优势。换句话说，真核生物固有的特性并没有鼓励它们演化出更高的复杂性，它只是对环境提供的可能性的一种反应。我毫不怀疑，这两种理论都解释了演化的某些趋势，但我确实很难相信地球上整个复杂生命的大厦是通过演化上的漂变而建立起来的。漂变的问题在于缺乏方向性，而我不禁感到真核生物的演化有着某种内在的方向性。存在之链可能是一个幻觉，但它是一个令人信以为真的幻觉，才会自古希腊以来将人类控制了 2 000 年。正如我们必须解释生物学中看似有着“目的”的演化（比如心脏作为泵等），我们也必须解释生命通向更复杂的轨迹。随机地漫步，在一个空的生态位上停下来，真的会产生一些看起来像通向复杂性斜坡的东西吗？借用一下斯蒂芬·杰·古尔德的比喻，为什么这么多游荡的醉汉最终没有掉在阴沟里，而是成功地过了马路？

一种真核细胞所固有的，但不是细菌所固有的可能的解决办法是性。马克·里德利在《孟德尔妖》中有说服力地论证了性和复杂性之间的联系。里德利说，无性繁殖的麻烦在于它不擅长消除基因中的复制错误和有害突变。基因组越大，发生灾难性错误的可能就越大。有性繁殖中的基因重组可以降低这种错误的风险，从而提高生物对于更多基因的耐受，以避免被突变击溃（尽管这从未被证实）。然而生物积累的基因越多，就越有可能变得复杂，因此在真核生物中，性的发明可能打开了复杂性的大门。虽然这个主张几乎肯定有事实的成分在，但正如里德利自己所承认的那样，认为性是通向复杂性大门的论点也有一些问题。特别是，即使细菌仅仅依靠无性繁殖，它们中的基因数量也远低于理论上无性繁殖的上限，而恰恰相反，它们并不只依赖无性繁殖（细菌中的横向基因转移有助于恢复基因的完整性）。里德利发现数据是矛盾的，无性繁殖的基因数量上限可能落在果蝇和人类之间。如果是这样，复杂性的大门很难因为性的演化而被打开，一定有其他的守门人。

我认为真核生物有一种变得更大更复杂的固有倾向，但其原因是能量而不是性。能量代谢的效率可能是真核生物向多样性和复杂性急剧上升的驱动力。所有的真核细胞，无论是植物、动物还是真菌，在其能量效率背后都有着同样的准则，推动单细胞和多细胞生物向更大尺寸演化。真核生物的演化轨迹与其说是在空的生态位中随机漫步，或说是在性的驱使下行进，不如说是一种内在的变大趋势，因为直接的优势获得及时的回报——规模经济。当动物变大时，它们的新陈代谢率就会下降，从而使它们的生存成本降低。

我在这里把尺寸变大与复杂性混为一谈，即使尺寸变大因降低生存成本而受到青睐，在尺寸和复杂性之间是否真的有联系？复杂性不是一个容易定义的术语，在试图下定义的时候，我们不可避免地偏向我们自己：我们倾向在智力、行为、情感、语言等方面考量复杂的存在，而非其他方面，例如一个复杂的生命周期，一只从毛毛虫到蝴蝶形态上发生剧烈变化的昆虫。我并不是唯一一个偏向大尺寸的人：我怀疑，对我们大多数人来说，一棵树似乎比一株草更复杂，尽管就光合作用的装置而言，草可以说是高度演化的。我们坚持认为多细胞生物比细菌更复杂，尽管细菌（此处指细菌全体）的生物化学反应之复杂远非我们真核生物所能望其项背的。我们甚至倾向于在化石记录中寻找某种发展模式，预示着演化有朝着更大尺寸（可能是复杂度更高）发展的趋势，这被称为柯普法则。虽然一个世纪以来几乎没有受到什么质疑，但 20 世纪 90 年代的几项系统生物学的研究表明，这种趋势毫无意义，只是一种幻觉：不同的物种既可能变大也可能变小。我们是如此着迷于同我们一样较大的生物，却很容易忽视较小的生物。

所以我们把尺寸与复杂性混为一谈，或者说更大的生物总体上更复杂，这公平吗？任何尺寸的增加都会带来一系列新的问题，其中许多问题都与我们在前一节讨论过的恼人的表面积与体积之比有关，伟大的数学遗传学家 J. B. S. 霍尔丹在 1927 年发表的一篇题为《大小合适》的有趣文章中讨论过其中一些问题。他以一种微小的蠕虫为例，这种蠕虫有一层光滑的皮肤可以交换氧气，一条直的肠道可以吸收食物，一个简单的肾脏可以排泄废物。如果它的尺寸在每个维度上都增加 10 倍，它的质量就会增加 10^3，或者说 1 000 倍。如果所有蠕虫的细胞都保持同样的代谢率，它就需要消耗 1 000 倍的氧气和食物，并排出 1 000 倍的废物。问题是，如果它的形状没有改变，那么它的表面积（即二维的一层薄膜）将增加 10^2，或者说 100 倍。为了匹配需求的增加，每平方毫米的肠道或皮肤每分钟需要摄入的食物或氧气将是原来的 10 倍，而肾脏需要排出的废物也是原来的 10 倍。

在某些时候尺寸会到达一个上限，只有通过特殊的适应才能超过这个上限从而获得更大的尺寸。例如，特殊的鳃或肺增加了吸氧的表面积（人的肺部面积有 100 平方米）。虽然肠道的吸收面积是通过折叠增加的，但这些改进都需要形态上与支持基因上的更大的复杂性。因此，较大的生物往往具有更大数量的特殊细胞类型（在人类中有 200 多种，取决于我们采用哪一种定义）和更多的基因。正如霍尔丹所说："高等动物并不是因为它们更复杂而比低等动物大，是因为它们更大所以需要更复杂。比较解剖学主要讲述的是一个努力增加表面积与体积比的故事。"

就好像单纯的几何障碍对大尺寸来说还不够麻烦似的，大尺寸还有其他的缺点。大型动物挣扎着飞行，打洞，穿过厚厚的植被，或者在泥泞的地面上行走。大型动物摔倒的后果可能是灾难性的，因为坠落过程中的空气阻力与表面积成正比（对于大型动物来说，相对于身体质量而言表面积较小)。如果我们把一只老鼠扔下矿井，它会短暂地受到惊吓，然后一溜烟地逃走。如果我们把一个人扔下去，他就会摔骨折；如果我们把一匹马扔下去，霍尔丹说，它会“血溅当场”(虽然我不确定他是怎么知道的)，生活对于巨人来说如此艰难，那为什么还要变得更大？同样，霍尔丹也给出了一些合理的答案：较大的体型可以提供更大的力量，这有助于寻找配偶，或在捕食者和猎物之间的战斗中取得优势；较大的体型可以优化器官的功能，例如眼睛，眼睛是由固定尺寸的感觉细胞构成（更多的细胞意味着更大的眼睛和更好的视力)；较大的体型可以减少水的表面张力问题，这对昆虫来说是足以致命的（迫使它们用长长的喙来喝水)；较大的体型可以更好地保持热量（因为可以保有较多的水)，这就解释了为什么在两极附近很少发现小型哺乳动物和鸟类。

这些答案很有道理，但暴露了一种以哺乳动物为中心的生命观：没有人尝试解释为什么像哺乳动物这样大的生物一开始没有演化出来。我有兴趣回答的问题不是大型哺乳动物是否比小型哺乳动物更能适应，而是为什么小细胞会产生大细胞，然后是更大的生物，最后是像我们自己这样高机动性、充满活力的生物以及我们所能看到的一切生物。如果变得更大需要更高的复杂性，这就带来一个直接成本——需要新的基因、更好的组织、更多的能量——有没有任何及时的回报？变大本身是否带来某些好处从而可以抵消代价高昂的新组织？在第四章中，我们将考虑生物体型上可能存在的“幂次定律”，它支撑着看似通向更高复杂性的轨迹，描绘出真核生物的崛起，并将细菌永远拒之门外。

第九节　生物中的幂次定律

据说在伦敦，每个人身边6英尺以内就有一只老鼠。作为夜晚的居民，这些老鼠大概是整个白天都在地板底下或排水沟里打瞌睡。或者当你在床上读到这篇文章时，它们可能正在厨房（隔壁的邻居的厨房里）骚动着。或许还有些在下水道里腐烂，因为老鼠活的时间不长。老鼠曾经因为作为黑死病病菌的携带者而令大众感到害怕，时至今日它们仍然是肮脏和污秽的象征，但我们也感激它们：在实验室里，它们干净地活着的堂兄弟们帮助改写了医学教材，作为人类疾病研究的模式生物，并且作为试验许多新疗法的生物。老鼠是很有用的实验动物，因为它们在许多方面和我们一样，它们也是哺乳动物，具有相同的器官，相同的布局和基本功能，相同的感觉，即使是情感方面——它们也会对周围环境充满好奇心。老鼠也会患上老年病，包括癌症、动脉粥样硬化、糖尿病以及白内障等，但这些能提供巨大的好处：我们不需要等70年就能看到治疗是否有效，它们在几年内就会患有老年病。像我们一样，它们在无聊的时候容易吃得过多，很容易肥胖。任何拥有宠物老鼠的人（通常是拿它们作为研究对象的研究者们）都知道他们必须防止过度喂养以及避免它们感到无聊。藏葡萄干就是个好的办法。

我们离老鼠非常近（在各种意义上），当我们发现它们的器官比我们的器官运作得快很多时，可能会大吃一惊：它们的心、肺、肝、肾、肠（不包括骨骼肌）的工作强度平均是我们的 7 倍。让我说得更清楚一些，如果今天夏洛克[①]从老鼠身上取 1 克肉，再从人身上取 1 克肉——或许是一小块肝脏，两个肝脏都含有数量大致相同的细胞，细胞大小也大致相同。如果我们能维持组织存活一段时间，并测量其活性，我们会发现，老鼠肝脏细胞每分钟消耗的氧和营养是人类肝脏细胞的 7 倍，尽管我们在显微镜下很难分辨出哪一块来自大鼠，哪一块来自人类。我应该强调这纯粹是一个实证发现：**为什么**会这样则是本节的主题。

尽管这种代谢率显著差异背后的原因是模糊的，但其结果肯定是重要的。因为老鼠和人的细胞大小相似，每个老鼠细胞却必须比人类细胞努力 7 倍地工作（几乎和霍尔丹的那只遇到几何障碍的蠕虫细胞一样快）。其影响渗透到生物学的各个方面：每个细胞必须以 7 倍的速度复制其基因，制造 7 倍的新蛋白质，将 7 倍的盐泵出细胞，处理 7 倍的饮食毒素等。为了支持如此快速的新陈代谢，相对于它的体型而言，老鼠作为一个整体必须吃掉 7 倍的食物。所以别再说马的胃口大了。如果我们有老鼠的胃口，我们会想吃掉 5 磅（约等于 2.27 千克）的食物，而不是在吃完 12 盎司（约等于 0.34 千克）的牛排之后感觉很饱。这些是基本的数学关系，它们与基因无关（至少不直接相关），并解释了为什么老鼠只能活 3 年，而我们能活整整 70 年。

老鼠和人类在一条特别的曲线上，这条曲线连接着鼩鼱（最小的哺乳动物之一）和大象甚至蓝鲸（最大的哺乳动物）（图 12）。大动物明显比小动物消耗更多的食物和氧气，然而当质量增加 1 倍，氧气消耗量并没有预期的那么高。如果质量增加了 1 倍，细胞总数也会增加 1 倍。如果每个细胞维持生存需要的能量不变，那么质量加倍时，所需的食物和氧气的量也应该加倍。这是假设一个完全等效的状态：每

---

① 夏洛克是莎士比亚剧作《威尼斯商人》中的守财奴，他要求欠款人如果无法还钱，就必须从身上割下一块肉来抵债。——译者

当质量增加，代谢率就会相应增加。但事实并非如此。随着动物变大，它们的细胞需要维持生存所需的营养会变少。实际上，大动物的代谢率比它们“应该”有的要慢得多。当质量大幅度上升时，代谢率都会小幅度上升。我们看到老鼠和人之间有7倍的差别。动物越大，每克重所需的食物就越少。例如，以大象和老鼠为例，如果我们算出维持每一个细胞（或每克重）所需的食物量，大象细胞每分钟需要的食物和氧气仅仅是老鼠的1/20。反过来，大象大小的老鼠每分钟消耗的食物和氧气比大象本身多20倍。显然，做一只大象是有成本效益的；但大体型可以节约成本能否解释生物在演化过程中变得更大、更复杂的趋势？

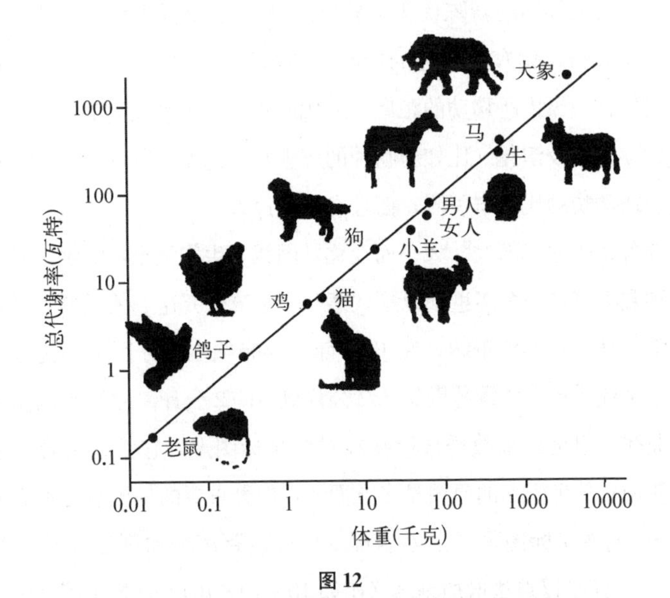

图12

显示了从老鼠到大象不同质量的哺乳动物的静息代谢率随体重的比例变化。对数坐标图上的直线的斜率是3/4，即0.75，也就是说，直线在水平轴上升4个刻度，则对应着在垂直轴上升3个刻度。这个斜率给出了两者之间的指数关系。代谢率随质量的3/4次方而变化，即质量$^{0.75}$。

新陈代谢率被定义为氧和营养物质的消耗。如果新陈代谢率下降，那么每一个细胞消耗的食物和氧气就少了。如果体内细胞的耗氧量降低，那么呼吸速率、心跳等都会减慢。这就是为什么大象的心跳相对老鼠的心跳来说比较慢——大象的单个细胞需要的燃料和氧气比较少，所以大象的心脏不需要像老鼠一样强健地跳动以提供燃料和氧气（假设心脏的大小与动物的整体大小比例相同）。另一个意想不到的结论是衰老的速度减慢。老鼠可以活 2 年或 3 年，而大象的寿命大约是 60 岁，但它们一生中的心跳次数是差不多的。在它们的一生中，组成它们的单个细胞消耗的氧气和食物的数量几乎相同（大象花了 60 年，老鼠用了 3 年）。这些细胞似乎只能燃烧一定量的能量，但大象燃烧的速度比老鼠慢得多（大象细胞的新陈代谢率较慢），显然，这是因为它更大。这种关系对生态和演化有着深远的影响。动物的大小影响着它们的种群密度、它们在一天内所移动的距离、后代的数量、生殖成熟的时间、种群周转的速度以及演化（比如新物种的产生）的速度。所有这些特征都能根据个体动物的代谢率预测，而且准确度惊人。

为什么代谢率随尺寸大小而变化，困扰了生物学家，实际上是物理学家和数学家，一个多世纪以来，第一个系统研究这一关系的人是德国生理学家马克斯·鲁布纳。在 1883 年，鲁布纳在坐标图上标注了 7 只狗的新陈代谢率，体重范围从 3. 2 公斤到 31. 2 公斤。原始数据呈现出一条曲线，但是如果数据被标注在对数坐标图上，它们就符合一条直线。使用对数坐标图的原因是多方面的，但最重要的是更清楚地看到乘数因子：对数坐标图不是沿着坐标轴以固定距离增加刻度（比如 10 + 10 + 10），而是以乘法增加刻度（比如 10×10×10）。这显示了一个参数的乘数与另一个参数的乘数的对应关系。以一个简单的立方体为例，如果我们在一个轴上标注表面积的对数，在另一个轴上标注体积的对数，那么我们可以描绘出随着立方体的大小增加，它们相对彼此的变化。我们看到立方体的棱长增加了10倍，表面积增加了100倍，体积增加了1 000倍，在对数坐标图上，表面积增加100倍对应2个刻度，体积增加对应3个刻度。这给出了直线的斜率，以立方体来说，斜率为2/3，或者为0.67——表面积每增加2个刻度，体积上增加3个刻度。连接各个点的直线的斜率就是**指数**，通常以上标形式写在它所对应的数字之后，因此，在这种情况下，指数将被写成2/3。根据定义，指数表示一个数自行相乘的次数（于是$2^2 = 2\times2$，而$2^4=2\times2\times2\times2$），但是当面对分数指数，如2/3，把它想成对数坐标图上的直线的斜率会容易得多。如果指数是1，这意味着，沿着一个轴改变1个刻度，沿着另一个轴也改变1个相等的刻度：这2个参数是成正比的。如果指数是1/4，这意味着沿着一个轴改变1个刻度，在另一个轴上则改变4个刻度：是一个相关但不成比例的关系。

让我们重新回到马克斯·鲁布纳。当绘制代谢率对数与质量对数的关系图时，鲁布纳发现，代谢率与质量的2/3指数成正比。换句话说，代谢率对数的每2个刻度对应着质量对数的3个刻度。这与一个立方体的表面积与体积的关系完全相同，这我们刚刚讨论过。关于他的狗，鲁布纳解释了热量损失的关系。新陈代谢产生的热量取决于细胞的数量，而热量损失到周围环境的速率则取决于表面积（正如一个取暖器放出的热量取决于其表面积）。随着动物的体型增大，它们的质量比表面积增长得更快。如果所有细胞继续以同样的速度产生热量，总的热量产生率会随着体重的增加而增加，但热量的损失速率则取决于表面积。较大的动物会保留更多的热量。如果大象的所有细胞都以与老鼠细胞相同的速率产生热量，那么它就会融化——就是字面上的意思。更具建设性的说法是，如果快速代谢率的目的是为了保暖，而大型动物能更好地保有热量，那么大象就不需要保持这么快的代谢率：只要足够保持37℃左右的稳定体温就行了。因此，随着动物体型的增大，它们的代谢率就会下降，下降的系数和表面积与质量比相对应。

当然，尽管不同品种的狗在大小和外观上有很大的不同，鲁布纳还是只考虑了一个物种。半个世纪后，瑞士裔的美国生理学家马克斯·克莱伯绘制了不同物种质量对数相对于代谢率对数的图，并构建了从老鼠到大象的著名曲线。令他和其他人惊讶的是，指数并不是预期的2/3，而是3/4（0.75；实际上是0.73，取其近似值；图12）。换句话说，代谢率对数的每3个刻度对应质量对数的4个刻度。其他研究人员，尤其是美国科学家塞缪尔·布罗迪得出了一个类似的结论。更出乎意料的是，0.75指数被证明不仅仅适用于哺乳动物，还适用于鸟类、爬行动物、鱼类、昆虫、树木，甚至是单细胞生物。所有这些都被放在同一条曲线上：代谢率都会随质量的3/4次方（或质量$^{0.75}$）而变化，而这些质量的变化横跨惊人的21个数量级！许多其他特征也随着一个基于1/4倍数（如1/4或3/4）的指数而变化，从而产生了“1/4次方标度率”这样的通称。例如，脉搏速率、主动脉的直径（甚至是树干的直径）和寿命，都大致符合“1/4次方标度率”。作为少数研究者当中最有说服力的加州大学戴维斯分校的阿尔弗雷德·赫斯纳，对1/4次方标度率的普遍有效性提出了质疑，但它实际上已经以“克莱伯定律”进入了所有标准的生物课本。它通常被认为是生物学中为数不多的普遍规律之一。①

到底为什么代谢率会随着质量的3/4次方而变化，这在半个世纪后仍然是一个谜；事实上，答案的曙光现在才开始显现，正如我们将要看到的那样。但有一点是显而易见的：对于温血的哺乳动物和鸟类来说，代谢率与表面积体积比之间以2/3指数相关，但没有明显的理由将其应用于冷血动物，例如爬行动物和昆虫：它们不会在内部产生热量（至少

---

① 我们将如何调和马克斯·鲁布纳指数（2/3）和马克斯·克莱伯指数（3/4）？通常的答案是，在相同的物种内部，代谢率确实随2/3指数而变化，只有当我们比较不同物种时，3/4指数的变化才变得更为明显。

不会太多)。因此，热量生成和热量损失的平衡很难成为主导因素，从这个角度来看，3/4 指数并没有比 2/3 指数更合理或是更不合理，但尽管人们已经做了各种各样的尝试来合理化 3/4 指数，但没有人真正说服整个领域。

然后，在 1997 年，洛斯阿拉莫斯国家实验室的高能粒子物理学家杰弗里·韦斯特联合了新墨西哥大学阿尔伯克基分校（通过圣达菲研究所，一个促进跨学科合作的组织）的生态学家詹姆斯·布朗和布莱恩·恩奎斯特。他们根据分支供应网络的分形几何学提出了一个激进的解释，例如哺乳动物的循环系统、昆虫的呼吸管（气管）和植物的维管系统。他们密密麻麻的数学模型发表在 1997 年的《科学》杂志上，其衍生的影响（如果不是数学意义的话）很快吸引了许多人的想象力。

分形的生命树

分形（来自拉丁语 *fractus*，意思是破碎的）是在任何尺度上看起来都相似的几何图形。如果将一个分形分解开来，则其组成部分每个看起来都或多或少相同，正如作为分形几何学的先驱贝努瓦·曼德布罗特说过，这些形状是由某些方面与整体相似的部分组成的。分形可以由自然力（如风、雨、冰、侵蚀和重力）随机形成，从而产生自然分形，如山、云、河和海岸线。事实上，曼德布罗特把分形描述为“自然界的几何学”，并在他 1967 年发表在《科学》杂志上的一篇具有里程碑意义的论文中，将这种方法应用到了题为《英国海岸有多长》的问题上。分形也可以用数学方法生成，通常使用一个重复的几何公式来指定分支的角度和密度（也就是是“分形维数”）。

这两种分形都有一种称为尺度不变性的特性，也就是说，无论放大多少，它们“看”起来都很相似。例如，岩石的轮廓通常类似于悬崖甚至山体的轮廓，因此地质学家喜欢在照片中留下一把锤子，使观众能够掌握尺度。同样地，河流支流的形态（如从太空看到的亚马孙河流域，或从山顶看到的小溪，甚至从浴室窗户看后花园的土壤被冲刷的轨迹）从各种尺度看起来都很相似。对于数学“迭代”的分形，重复的几何规则被用来产生无数相似的形状。即使是在装饰T恤衫和海报中常见的最复杂和最美丽的分形图像，也是靠重复几何规则（通常是非常复杂的规则），然后将所得的数值标记为空间坐标上的点来构成。对我们中的许多人来说，这可能是我们最接近于深层数学之美的地方。

自然界的大多数分形并不是真正的分形，因为它们的尺度不变性并不是无限的。即使如此，想要把握正确的比例已经很难了——树枝上的小树枝形状与整棵树的树枝形状相似；组织或器官中的血管形状与整个身体的血管形状相似。再进一步探讨比例的问题，大象的心血管系统类似老鼠的系统，但整个系统被放大了近6个数量级（换句话说，大象的心血管系统比老鼠的大了近100万倍：1后面跟着6个0）。当血管网络在这样的尺寸下保持相似的外观时，我们自然会想到用分形几何学来描述它们；即便自然的分支网络不是真正的分形，它们仍然足够接近可以使用这些数学原理精确地模拟出来。

韦斯特、布朗和恩奎斯特想要知道，大自然供应网络的分形几何学是否可以解释代谢率随体型变化的规律。这完全讲得通，因为代谢率与食物和氧气的消耗量相对应，这些食物和氧气并不是通过体表扩散到动物的每个细胞，而是通过分支供应网络送达身体的各个部分，以我们为例就是血管。如果代谢率受到这些营养物质输送的限制，那么我们可以合理地假设它最终应该取决于供应网络的特性。在他们1997年发表在《科学》杂志上的论文中，韦斯特、布朗和恩奎斯特做了三个基本假设。第一，他们假设网络服务于整个有机体，它必须供应所有细胞，从而充满整个有机体；第二，他们假设网络的最小分支毛细血管是一个尺寸不变的单位，也就是说，不管动物的大小如何，所有动物的毛细血管都是相同的尺寸；第三，他们假设通过网络分配资源所需的能量是最小化的：随着演化时间的推移，自然选择优化了供应网络，以最省时省力的方式提供营养。

还需要考虑一些其他因素，这些因素与管道本身的弹性有关，但我们这里不必担心这些因素。总之最后的结果就是这样，为了保持一个自相似的（一个在任何尺度上看起来都是一样的）分形网络，当身体大小增加了几个数量级时，分支总数的增长比体积增长来得慢。实际观察到的结果证明这是真的。例如，鲸鱼比老鼠重 10^7（1 000 万）倍，但从主动脉到毛细血管的分支只比老鼠多出 70%。根据分形几何学的理想计算，供应网络在大型动物中所占的空间应该相对较小，因此，每根毛细血管都应该为更多的“终端用户”细胞提供服务。当然，这意味着这些细胞被分配到更少的食物和氧气；如果它们得到更少的食物作为燃料，那么它们可能会被迫有一个更慢的代谢率。到底要慢多少？分形模型预测代谢率应与体重的 3/4 次方对应。将其描绘为对数坐标图上直线的斜率：代谢率对数每移动 3 个刻度，质量对数就移动 4 个刻度。换句话说，分形模型根据理论计算出，代谢率应随质量$^{0.75}$成比例变化，从而解释了克莱伯定律的普遍性，即 1/4 次方标度率法则。如果以上属实，那么整个生命世界都服从分形几何学的法则。它们决定了身体大小、种群密度、寿命、演化速度等一切。

似乎这还不够，分形模型更进一步，做出了一个激进的普遍性预测。因为克莱伯定律显然不仅适用于明显具有分支供应网络的大型生物，如哺乳动物、昆虫和树木，而且适用于似乎缺乏供应网络的简单生物，如单细胞，那么它们也必须有某种形式的分形供应网络。这是非常激进的预测，因为这暗示我们存在着一整个我们还没有发现的生物组织梯队，即使是这个理论的支持者也觉得有必要构想出一个“虚拟”的网络，不管它可能是什么。尽管如此，许多生物学家还是接受这种可能性，因为现在人们看到细胞质比教科书上流传下来的无定形果冻更有组织性，这种组织的性质难以捉摸，但很明显细胞质“流过”细胞，许多生化反应在空间上的限定比我们想象的要精细得多。大多数细胞都有复杂的内部结构，包括细胞骨架细丝和线粒体的分支网，但这真的是一个分形网络吗？它遵循同样的分形几何学定律吗？尽管它毫无疑问是分支的，但它与循环系统的树状网络（图 13）的相似性很低。如果分形几何学只能应用于自相似系统，那么这些（细胞骨架细丝和线粒体的分支网）看起来一点也不自相似。

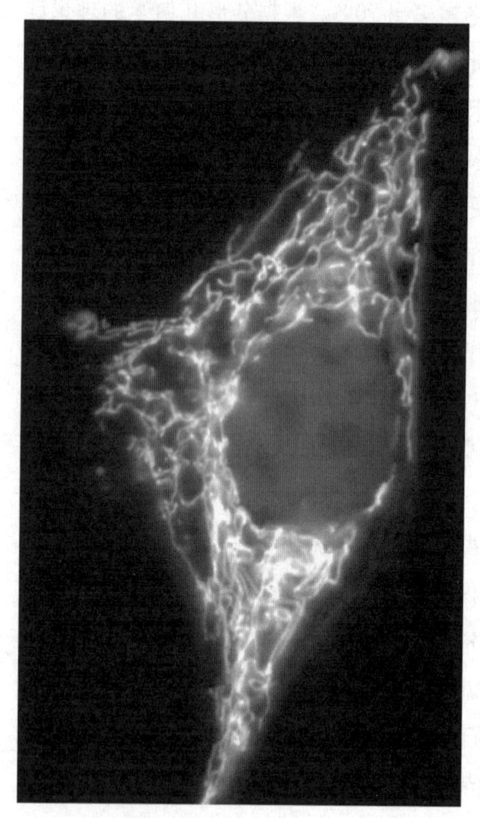

图 13

组织培养中的哺乳动物细胞的线粒体网络，用线粒体荧光染色剂染色。线粒体经常在细胞内移动，形成网状网络，如图所示，但这些网络和分形树并不相像。

为了解决这些问题，韦斯特、布朗和恩奎斯特重新设计了他们的模型，以消除对明确结构（比如分支的解剖学结构）的需要，将其建立在层级网络（网络中的网络，就像一组俄罗斯套娃）的几何学基础上。宾夕法尼亚大学的贾扬斯·巴纳瓦尔和他的同事们试图简化网络模型，以完全消除分形几何学的需要；但是他们依然指定了一个分支供应网络。自 20 世纪 90 年代末以来，每隔几个月，各种深奥的数学论点就充斥着著名的科学期刊，经常给出尖刻的数学上的回击，比如“这肯定是不正确的，因为它违背了维度的同质性……”这一理论倾向于使生物学家和物理学家呈现两极分化的对立状态，生物学家只是过分在意那些普遍规则的例外（“是的，但小龙虾又该怎么解释呢?”），而物理学家，像韦斯特，则寻求一个统一的解释。韦斯特并不讳言：“如果伽利略是一个生物学家，他会写一卷书，记录不同形状的物体是如何以稍微不同的速度从比萨斜塔上落下的。他应该无法看穿那些令人分心的表面细节而去发现根本的真相：如果你忽略空气阻力，所有物体都以相同的速度下落，而不管它们的重量如何。”

供应与需求还是需求与供应?

这其中最令人深省的发现是韦斯特和布朗与洛斯阿拉莫斯生物化学家威廉·伍德拉夫在 2002 年合作的一份报告。他们在《美国国家科学院院刊》上发表了数据，将分形模型扩展到线粒体上。他们展示了线粒体，即使是单个线粒体内的数千个微小的呼吸复合物，也可以标绘在同一个通用的 1/4 次方标度率上，换句话说，代谢率和尺寸之间的关系从单个呼吸复合物的水平一直延伸到蓝鲸，跨越了“令人震惊的 27 个数量级”。当我提出这本书的构想时，我就想到了讨论他们的论文。我读得足够仔细并且认为他们的中心论点很有说服力，但并没有真正读懂它的引申含义。从那以后，我就一直在苦苦思索，是不是真的是一条直线连接线粒体内单个复合物的代谢率和蓝鲸的代谢率？如果这是真的，那这又代表了什么？

因为代谢率被定义为耗氧率，主要发生在线粒体中，因此说到底，代谢率反映了线粒体自身的能量转换。线粒体能量产生的基础速率与生物的大小成正比。根据韦斯特和他的同事的说法，这条线的斜率是由供应网络的特性决定的，这个供应网络连接着细胞、线粒体，最后深入到呼吸复合物自身。这意味着网络的规模限制了代谢率，并“迫使”单个线粒体有一个特定的代谢率，韦斯特和他的同事把网络看作某种限制，他们称之为“网络等级霸权”。①

但如果供应网络确实限制了代谢率，那么当动物变得更大时，单个线粒体的代谢率就会被迫减慢，不管这是好是坏。它们可能达到的最大功率必须下降。为什么？因为当动物变大时，网络规模的限制使得每个毛细血管供养更多的细胞（不然模型就根本不起作用）。代谢率必须下降以适应毛细血管的密度。正如韦斯特和他的同事所承认的，这是尺寸变大所带来的限制，而不是一个机会，与能量效率无关。

如果这是正确的，那么韦斯特的一个口语化的论点肯定是错误的。他认为：“一个生物的体型越大，它们的能量效率就越高。这就是为什么大自然演化出了大型动物。这是一种更好的利用能源的方式。”如果

① 事实上，他们基于此做出了一个特定的预测。网络的存在迫使单个线粒体的运行速度比没有网络限制时要慢。细胞有大量的营养物质直接从周围的介质输送到细胞：没有网络，所以细胞不受它束缚。如果没有限制，代谢率就会上升。在此基础上，韦斯特、伍德拉夫和布朗计算出，哺乳动物细胞在培养过程中应变得更为代谢活跃，他们预测细胞在培养几代后应含有大约5 000个线粒体，每个线粒体有3 000个呼吸复合物。这些数字似乎是错误的。哺乳动物细胞倾向于通过失去线粒体来适应培养，转而依赖发酵来提供能量，并释放出乳酸废物。众所周知，乳酸的积累阻碍了哺乳动物细胞的生长。至于单个线粒体中呼吸复合物的数量，大多数估计是30 000左右，而不是3 000左右。韦斯特、伍德拉夫和布朗的估计似乎低了一个数量级，远远谈不上“符合观察结果”。

韦斯特的分形论点是正确的，那么事实应该正好相反。当动物变大时，组成它们的细胞被供应网络强迫使用更少的能量。大型动物必须找到一种以更少的能量（至少相对于它们的质量来说是这样）生存的方法。这不是效率问题，而是配给问题。如果网络真的限制了代谢率，这只是又增加了另一个原因说明为什么大型动物及其复杂性的演化是几乎不可能发生的。

那么，生物是否受到其网络的制约呢？网络当然很重要，而且在分支行为上可能是符合分形几何学的特征的，但是有充分的理由质疑网络是否限制了代谢率。实际上，事实或许恰恰相反：在某些情况下，需求控制着网络，供需平衡似乎和经济学家的关系更密切，但在这种情况下，它决定了演化轨迹是会朝着更复杂的方向，还是永远陷入细菌的窠臼中，而不会演化出真正的复杂性。如果细胞和生物在变大的过程中变得更高效，那么更大的尺寸确实会带来回报，激励它们变得更大。如果尺寸和复杂性真的齐头并进，那么更高的复杂性也同样会有回报。有充分的理由让生物在演化过程中变得越来越大，越来越复杂。但是如果更大的尺寸只得到被强制节俭的回报，正如小气鬼的吝啬欢迎，那么为什么生命会变得更大更复杂？对更多基因和更好组织的要求已经让大尺寸付出了代价，但是如果分形模型是正确的，那么大尺寸又同时立下了一个永恒的贫穷誓言作为惩罚，这对巨人来说是要图什么呢？

质疑普适常数

人们有各种理由怀疑分形模型是否真确，但最重要的一个原因是指数本身的可靠性，即连接代谢率和质量的直线的斜率。分形模型的最大优点是它从理论出发推导出代谢率和质量之间的关系。该模型仅考虑分支供应网络在三维空间个体中的分形几何学，该模型预测动物、植物、真菌、藻类和单细胞生物的代谢率均应与其质量的 3/4 次方或质量$^{0.75}$成正比。另一方面，如果经验数据的积累表明该指数不是 0.75，那么分形模型就有问题。它提出了一个在经验上被发现是不正确的答案。一个理论在实证经验上的失败可能会导致一个奇妙的新理论——牛顿宇宙观点的失败带来了相对论，但它也理所当然地导致了原始模型的消亡。在我们的案例里，分形几何学解释生物幂次定律的前提是幂次定律真的存在，且指数真的是一个常数，0.75 这个数值具有真正的普遍性。

我提到过阿尔弗雷德·赫斯纳和其他人几十年来一直在质疑 3/4 指数的有效性，认为马克斯·鲁布纳最初的 2/3 标度实际上更准确。这件事在 2001 年有了端倪，当时在马萨诸塞州剑桥市的麻省理工学院的物理学家彼得·多兹、丹·罗思曼和乔舒亚·韦茨重新研究了新陈代谢的“3/4 定律”，他们找到克莱伯和布罗迪的原始数据集以及其他开创性的文章，来研究这些数据到底有多可靠。

正如在科学中经常发生的那样，一个领域看似坚实的基础，细看却成了一片废墟。尽管克莱伯和布罗迪的数据确实支持 3/4 这个指数（或者分别为 0.73 和 0.72），但他们的数据集相当小，克莱伯的数据集只包含 13 种哺乳动物。后续的数据集由几百个物种组成，在重新分析时发现通常不支持 3/4 指数。例如，鸟类和小型哺乳动物的指数接近 2/3。奇怪的是，大型哺乳动物的指数似乎向上偏离，这实际上是 3/4 指数的基础。如果一条直线跨越了 5 或 6 个数量级穿过整个数据集，那么斜率实际上大约是 3/4。但是画一条直线就已经假定存在一个普遍的比例，如果根本没有呢？这样的话，两条有不同的斜率的直线可以更好地逼近数据，因此无论出于什么原因，大型哺乳动物与小型哺乳动物是完全不同的。[①]

① 另一项发表于 2003 年的重新分析中，阿德莱德大学的克雷格·怀特和罗杰·西摩也得出了类似的结论。

这可能看起来有点混乱，但有没有强有力的经验上的理由支持一个很好的普适常数？很难。当在对数坐标图上标注爬行动物的数据时，斜率更高，约为 0.88。有袋类动物的斜率较低，约为 0.60。汉米森在 1960 年的那个包括单细胞生物（使 3/4 规则看起来真正放之四海皆准）在内的经常被引用的数据集结果只是幻想，这个数据集会因为选定的生物分类不同而有所变化，斜率在 0.60 到 0.75 之间变化。多兹、罗思曼和韦茨赞同早先的一次重新评估，即“3/4 次方标度率法则……对于单细胞生物而言，是毫无说服力”。他们发现水生无脊椎动物和藻类的比例在 0.30 到 1.0 之间。简言之，一个单一的普适常数在任何一个门中都不能被支持，只有当我们贯穿所有门，画出一条线包含许多个数量级时，才能被感觉到。在这种情况下，即使个别门不支持普适常数，直线的斜率也大约为 0.75。

韦斯特和他的合作者认为，正是这种更高倍率的放大揭示了分形供应网络普适的重要性，即单个门的不一致性只是不相关的噪声，就像伽利略的空气阻力一样。他们可能是对的，但人们至少必须考虑到这样一种可能性，即“普适”标度定律是通过在不同的组中画一条直线而产生的一种统计上的产物，而这些组中没有一个符合总体规则。如果我们有一个很好的理论基础来支持它的存在，我们可能依然倾向于一个普适定律，但似乎分形模型在理论领域内也是有问题的。

网络限制的限制

在某些情况下，很明显供应网络的确束缚了功能。例如，单个细胞内的微管网络在小范围内分配分子时效率很高，但可能会受到细胞大小的限制。因此除此之外，还需要一个专门的心血管系统来满足需求。同样，具有盲端的中空管系统，即气管，将氧气输送到昆虫的各个细胞，对昆虫能达到的最大尺寸施加相当低的限制，我们对此要永远心怀感激。石炭纪时期空气中高浓度的氧气可能提高了限制，促进了像海鸥一样大的蜻蜓的演化，我在《氧气：建构世界的分子》一书中曾经提到过。供氧系统也会影响尺寸的下限。例如，鼩鼱的心血管系统几乎肯定接近哺乳动物的大小下限：如果主动脉变小，脉搏的能量就会消散，血液黏度引起的阻力会阻碍平滑流动。

在这样的限制范围内，供应网络是否如分形模型所规定的那样限制氧气和营养物质的输送速率？不完全是。问题是分形模型将静息代谢率与体型大小联系起来。静息代谢率被定义为静息时的耗氧量，静息时指的是安静地坐着，吃饱了但并不是在积极地消化中（即“吸收后状态”），因此这是一个相当人造的术语——我们不会在这个状态停留太长时间，野生动物更是如此。在休息的时候，我们的新陈代谢不受氧气和营养物质的输送所限制。如果是的话，我们就不可能开始跑步，或者除了安静地坐着，我们甚至没有消化食物所需的耐力储备。相比之下，**最大**代谢率——被定义为有氧运动的极限——无疑是受氧输送速率的限制。我们很快就开始大口喘息并积累乳酸，因为我们的肌肉必须转为无氧发酵来满足能量需求。

如果最大代谢率也以 0.75 指数作为比例，那么分形模型就说得通了，由于分形几何学可以预测最大有氧范围，也就是说，休息和最大运动量之间的有氧能力范围。最大和静息代谢率以某种方式连接是可能发生的，比如（演化上）一个不能上升除非另一个上升。这不是不可能。静息代谢率和最大代谢率之间有一定的联系：一般来说，最大代谢率越高，静息代谢率越高。多年来，有氧范围（从静息状态到最大代谢率中氧消耗的增加）被认为是固定在 5 到 10 倍；换句话说，所有的动物在最高代谢状态时的氧气消耗是静息状态时的 10 倍甚至更多。如果这是事实的话，那么静息代谢率和最大代谢率会与体型大小的 0.75 次方成比例。整个呼吸器官将作为一个不可分割的单元，其规模可以通过分形几何学来预测。

最大代谢率也是以0.75指数作为比例？这点很难肯定，因为数据的分散程度高得令人困惑。有些动物比其他动物更具运动性，甚至在同一物种中也是如此。运动员的有氧运动范围比坐在沙发前整天看电视的人要大。虽然我们大多数人在运动中能将耗氧量提高10倍，但有些奥运会运动员的有氧运动范围却达到了20倍。像灰狗一样的运动型狗有着30倍的有氧范围，马有50倍，叉角羚羊有65倍，保持了哺乳动物的纪录。运动型动物通过对呼吸和心血管系统做出特殊的适应来提高它们的有氧范围：相对于它们的体型大小，它们有更大的肺体积，更大的心脏，更多的红细胞血红蛋白，以及更高的毛细血管密度，诸如此类。这些适应并不排除有氧范围也可能与体型大小有关的可能性，但它们确实使体型大小难以从其他因素的混乱中分离出来。

尽管分散，长期以来一直怀疑最大代谢率与体型大小成比例，虽然指数似乎大于0.75。然后在1999年，位于班戈的威尔士大学的查尔斯·毕晓普开发了一种校正某个物种的运动员优势的方法，以揭示体型的潜在影响。毕晓普指出，哺乳动物心脏平均占身体体积的1%左右，而平均的血红蛋白浓度约为每100毫升15克。正如我们已经看到的，运动型哺乳动物有较大的心脏和更高的血红蛋白浓度。如果这两个因素被校正（使数据“正常化”以符合标准），那么95%的分散数据都会被消除。最大代谢率对数对体型大小的对数可以在对数坐标图上绘制出一条直线，斜率大约0.88，意味着代谢率每上升4个刻度质量大约上升5个刻度，关键的是，0.88的指数远高于静息代谢率的指数，这意味着什么？这意味着最大代谢率和质量更接近正比——更接近于预期的质量每改变1个刻度，代谢率也移动差不多1个刻度。如果我们把身体质量加倍，细胞的数量增加1倍，我们就几乎是将最大代谢率增加了1倍。

这一差异小于我们在静息代谢率中的发现。这意味着有氧范围随着体型大小的增加而增加。动物越大，静息代谢率和最大代谢率之间的差异越大；换句话说，较大的动物通常可以获得更大的耐力和力量储备。

这些问题都令人着迷，但是对于我们的目的而言，最重要的一点是最大代谢率的 0.88 斜率与分形模型所预测的 0.75 不符，两者的差异在统计学上有高度的显著性。在这一点上，分形模型似乎也与数据不符。

再多要一点

那么为什么最大代谢率有更高的指数比例？如果细胞数量增加 1 倍，代谢率增加 1 倍，那么每一个细胞消耗的食物和氧气量就与以前相同。当两者成正比时，指数为 1。指数越接近 1，动物越接近保持相同的细胞新陈代谢能力。在最大代谢率上这是至关重要的。为了理解它为什么如此重要，让我们考虑一下肌肉力量：很明显，因为我们变大了，所以我们想要变得更强，而不是变得更弱。到底发生了什么？

任何肌肉的强度都取决于肌纤维的数量，就像绳子的强度取决于纤维的数量一样。在这两种情况下，强度都与横截面积成正比；如果你想知道一根绳子由多少纤维组成，最好把绳子剪断。它的强度取决于绳子的直径，而不是它的长度。另一方面，绳子的重量取决于它的长度和直径。直径为 1 厘米、长度为 20 米的绳子和直径为 1 厘米、长度为 40 米的绳子强度相同，但重量前者是后者的一半。肌肉强度也一样，取决于横截面积，因此，随着维度的平方而上升，而动物的重量随着维度的立方而上升，这意味着当质量上升，即使每个肌肉细胞都维持同样的力量收缩，整个肌肉的力量充其量只能随质量的 2/3 次方（质量$^{0.67}$）增加。这就是为什么蚂蚁能举起比自己重几百倍的树枝，蚱蜢能跳得很高，而我们几乎不太能举起和自己重量一样的东西，也不能跳得比自己身高高多少。相对于我们的质量来说，我们是较弱的，即使肌肉细胞本身并不弱。

当1937年《超人》动画片问世时，一些说明文字用肌肉力量与身体质量的比例来给出“克拉克·肯特惊人力量的科学解释”。在超人的家乡氪星上，据动画片说，氪星居民的身体结构比我们的身体结构要领先数百万年。体型大小和力量是一一对应的，这使得超人的呼吸就其体型大小而言，相当于蚂蚁或蚱蜢的呼吸。10年前，霍尔丹证明了这个想法的谬误，在地球上或其他任何地方：“一个肌肉和鹰或鸽子相当的天使，胸部要突出4英尺才能容纳能使翅膀正常工作的肌肉，同时为了节省重量，它的双腿必须简化为两根高跷。”

对于生物适应度而言，有着与体重相称的力量比空有一身蛮力更为重要。飞行和许多如树上荡秋千或攀岩之类的体操般的技巧，都取决于力量与体重的比例，而不仅仅是靠粗野的力量。许多因素（包括杠杆长度和收缩速度）意味着肌肉产生的力量实际上可以随着体重增加而增加。但是如果细胞本身随着体积的增加而变弱，所有这些都是无用的。这听起来可能是荒谬的，为什么它们会变弱？好吧，如果它们受到氧气和营养物质供应的限制，它们会变弱，如果肌肉细胞受到分形网络的限制，就会发生这种情况。肌肉会有两个缺点——一是单个细胞会被迫变弱，二是肌肉整体将不得不承受更大的重量。这是一个双重打击，是我们最不希望看到的：随着体型大小的增加，没有办法让肌肉不承受更大的重量，但大自然应该可以防止肌肉细胞随着体型大小的增加而变弱！是的，它可以，但只是因为分形几何学不适用于此。

如果肌肉细胞不是随着体型的增大而变弱，那么它们的代谢率必须与身体质量成正比：它们应该与1指数成比例。质量每改变1个刻度，代谢率也会改变相同的1个刻度，因为如果不是这样，肌肉细胞就不能维持同样的力量。我们可以预测，单个肌肉细胞的代谢能力不应随体积而下降，而应随质量1或1以上的指数而变动；它们的代谢能力不应该下降。这确实是事实。与肝脏这样的器官不同（正如我们所看到的，从老鼠到人肝脏的活性下降了7倍），骨骼肌的力量和代谢率在所有哺乳动物中都是相似的，**不管它们的大小如何**。为了维持这种相似的代谢率，肌肉细胞必须有一个相匹配的毛细血管密度，这样，每根毛细血管在老鼠和大象体内服务的细胞数量是一样的，骨骼肌中的毛细血管网络远不像分形网络那样缩放自如，它们几乎不会随着体型的增大而改变。

骨骼肌和其他器官的区别是普遍规律——毛细血管密度取决于组织的**需求**，而不是分形供应网络的限制——的一个极端例子。如果组织需要增加，那么细胞将消耗更多的氧气。组织的氧气浓度下降，因此细胞变得**缺氧**——它们没有足够的氧气会发生什么？这种低氧细胞发出痛苦的信号，像血管内皮生长因子一样的化学信使。我们不必过于担心细节，但关键是这些信使会诱导新的毛细血管生长到组织中。这个过程可能是危险的，因为这就是癌症中肿瘤如何被血管浸润（转移的第一步，或肿瘤前哨站扩散到身体其他部位）。其他的医疗状况包括新血管的病理性生长，如视网膜黄斑变性，是导致成人失明的最常见形式之一。但是新血管的生长通常会恢复生理平衡。如果我们开始有规律的运动，新的毛细血管会长入肌肉以提供它们需要的额外氧气。同样，当我们适应高山的高海拔环境时，氧气的低分压会导致新的毛细血管的生长。大脑在几个月内可能会额外发展出50%以上的毛细血管，并在回到海平面后再次失去它们。在所有这些情况下——肌肉、大脑、肿瘤——的毛细血管密度取决于组织的需求，而不是网络的分形特性。如果组织需要更多的氧气，它只要开口——毛细血管网络就会长出新的血管来提供更多氧气。

毛细血管密度取决于组织需求的一个可能原因是氧的毒性。正如我们在前一节中看到的那样，氧太多是危险的，因为它形成了反应性自由基。防止这种自由基形成的最佳方法是保持组织氧气水平尽可能地低。这种情况的发生很好地说明了一个事实，即整个动物王国体内的组织氧气水平都被维持在一个相近的、令人惊讶的低水平，从水生无脊椎动物（如螃蟹）到哺乳动物。在所有这些情况下，组织氧气水平平均为3或4千帕斯卡，也就是说，约占大气水平的3%到4%。如果氧气在高能动物（如哺乳动物）中以更快的速率消耗，则必须更快地输送：更快的流速或更高的**流量**。但组织中的氧气浓度不需要也不会发生改变。为了维持更高的流量，必须有更快的输入，也就是说有更强的驱动力。对于哺乳动物来说，驱动力是由额外的红细胞和血红蛋白提供的，它们提供的氧气比螃蟹多得多。因此，具有身体活力的动物有较高的红细胞计数和血红蛋白含量。

这就是症结所在，氧的毒性意味着组织的输送受到限制，需要使氧气浓度尽可能低。这在所有动物中都是相似的，而组织对氧气的需求是通过更高的流量实现的。组织中的流量需要跟上最大的氧气需求量，这就为所有物种设定了红细胞计数和血红蛋白水平。但是，不同的组织有不同的氧气需求量，因为任何一个物种的血液中血红蛋白含量或多或少都是固定的，这种情况是不会随着某些组织比其他组织需要更多或更少的氧气而改变的，但可以改变的是毛细血管密度。低的毛细血管密度可以满足低的氧气需求量，从而限制过量的氧气输送。相反，氧气需求高的组织则**需要**更多的毛细血管。如果组织（如骨骼肌）需求波动，那么保持组织氧气水平恒定在较低水平的唯一方法是在休息时将血液从肌肉毛细血管床中转移出去。因此，骨骼肌对静息代谢率的贡献很小，因为血液被转移到肝脏等器官。相反，在剧烈运动中，骨骼肌消耗了大量的氧气，以至于一些器官不得不部分关闭它们的血液循环。

血液向骨骼肌毛细血管床的分流解释了最大代谢率较高的指标指数的0.88：总代谢率中更大的比例来自肌肉细胞，而肌肉细胞的代谢率与质量的 1 次方成正比——换句话说，每个肌肉细胞具有相同的次方，而不管动物体型大小。因此，代谢率介于静息状态质量$^{0.67}$ 或质量$^{0.75}$ 的静息值（不管哪个值是正确的）和肌肉值之间。它并没有完全达到指数 1，因为器官仍然对代谢率有贡献，而且它们的指数较低。

因此，毛细血管密度反映了组织的需求。因为整个网络是根据组织的需求进行调整的，所以毛细血管密度实际上与代谢率相关，如果组织的氧气需求量较低，那么负责供氧的血管就较少。有趣的是，如果组织的**需求**与身体的大小成比例增加——换句话说，如果大型动物需要食物和氧气的程度不像小型动物那么大——那么毛细血管网络和需求之间的联系会给人一种错误的**印象**，即供应网络随着体型而变大。这只能是一种印象，因为网络总是由需求控制，而不是反过来。韦斯特和他的同事们似乎把相关性与因果关系混淆了。

代谢的重要组成部分

静息代谢率指数小于 1 的事实（确切的数值是多少并不重要）意味着细胞的能量需求随着体积的增大而下降，更大的生物不需要在维持生命上花费如此大比例的资源。甚而至于，小于 1 的指数适用于所有真核生物，从单细胞到蓝鲸（同样，指数在各种情况下是否完全相同并不重要），这意味着能量效率是非常普遍的。但这并不意味着体型大小的优势在任何情况下都是一样的。要想知道为什么能量需求下降，以及这可能带来什么样的演化机遇，我们需要了解代谢率的组成部分，以及它们是如何随着体型大小而变化的。

事实上，不管是哪个网络，我们还没有证实更大的尺寸带来的是效率，而不是限制——从指数本身而言，这几乎是无法判断的。例如，细菌的代谢率随尺寸而下降。正如我们在上一节中看到的，这是因为它们依靠细胞膜产生能量。因此，它们的代谢能力随表面积与体积比而成比例变化，比如质量$^{0.67}$。这是一个约束条件，有助于解释为什么细菌几乎总是很小。真核细胞不会受到这种限制是因为它们的能量是由细胞内的线粒体产生的。事实上，真核细胞要大得多的事实意味着它们的尺寸不受这种限制。对于大型动物来说，除非我们能说明**为什么**能量需求会随着尺寸下降而下降，我们不能排除比例反映的可能只是限制而不是机会。

我们已经注意到，大的骨骼肌对静息代谢率的贡献很小，这应该使我们警觉到，不同器官对静息代谢率和最大代谢率的贡献也不同。在休息时，大部分的氧气消耗发生在身体器官中，如肝脏、肾脏、心脏等。它们的消耗量取决于它们相对于整个身体的大小（可能会随着体型大小而变化），再加上构成器官的细胞的代谢率（根据需求而变化）。比如，心脏的跳动必然对所有动物的静息代谢率都有贡献。当动物变大时，它们的心脏跳动得更慢。因为随着体型增大，心脏占身体的比例大致保持不变，但跳动得更慢，所以心肌对总代谢率的贡献必须随着体型增大而下降。可能其他器官也会发生类似的情况。心脏跳动得更慢是因为它**尚有余力**——这一定是因为其他组织的需氧量下降了。相反，如果组织的需氧量上升，例如我们跑步时，心脏必须跳动得更快才能提供能量。事实上，大型动物的心率较慢，这意味着体型变大确实可以提高能量效率。

不同的器官和组织对体型大小的增加有不同的反应。骨头就是一个很好的例子。和肌肉一样，骨骼的强度取决于横截面积，但与肌肉不同的是，骨骼对新陈代谢几乎毫无贡献。两个因素都影响比例。想象一下一个60英尺高的巨人，比普通人高、宽、厚10倍。这又是一个霍尔丹的例子，他引用了《天路历程》（霍尔丹文章中为数不多的参考文献之一，我怀疑今天还有多少科学作家会用班扬的作品来做日常的类比）中的两个分别叫作教皇和异教徒的巨人。因为骨骼的强度取决于横截面积，巨人的骨骼是我们的强度的100倍，但他们所承受的重量是我们自身重量的1 000倍甚至更多。每平方英寸的巨大骨头必须承受超出我们骨头所承受的10倍的重量。因为人的大腿骨在大约10倍于人类体重的情况下会断裂，教皇和异教徒每次踏出一步都会折断大腿。霍尔丹推测这就是为什么他们总是坐着的原因。

骨强度与体重的比例关系解释了为什么大而重的动物和小而轻的动物必须有不同的形状。伽利略在其著作《关于两门新科学的对话》中首次描述了这种关系，伽利略观察到，与小动物的细长骨骼相比，大型动物的骨骼在宽度上比在长度上生长得更快，朱利安·赫胥黎爵士在20世纪30年代给伽利略的想法提供了坚实的数学基础。为了使骨骼保持与重量相匹配的强度，它的横截面积必须以与体重相同的比例变化。让我们将巨人的尺寸加倍。他的体积和体重增加了8倍（2^3）。为了支撑这个额外的体重，他的骨头横截面积必须增加8倍。然而，骨骼既有长度，也有横截面积。如果骨骼的横截面积增加了8倍，长度增加了1倍，那么现在骨骼的重量是原来的16（2^4）倍。换句话说，骨骼在身体质量中所占的比例更大。理论上，比例指数是4/3，即1.33，尽管事实上它小于这个数值（约1.08），因为骨强度不是恒定的。然而，正如伽利略在1637年所认识到的那样，骨量为任何必须支撑自身重量的动物的体型大小都设下一个无法逾越的限制，即当体型变大，骨量会追赶上总质量。鲸鱼可以超过陆地动物的体型大小限制是因为它们依靠水的密度支撑。

事实上，随着体型的增大，骨骼在身体质量中所占的比例必然会增加，再加上它们的代谢惰性，这意味着巨人身体中有很大一部分是没有代谢活力的。这会降低总代谢率，因此也影响了代谢率随体型大小的变化（比例指数为0.92）。然而，仅仅骨量的差异不足以解释代谢率随体型大小的变化。但其他器官是否也会以类似的方式变化？肝或肾功能是否有一个临界点，超过这个临界点就不需要继续积聚更多的肝或肾细胞了？有两个理由认为这些器官的功能确实有一个阈值：第一，许多器官的相对尺寸随着体型大小的增加而减小，例如对于只有20克重的小鼠来说，肝脏只占到其体重的5.5%，而对于大鼠而言，肝脏只占到其体重的4%，对于200公斤的小马来说，这一比例只有0.5%。即使每个肝细胞的代谢率保持不变，较低的肝脏质量比例也会导致小马的代谢率降低。第二，每个肝细胞的速率不是恒定的：每个细胞的耗氧量从老鼠到马大约下降了9倍。据推测一个器官在体腔内的大小有一个最低限制——最好保持肝脏的大小，这样它就不会在腹膜中松动，而是限制组成其细胞的代谢率。两个因素的组合（一个相对小的肝脏和单个细胞较低的代谢率）意味着肝脏对代谢率的贡献随着体积的增大而显著下降。

到现在为止，我们可以开始看到动物的静息代谢率是由许多方面组成的。为了计算总的代谢率，我们需要知道每个组织、该组织内的每个细胞甚至细胞内的特定生化过程的贡献。这样的方法还可以解释代谢率是如何以及为什么从休息到有氧运动会发生变化。查尔斯-安托万·达尔维和他的同事们采取的就是这样的方法。他们在温哥华不列颠哥伦比亚大学，隶属于加拿大比较生物化学领袖彼得·霍查奇卡的实验室工作，研究结果于2002年发表在《自然》杂志上。达尔维和他的同事们试图将每一个方面的贡献，以及关键激素（如甲状腺激素和儿茶酚胺）的影响都纳入一个方程式用于解释代谢率随体型大小的比例变化，说明了整体上为什么静息代谢率和最大代谢率会分别有0.75和0.86的指数。韦斯特和他的同事们以及巴纳瓦尔和他的同事们都在期刊的读者来信部分中就其数学基础驳斥了他们的论文——显然，达尔维的方程确实需要一些改进。霍查奇卡的小组辩称他们概念性方法的正确性，并修改了他们的方程，且于2003年在《比较生物化学与生理学》杂志发表了一篇更详细的论述。不幸的是，这是彼得·霍查奇卡的最后一部作品，他于2002年9月死于前列腺癌，享年65岁。他的最后一篇论文是一项关于恶性前列腺细胞不规则代谢的研究，由他的医生作为联名作者发表，由此可见他对知识的不灭渴求。

对霍查奇卡论点在数学方面的尖锐驳斥，以及其辩护时对错误的承认，可能引起了一些冷静的观察者（包括我）的怀疑，如果数学基础是错误的，那么也许整个方法也是如此。然而并非如此，这可能是一个有瑕疵的初步估算，但它在生物学方面是有坚实基础的，我期待看到更复杂的修订版本。但它已经提供了一个定量的证据，表明代谢需求确实随着体型的增大而下降，代谢需求控制了供应网络，而不是反过来。更重要的是，它深刻地揭示了复杂性的演化，尤其是长期以来困惑着生物学家的问题——哺乳动物和鸟类的温血演化。没有什么比这更能说明尺寸和代谢效率之间的联系，以及这些属性是如何为更高的复杂性铺平了道路，因为温血远不止是在寒冷中保暖：它给生命增添了一个全新的能量维度。

第十节 温血革命

温血是一个误导性的术语。它意味着血液和身体的温度保持在高于周围环境的稳定温度。但是许多所谓的“冷血”生物，如蜥蜴，从这个意义上说，却是真正的温血动物，因为它们通过行为保持比周围环境更高的温度——它们靠晒太阳。虽然这听起来不太可能奏效（至少在英国是这样），许多爬行动物成功地将它们的体温控制在与哺乳动物的体温接近的有限的范围内——在35℃到37℃的水平之间（尽管在夜间会下降）。爬行动物（如蜥蜴）与鸟类和哺乳动物的区别不在于它们调节温度的能力，而在于它们是否由内部产生热量。爬行动物被称为“外温性的”，因为它们从环境中获得热量。而鸟类和哺乳动物是“内温性的”——它们从体内产生热量。

甚至“内温性”这个词也需要澄清一下。许多生物，包括一些昆虫、蛇、鳄鱼、鲨鱼、金枪鱼，甚至一些植物，都是内温性的：它们在体内产生热量，它们可以利用这些热量调节体温高于周围环境的温度。所有这些动物都独立地演化出内温性。这些动物通常在活动时利用肌肉产生热量。这一优势与肌肉的温度直接相关。所有的生化反应，包括代谢率，都取决于温度。温度每升高10℃，代谢率大约增加1倍。所有物种的有氧能力都随着体温的升高而提高（至少在反应被高温破坏前），因此在体温升高时速度和耐力都会提高，这显然提供了许多优势，无论是在竞争配偶还是在捕食者和猎物之间的生存之战中。①

鸟类和哺乳动物的区别在于它们的内温性不依赖肌肉的活动，而是依赖它们的器官，如肝脏和心脏的活动。在哺乳动物中，只有在严寒中颤抖或剧烈运动时，肌肉才会产生热量。在休息时，所有其他类群的动物的体温都会下降（除非它们通过晒太阳维持），然而哺乳动物和鸟类即便在休息时也依然保持恒定的高温。资源利用上的差异是如此挥霍和令人震惊的。如果同样大小的爬行动物和哺乳动物分别通过行为和代谢手段保持相同的温度，哺乳动物需要燃烧 6 到 10 倍的燃料来保持这个温度。如果环境的温度下降，这种差异就变得更大，因为爬行动物的体温会随之下降，而哺乳动物通过提高新陈代谢率，努力保持 37℃ 的恒定温度。在 20℃ 时，爬行动物只消耗哺乳动物所需能量的 2% 或 3%，在 10℃ 时仅消耗 1%。在野外，平均来说，哺乳动物大约要消耗同样大小的爬行动物的 30 倍的能量来维持生命。实际上，这意味着哺乳动物必须在**一天内**吃掉足够维持爬行动物一个月的食物量。

这种挥霍的生活方式的演化代价是巨大的。哺乳动物完全可以将 30 倍的能量转移到生长和繁殖上而不是仅仅用来保暖。光是想到这在青春期会带来多少麻烦我就不寒而栗；但考虑到自然选择是为了生存到性成熟和繁殖，这些代价确实是巨大的，但获益至少是和这些代价相等的，否则自然选择将有利于爬行动物的生活方式，而哺乳动物和鸟类的演化将在一开始就被扼杀。大多数解释温血演化的尝试都是着眼于为了自己的利益从而陷入困境。

---

① 蜥蜴在寒冷时行动迟缓（就像冬眠中的哺乳动物或鸟类），很容易受到捕食者的攻击。无耳蜥蜴通过头顶上的血窦找到了解决这个问题的方法。在早晨，它将头从洞穴中探出，并保持在那里，保持对捕食者的警惕，如果有必要，它可以缩回到里面。它可以通过头上的血窦温暖它的整个身体，只有在温暖到一定程度，身体加速足够快的时候才会冒出来。自然选择永远不会错过一个花招：有些蜥蜴的血窦和眼睑有联系，它们可以通过血窦向捕食者，特别是狗，喷射出味道令人厌恶的血液。

例如，内温性的好处包括夜间活动的能力，以及将生态位扩展到温带甚至极地气候的能力。如我们所见，高体温也会加快新陈代谢速率，对速度、耐力和反应时间都有潜在的好处。缺点是成本效益比，特别是将体温升高一点点所需的大量能量。消化一顿大餐可以使蜥蜴的静息代谢率在几天内提高 4 倍，但只会使体温升高 0.5℃。要保持体温的上升，爬行动物平均需要吃现在的 4 倍的食物——这并不容易，因为这不可避免将需要额外的几个小时来觅食，同时还要面对危险。速度和耐力上获得的优势也微不足道：0.5℃的温度使化学反应的速率加快了约 4%——对于大多数物种来说，这几乎位于个体运动能力的差异范围内。问题不仅仅是热量损失，这完全可以被羽毛或是皮毛的作用所抵消。一项有趣的实验表明，在实验中蜥蜴穿上定制的皮草大衣，非但没有通过改善热量保存来温暖身体，反而起到了相反的作用：它干扰蜥蜴从周围吸收热量。隔热不但可以防止热量散失，同时也能将热量挡在外面。简而言之，升高体温需要付出的巨大代价直接抵消了微不足道的好处。那么，我们如何解释哺乳动物和鸟类内温性的出现呢？

对内温性演化的最连贯和最合理的解释（尽管尚未得到证实）都是由当时加州大学欧文分校的阿尔伯特·贝内特和俄勒冈州立大学的约翰·鲁本于 1979 年在《科学》杂志上那篇具有启发性的难以超越的论文中提出的。他们的理论被称为“有氧能力”假说，提出了两个假设。首先，它假定最初的优势与温度无关，而是与动物的有氧能力有关。换句话说，自然选择主要针对速度和耐力，在最大代谢率和肌肉性能方面，而不是在静息代谢率和体温上。其次，这个假说假设了静息代谢率和最大代谢率之间存在着直接的联系，这样就不可能（在演化上）提高一个的同时而不提高另一个。选择更快的最大代谢率（较高的有氧能力）必然需要提高静息代谢率。这是合理的：我们已经注意到静息代谢率和最大代谢率之间存在联系。而且有氧范围（两者之间的实际差异）

随着体型的增大而增大，所以它们之间肯定有联系，但这是因果关系吗？如果一个上升或下降，另一个也必须随之变化么？

贝内特和鲁本认为，静息代谢率最终被提高到一个点，产生的内热可以永久性地提高体温。在这个点上，内温性所带来的诸如生态位扩张等优点因符合自身利益而被自然选择青睐。此时自然选择开始导向保留产生的内热，因此有利于绝缘层（如皮下脂肪、毛皮、羽绒和羽毛）的演化。

变大变复杂

对于有氧能力假说来说，哺乳动物和鸟类的最大代谢率和静息代谢率都需要持续地高于蜥蜴。这是众所周知的。①

蜥蜴很快就会筋疲力尽，其有氧运动能力很低。虽然它们可以很快地运动（当它们身体暖起来的时候），但它们的肌肉主要是由产生乳酸的无氧呼吸提供能量（见第二章）。它们可以维持爆发的速度不超过30秒，使它们能够飞奔到最近的洞和隐蔽处，然而因此它们需要几个小时才能恢复。相比之下，同样大小的哺乳动物和鸟类的有氧运动能力至少要高出6到10倍。虽然它们不会反应更快，也不会跑得更快，但它们能够保持固定的节律更久。正如贝内特和鲁本在《科学》杂志的论文中所说的那样："活力增加在自然选择上的优势不容小觑，这对于生存和繁殖是极为重要的。耐力更强的动物很容易被自然选择青睐，这很容易

① 比例方程为代谢率 = aM^b，其中a为种特异性常数，M为质量，b为比例指数。哺乳动物的常数a比爬行动物大5倍，但是这两组动物仍然是按大小来划分的（这两条线是平行的）。分形模型不能解释为什么不同物种应该有不同的特异性常数，换句话说，为什么哺乳动物和爬行动物不同器官的静息代谢率和毛细血管密度是不同的；也不能解释内温性的提高。在组织中需要更多的氧气来驱动更高的有氧性能：这样的驱动力导致肌肉和器官结构重塑，并伴随着分形供应网络的改变。

理解。这个优势可以让动物在收集食物或避免成为食物的过程中保持更长时间的追踪或飞行。它将在领土防御或入侵方面更优越，在求爱或交配方面更成功。”

动物需要做什么才能提高它的耐力和速度？最重要的是，它必须增强骨骼肌的有氧能力。要做到这一点，需要更多的线粒体、更多的毛细血管和更多的肌纤维。我们马上就遇到了空间分配的困难。如果整个组织都被肌纤维占据，那么就没有多余的空间让线粒体为肌肉提供动力，或者为了让毛细血管输送氧气，必须要有一个最佳的组织分布。在某种程度上，有氧能力可以通过将这些成分塞紧一些来提高，但除此之外，只有更高的效率才能使它进一步提升。这确实是事实。根据澳大利亚新南威尔士卧龙岗大学的研究人员托尼·赫伯特和保罗·埃尔斯的研究，哺乳动物骨骼肌的线粒体数量是同等大小蜥蜴肌肉中的 2 倍，而这些肌肉又是由膜和呼吸复合物组成的，大鼠骨骼肌中呼吸酶的活性也是蜥蜴的 2 倍左右。大鼠肌肉的有氧能力几乎是蜥蜴肌肉的 8 倍——这一差异完全归因于其较高的最大代谢率和有氧能力。

这涉及有氧能力假说的第一部分：对于耐力的选择提高了肌肉细胞的线粒体动力，导致更高的最大代谢率；但第二部分呢？为什么最大代谢率和静息代谢率之间有联系？原因不明，因为至今没有一个可能的解释被证实。即便如此，直觉上来说，应该有一个理由让我们可以预期它们之间的联系。我提到过，蜥蜴即使是在几分钟的剧烈运动之后也可能需要几个小时才能从疲惫中恢复。而其他器官比如肝脏和肾脏的恢复则不像肌肉这么缓慢，它们负责处理剧烈运动所产生的代谢废物和其他分解产物，这些器官的运转速率取决于它们自身的代谢能力，而代谢能力又取决于它们的线粒体动力，线粒体越多，恢复越快。据推测耐力的优势也体现在恢复时间上：考虑到哺乳动物肌肉的有氧能力将增加 8 倍，如果器官的功能不能出现代偿性的改变，那么器官功能就需要一整天，而不是几个小时才能从运动中恢复过来。

与肌肉不同的是，器官不会面临空间分配的两难境地——虽然线粒体的密度不会随着肌肉的大小而改变，但在器官中却会发生变化。随着动物变大，我们在上一节讨论的幂次定律告诉我们，它们的器官中的线粒体会越来越稀疏。这是一个等待已久的机会。因为一个大型动物的器官要获得能量，其组织结构不需要像肌肉那样进行重组：它可以简单地通过填充更多线粒体来解决。这个机会似乎引起了内温性。赫伯特和埃尔斯的经典比较研究表明哺乳动物器官中含有的线粒体数量是同等大小蜥蜴的5倍，但是线粒体的其他方面也没有什么不同，比如呼吸酶的效率是一样的，换言之，相较来之不易的肌肉力量的增强，靠多几个线粒体填满半空的器官来平衡新增加的肌力则相对简单。为了保证有氧运动的快速恢复，关键是肝脏等器官的功能要与肌肉的需求匹配，而不是与保暖的需要匹配。

质子泄漏

但是有一个邪恶的陷阱。我们已经看到，肌肉对静息代谢率的贡献很小：氧毒性的危险意味着血液从肌肉转移到器官中，在那里线粒体相对较少因此不易造成损害。所以在第一代哺乳动物中可能发生了什么，它们的器官中有额外的线粒体来补偿它们较高的有氧能力，但是没有地方转移血液，血液要么流经器官要么就要通过肌肉。

一旦我们的原型哺乳动物依靠它新获得的超凡的有氧能力捕捉到猎物，一旦消化结束，它就会进入睡眠。除了补充糖原和脂肪储备外，几乎不需要消耗能量。它的线粒体充满了从食物中提取的电子。这是一种危险的情况。线粒体中的呼吸链充满了电子，因为电子流相对缓慢。同时，周围有大量的氧气，因为血流无处可走。在这些条件下，电子很容易从呼吸链中逃逸出来，形成活性自由基，从而损伤细胞。这该如何是好？

根据剑桥大学的马丁·布兰德的说法，一个可能的答案是通过让整个系统保持运转来**浪费能量**。当没有电子沿着呼吸链向下流动时，自由基可能造成的危险最大。电子最容易被传递到呼吸链中的下一个复合物，因此，只有当这个复合物被电子塞满，正常流动受到阻碍时，才会与氧发生反应。重新启动电子流通常需要消耗 ATP。[①] 如果细胞对 ATP 没有需求，整个系统就会阻塞并变得具有反应性。这是在一顿大餐后休息时的情况。一种可能的解决办法是使得质子梯度解偶联，这样电子流与 ATP 的产生就没有了联系。在第二章中，我们将其与水电站大坝进行了类比，在需求量较低的情况下，溢流通道可以防止洪水泛滥。在呼吸链的例子中，一些质子不会通过 ATP 酶生成 ATP（主大坝闸门），而是通过膜上的其他孔（溢流通道）流回去。所以储存在质子梯度中的部分能量以热量形式耗散。通过这种方式使得质子梯度解偶联，慢电子流得以维持，进而限制了自由基造成的损伤（就像溢流通道阻止了洪水一样）。这一机制**确实**可以防止自由基损伤，约翰·斯派克曼和他在阿伯丁的同事与马丁·布兰德合作的一项引人入胜的对老鼠进行的研究证实了这一点。他们的标题是：《解偶联和存活：新陈代谢高的老鼠个体线粒体解偶联能力更强，寿命更长》。我们将在第七章中进一步探讨这一点，但简而言之，它们寿命更长，因为它们累积的自由基损伤更少。

在休息状态下，哺乳动物有大约 1/4 的质子梯度是以热量形式散失的。爬行动物也是如此，但它们每个细胞中只有哺乳动物 1/5 的线粒体，因此每克产生的热量是哺乳动物的 1/5。它们的器官也相对较小，

---

① 在呼吸作用中，ATP 由 ADP 和磷酸形成，在细胞工作过程中，它又被转换为 ADP 和磷酸盐，如果所有细胞的 ADP 和磷酸盐都已经转化为 ATP，那么就会缺乏原材料，这就意味着呼吸作用必须停止。一旦细胞消耗了一些 ATP，就会形成更多的 ADP 和磷酸盐，呼吸作用又重新开始，因此呼吸作用的速率与 ATP 的需求有关。

因此爬行动物的线粒体总数较少，总的算起来热量产生有差不多10倍差异。在第一代大型哺乳动物中，质子泄漏很可能产生了足够的热量，使体温显著上升，简单地说是有氧呼吸的一个副作用。一旦热量可以通过这种方式产生，自然选择就可以为了保持体温而倾向于内温性。相反，小型动物只有更好地将自己与外界绝缘，才能使生成的热量足够保持体温，甚至它们会加快产热的速度，这些特性可能是在内温性动物的后代中演化而来的——否则我们又回到为了提高体温而提高体温的问题上来了。换句话说，内温性很可能是在体型足够大、能平衡热量的产生和丢失的动物身上演化而来的。第一代内温性哺乳动物的后代需要进一步调整以解决它们的热量保留问题。像老鼠这样的小型哺乳动物需要用富含线粒体的棕色脂肪来补充它们正常的产热，棕色脂肪是专门用来产热的——在这里，所有的质子都会通过线粒体膜泄漏回来释放热量，这反过来意味着小型哺乳动物的静息代谢活动与肌肉的工作能力无关，而是与热量损失率有关。

这些想法解释了几个由来已久的难题，一劳永逸地打破了人们对一个普适常数（整个生命世界中新陈代谢率与质量$^{0.75}$的比例）任何挥之不去的执念。为什么小型哺乳动物和鸟类（其中没有一种接近大型哺乳动物）以大约2/3指数为比例，答案很明显：它们的新陈代谢率大部分都用来维持体温，与肌肉功能无关。相比之下，对体型较大的哺乳动物和爬行动物来说，产生热量并不是首要任务——恰恰相反，过热才是一个问题——因此它们器官的代谢能力只需要满足肌肉需求，而不需要产生热量。因为最大代谢率以0.88指数作为比例，静息代谢率也是如此。

动物有多接近这些预期值，取决于其他因素，如饮食、环境和物种。例如，有袋类动物的静息代谢率低于其他大多数哺乳动物，沙漠居民和所有食蚁动物也是如此：我们可以预测，它们从剧烈的体力消耗中恢复过来所需的时间应该更长，或者可能更少参与其中；通常情况下是后者。[①]

看来能量效率的高低可以通过不同的方式来满足。从有氧能力攀上新高峰的精力充沛的鸟类和哺乳动物，到尽管懒散程度不同但保护措施都很好却缺乏活力的动物（无论是犰狳还是陆龟），都可以通过不同的方式来满足其对能量效率的需求。

上坡的第一步

利用线粒体产生能量使得真核细胞比细菌平均而言要大得多，可能是细菌的 10 000 到 100 000 倍。大的尺寸带来了能量效率，在供应网络的效率所限定的范围内，体型越大越好。这是即时优势带来的直接回报，并有可能抵消更大尺寸的即时劣势，即对更多基因、更多能量和更好组织的需求。能量效率的即时回报可能有助于推动真核生物进入复杂性上升的斜坡。

仍然有一些难题让我感到困惑，但我认为它们是可以解释的。首先，能量效率通常被排除在自然选择的目标之外，理由是大型动物总归要比小型动物吃的食物更多：能量的节省仅在细胞或克重的基础上才明显。评论者很快指出，自然选择通常是在个体的水平上起作用，而不是在克重的基础上。这显然是正确的，但环境和生物的需要仍然与其大小有关。我们看到老鼠的饥饿程度是人类的 7 倍：相对它的体型而言，它必须找到和吃掉的食物是我们的 7 倍。但相对其周围环境而言，老鼠并不比我们强壮，也不比我们快。这里的“相对”一词是真的。显然，老

① 一些有袋类动物，如袋鼠，尽管静息代谢率低，但仍能以很快的速度移动。它们能做到这一点是因为跳跃不同于跑步，消耗量随着速度的增加逐渐减少，它们能跳得越来越快，而不需要消耗更多的氧气。跳跃更有效是因为它利用了反弹，在一定程度上可以与耗氧的肌肉收缩分离开来。

鼠不能捕猎水牛，但我们可以，我们还可以捕猎老鼠和任何比老鼠还小的东西。动物居住的世界是由它们的体型大小决定的，在我们自己的世界里，我们每天需要吃的食物比老鼠少 7 倍。同样的道理，我们可以在没有食物和水的情况下多存活 7 倍的时间。如果我们根据我们的体重来考虑我们需要吃多少食物，那么体型大小的不同优势就可以看得更清楚。例如，一只老鼠每天必须吃一半体重的食物以避免饥饿，而我们只需要摄入自己体重 2%左右的食物，这确实是一个真正的优势。但并不是说大体型毫无例外都占据主导优势，在很多情况下，小体型也可能会带来强大的优势，导致不同的演化趋势；不过大体型在能量方面的高效率似乎对真核生物演化方向有着深刻的影响。

第二个难题是关于能量优势的普遍性。在第四章中，我们主要考虑了哺乳动物和爬行动物。我们将能量节约的组成部分拆解开来，从而得出结论：它们提供了真正的机会，而不仅仅是受分形网络约束的结果。另一方面，我也指出了细菌被它们的表面积与体积比所限制，这是束缚，不是机会。单个真核细胞（比如变形虫）真的会因为体型变大而获得优势吗？树木或者虾呢？还是在我们拒绝一个普适常数的同时，也放弃了任何超越哺乳动物范畴的通用规律？

我不这么认为。我把其他的例子放在一边是因为答案一直不太确定——它们比哺乳动物和爬行动物受到的关注要少得多。尽管如此，我怀疑大多数生物，包括单细胞生物在内，获得的好处是一样的。在较大的生物中，这些都是我们熟悉的规模经济：买一打会更便宜。在社会上，这种效益取决于建立成本、运营成本和分销成本，而这些都对规模经济施加了外部限制。但是在这些限制范围内，这种效益是很普遍的。这是因为活的生物的运行规则是高度保守的，特别是它们的组织总是模块化的。单细胞和多细胞生物都是由功能部件镶嵌组成的。在多细胞生物中，器官执行特定的功能，例如呼吸或解毒；细胞内，各种功能是由线粒体等细胞器完成的。单个细胞内的模块化功能包括基因转录、蛋白质合成、包装、膜合成、泵盐、消化食物、检测和响应信号、产生能量、四处移动、运输分子等。我想正如规模经济适用于多细胞生物一样，它们也适用于单细胞的这些功能模块。

这个想法带我们回到了基因数量的问题，这一点我在本节的开头就提到了。我们注意到复杂的生物需要更多的基因，并想到了马克·里德利的观点，即性的发明有助于基因的积累，打开了复杂性的大门。但是，正如我们看到的，性可能不是守门人，它并没有限制细菌或单个真核细胞的基因数量。我想知道真核生物中基因的积累是否可以用大细胞的能量效率来更好地解释。大细胞通常有一个更大的细胞核。似乎维持细胞周期中的生长平衡需要细胞核与细胞体积的比值基本不变——又一个幂次定律！这意味着，在演化过程中，细胞核的大小和 DNA 含量会随着细胞体积的变化而调整，以达到最佳功能。因此，当细胞变大时，它们会做出调整，发展出一个含有更多 DNA 的更大的细胞核，即使这些额外的 DNA 不一定编码更多的基因。这解释了第一节中讨论的 C 值悖论，以及为什么像无恒变形虫这样的细胞的 DNA 含量是人类的 200 倍，尽管编码的基因要少得多。

额外的 DNA 通常被认为是垃圾，可能纯粹只是结构上的存在，但它也可以被用来服务于实用的目的，从形成染色体的结构支架，到提供结合位点，用来调节许多基因的活性，这些额外的 DNA 还构成了新基因的原材料，从而建立了复杂性的基础。许多基因的序列暴露出它们的祖先就是垃圾 DNA。也许复杂性的起源只是一个简单的规模问题？一旦真核细胞被线粒体驱动，它们变得更大就具备了选择性优势。更大的细胞需要更多的 DNA，而有了更多的 DNA 就有了产生更多基因和更高复杂性的原材料。我们注意到这和细菌中发生的是相反的：选择压力会压迫细菌失去基因，而真核生物却面临着获得它们的压力。如果里德利的观点是正确的，那就是性推迟了突变所造成的破坏性后果，那么更大的尺寸对 DNA 的需求可能是导致演化上出现性的潜在选择压力。

在真核细胞中，线粒体的存在使生命的可能性上升到了顶峰。线粒体使得变大成为可能，而不是惊人的不可能，这颠覆了那个让细菌受到束缚的世界。随着大体型而来的是更高复杂性，但是同时线粒体和宿主细胞之间的冲突也带来了坏处。这场漫长战争造成的后果波及很广，使得生命永久地带上深深的伤疤；然而，即使是这些伤疤也有创造和破坏的力量。没有线粒体，就不会有细胞自杀，但也不会有多细胞“个体”；也不会衰老，但没有性别。线粒体的黑暗面更有能力改写生命的剧本。

第五章

谋杀还是自杀：个体的艰难诞生

当体内的细胞变得疲惫不堪或受损时，它们会因被迫自杀（又称为细胞凋亡）而死亡。细胞会起泡，被包装起来，重新吸收。如果控制细胞凋亡的机制失效，就会导致癌症——细胞和整个身体之间的利益冲突。细胞凋亡对于多细胞个体的完整性和凝聚力似乎是必要的，但是曾经独立的细胞是如何为了更大的利益而接受死亡的呢？如今细胞凋亡是由线粒体控制的，而死亡机制是它们从细菌祖先那里继承的，这暗示着一段谋杀未遂的历史。那么多细胞个体的凝聚力是不是由这致命的矛盾所导致的呢？

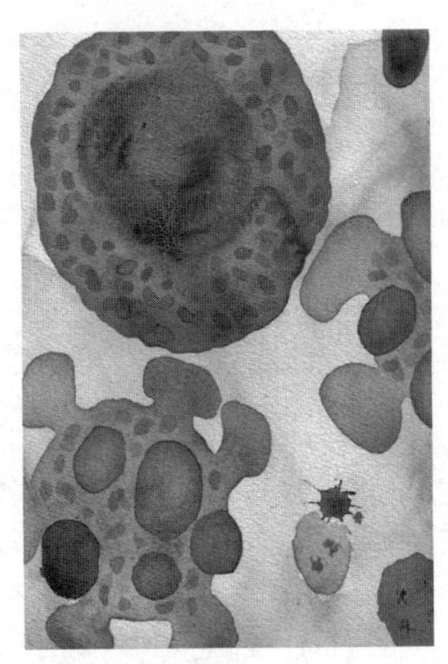

线粒体凋亡造成的死亡——线粒体通过强制自杀决定细胞的生死

笛卡儿说“我思故我在”，这使得我们不禁反问：“那我到底是什么?”长期以来，哲学家和科学家都无法理解个体的本质，这个问题直到现在才明朗起来。我们可以说，个体是一个由基因相同的细胞组成的生物，这些细胞为了生物的整体利益而特化执行不同的任务。从演化的角度来看，问题是：为什么体内的这些细胞将它们自私的利益放在一边而进行利他性的合作？不同组织层次，基因、细胞器和细胞之间不可避免地存在冲突，但矛盾的是，没有这些冲突，可能永远不会演化出塑造个体的牢固纽带。这种冲突刺激了分子“警察部队”的演化，这在很大程度上抑制了自私的利益，就像法律制度强制大家在社会中行为得体。在体内，程序性细胞死亡，又称为**细胞凋亡**，是控制冲突的关键。今天，细胞凋亡是由线粒体执行的，这增加了线粒体可能是个体进化的关键的可能性。在这一章中我们将看到，回到演化时期的迷雾中，线粒体确实与多细胞个体的崛起密切相关。

人们对自私基因、利他主义和自然选择局限性的抱怨远甚于你在表面上礼貌有加的科学协会中所能看到的。许多争论都围绕着一个简单的问题：自然选择对基因、个体、一群个体（如一群亲属群体）或整个物种有什么作用？1962 年，韦罗·怀恩·爱德华兹在其论文《动物的分布与社会行为之关系》中关于动物行为的极具说服力的论述吸引了大家的目光。他将社会行为的许多方面归因于物种层面的选择，而不是达尔文假设的个体层面。行为只是冰山一角。从物种层面而不是个体层面思考，许多其他的特征似乎更容易解释。例如，衰老似乎对个体没有任何好处（我们从衰老和死亡中得到什么好处?），但这看起来确实是对物种有益的措施，因为它会导致人口更替，防止过度拥挤和过度消耗贫瘠的资源。同样，性对个体来说似乎毫无意义，以至于必须依靠强烈的性快感贿赂我们；想必轻度的快感是不够的。不像细菌简单地一分为二，1个亲代细胞产生2个子代细胞，而性需要父母双方才能产生一个后代，使其成本是克隆繁殖的2倍。这就是性的双重代价，更不用说找配偶的麻烦了。更糟糕的是，性使得那些确保亲代成功的基因被随机遗传，造成潜在的负担。它最明显的价值是快速的散播变异，有利于有益的适应贯穿整个种群：这对整个物种来说是有益的。

对这些想法的反应通常被认为是极端达尔文主义，一个贬损意义很小的术语。人们一定会问，物种水平的选择是如何工作的？有很多可能的方法，例如，快速的种群更替可能导致快速的演化，在环境变化很快（例如在全球快速变暖期间）的情况下可能会使一个物种比另一个物种受益更多。另一种可能性，理查德·道金斯称之为“演化可能性的演化”，与物种的基因灵活性有关。有些物种在形态和行为上比其他物种有更大的演化空间。然而，在大多数情况下，演化的盲目性意味着这样物种水平上的选择是不能发生的。性是复杂的，不是一夜之间演化出来的。如果唯一的好处是在物种层面上，并且要等到性真正演化出来之后才有效果，那在这之间又会发生什么呢？任何一个尝试性行为的个体都会失败，最终被自然选择所淘汰，因为它们在获得任何优势之前，都要承受性的双倍成本，而且任何有益特征都会被随机遗传。不衰老的个体会留下他们的抗衰老基因，而抗衰老基因会主宰整个种群只是因为携带者有更多的时间生育更多的后代，而这些后代可以通过遗传获得相同的抗衰老基因，所以，一方面似乎很少有办法在物种水平上进行选择，另一方面，一些高贵无私的特征（在当时）又只能通过物种水平上的选择来解释。

从1960年代开始，威廉·汉密尔顿、乔治·威廉斯、约翰·梅纳德·史密斯和其他人试图通过在个人、亲属群体或者基因层面的选择来解释明显的利他主义特征。新的方法归结起来是一种数学上的对**广义适应性**的探索——霍尔丹在一次酒吧谈话中表达了一个著名的观点："为了救我的兄弟，我会牺牲我的生命吗？不，但我想救2个兄弟，4个侄子，或8个堂兄弟。"（理由是他与兄弟共有50%的基因，与侄子共有25%的基因，与堂兄弟共有12.5%的基因，所以他的基因至少会达到收支平衡），随后的许多激烈争论集中在诸如"自私"这样的术语的使用上，这些术语在生物学上有一个特定的含义，但在一般用法中却带有感情色彩。特别是理查德·道金斯的《自私的基因》影响了整整一代人，人们要么因它灵感大增，要么感到被激怒，至少部分原因是它写得太好了，让每个人都被他最终的结论吓得一哆嗦——生命有机体只是基因可抛弃的生存机器，受不朽的木偶主人——基因——所控制的提线木偶。道金斯说看待演化的唯一合乎逻辑的方式，就是停止盯着我们自己的肚脐眼，而是从"基因眼"来看待种群的动态变化。

认为基因是"自然选择单元"的观点遭到了来自多方面的攻击。最常见的攻击是声称基因对自然选择是不可见的：它们只不过是一段可以编码蛋白质或RNA的无活性的电报条。更重要的是，一个基因和它所编码的蛋白质之间有一种模棱两可的关系：同一个基因可能以不同的方式被分割，因此它可以编码几个不同的蛋白质；我们现在意识到，许多蛋白质履行不止一种功能。基因也可能有截然不同的作用，取决于它们所处的身体。例如，人们经常指出，血红蛋白基因的一个变种在半剂量（杂合子）时可以预防疟疾，但在全剂量（纯合子）时会导致镰刀状细胞型贫血。所有这一切都是对的，但它们并不会削弱以基因为中心去解释演化趋势的力量：个体可能是被选择的对象，但只有基因被传递给下一代。自私基因的关键在于，在有性繁殖中，个体不会从一代延续到下一代；任何个体的细胞，甚至是染色体也不会。身体就像天空中的云彩，每一朵都转瞬即逝，各不相同。而根据道金斯的理论，只有基因能持续存在，不易被扰乱，就像山川一样古老。从种群演化的角度来看，基因频率的变化是对演化进行量化的最好方法。在某种程度上，这是一个帮我们解决复杂问题的数学拐杖，但这也是现实，尽管它可能令人不快。

从自私基因的角度来看，个体的演化不是问题，如果我们称之为身体的细胞群碰巧成功地将其基因传递给下一代，这些基因就会茁壮成长，并对那些不以这种方式合作的基因造成不利影响。身体是基因合作的产物，而这些基因合作是为自己自私的目的服务——不断复制更多的拷贝。道金斯明确地指出："有些人用集落来打比方，把一个身体描述成一个细胞集落，我更喜欢把身体看作一个**基因**集落，把细胞看作是基因化学工业的一个方便的工作单元。"

自私基因的关键在于只有基因从一代传给下一代，所以基因是最稳定的演化单元：它是"复制子"。道金斯明确表示，这种观点仅限于有性繁殖的生物，就像大多数（但不是所有）真核生物一样。它对于细菌不具备同样的适用性，因为细菌是克隆性复制的。在这种情况下，可以说单个细胞在一代到另一代之间持续存在，而突变的累计又意味着基因本身确实发生了变化。实际上，在环境压力下，细菌甚至可以加快它们基因的突变速率。因此，对于细菌，自然选择是针对基因还是整个细胞，实在让人陷入两难。在许多方面，细胞就是复制子。

突变不一定会改变表型（生物的功能或外观），但根据定义，它们必须改变基因本身，甚至可能扰乱序列，使得在漫长的时间后变得难以辨认。突变得以累积是因为对基因运行几乎没有或根本没有任何影响，所以自然选择并没有注意到它们——我们称之为“中性”突变。人与人之间的大多数遗传差异——平均每 1 000 个 DNA 字母中就有一个，总计数百万个字母——都可能是中性突变的结果。当我们比较两个差异巨大的物种时，两个序列的差别可以如此之大以至于分辨不出它们之间有任何关系，除非我们把一系列亲缘关系比较近的中间物种也纳入考量，然后我们可以看到两个看似无关的基因其实是相关的。就算基因完全不同，它们所编码的蛋白质的物理结构和功能通常也是非常保守的，尽管氨基酸成分大多不同。很明显，自然选择针对的是蛋白质的结构和功能，而基因序列相对来说是可塑的，就像回到你曾经工作过的公司，发现你以前的同事没有一个还在那里工作，但业务类型、风气和管理结构与你记忆中的一模一样，仿佛是来自过去的幽灵般的回声。

因为基因可以改变，而细胞及其成分保持基本不变，细菌细胞可能被认为是比基因更稳定的演化单元。例如，蓝藻（发明光合作用的细菌）在演化过程中确实改变了它们的基因序列，但如果化石证据可信的话，它的表型在数十亿年里几乎没有改变。如果正如道金斯所说，自私基因的最大敌人是源自同一基因的其他竞争形态（多态型基因或改变过的基因），而中性突变则是自私基因搅乱者中出类拔萃的一群：随着中性突变的积累，基因序列会随着时间的推移而发生变异，同一基因在不同物种中可能有数以百万计的不同形式，只是被搅乱的程度各不相同；这是一切基因演化树的基础。因此演化就是基因的自私利益（它们“想要”产生自己的精确拷贝）与突变的随机能力相互对抗，后者不断扰乱基因序列，将自私的基因变成自己最大的敌人，使它成为自己曾经最讨厌的模样。

还有一些其他的考虑妨碍了基因在细菌中作为“自然选择单元”的作用。据说在克隆性复制中所有的基因都是一起传递的，所以基因的命运和细胞的命运没有区别。然而这种说法并不正确。细菌会交换基因，并且会被称为“噬菌体”的病毒攻击，它会在细菌体内装上一段又一段自私的DNA。然而，真核生物却被塞满了许多自私复制的“寄生”DNA（纯粹为了私利而不是为生物所复制的DNA序列）。细菌的基因组DNA很小，而且几乎没有寄生DNA。正如我们在第三章中看到的，细菌失去了多余的DNA，包括功能性基因，因为这可以加快它们的复制。如果这些基因是“自私的”，那么它们经常被驱逐出细胞进入到充满敌意的世界中，就是一种惩罚。也许把细菌中的水平基因转移看作基因自身的一种自私的防御行动是合理的，但一般来说，通过横向基因转移获得的额外基因只有在细胞依然需要这些额外基因的时候才会保留下来，过后它们就会与其他不需要的基因一起再次被丢失。我不怀疑我们可以用自私的基因来解释所有这些，但我发现用细胞本身的成本和效益，而不是基因来解释，这样的行为会更容易理解。

另一种观点认为，至少在细菌中，把细胞看作自私的单元，而不是把基因作为单元可能更好。这是因为基因并不直接编码细胞：它们编码制造细胞的装置——蛋白质和RNA，而这些蛋白质和RNA又建造了所需的一切。这似乎是一个微不足道的区别，但事实并非如此。所有的细胞，即使是细菌细胞，都有高度精细的结构。我们对它们了解得越多，我们就越意识到细胞的功能依赖于这种结构；正如我们在第二章中所看到的，细胞显然不仅仅是一袋酶。有趣的是，基因中似乎没有任何东西可以编码细胞的**结构**。例如，膜蛋白通过众所周知的编码序列被引导到特定的膜上，但是没有规定如何从头开始创建这样的膜，或者确定它应该在哪里建立，脂质和蛋白质只是被添加到现有的膜中。新的线粒体总是由旧的线粒体形成，它们不能从零开始。细胞中心粒（组织细胞骨架的小体）也有相似的情形。

在细胞的基本层次上，先天遗传**依赖**于后天教养，反之亦然。换句话说，基因的力量完全取决于细胞自身的存在，而细胞只能通过基因的作用延续。因此，基因**总是**在细胞内传递，例如，卵细胞或细菌，从来不会以独立包裹的形式传递。病毒是一个独立的包裹，只有当它们进入现有细胞的装置时才会活跃起来。我们在第二章中遇到的微生物学家富兰克林·哈罗德对这些问题进行了深思，他在20多年前说了以下这些话，至今几乎没有什么需要更正：

> 基因组是遗传信息的唯一储存库，归根结底是它决定了形态，且只受环境的有限调节。但是如果想探究基因组是怎么做到的，这就像是在玩一个套一个的中国套盒，最后发现最里面的一个是空的……基因产物进入一个已经存在的由先前的基因产物所构成的母体，它们的功能表达由它们进入的地方和它们接收到的信号决定。形态并没有在任何信息中被清楚地讲出来，但隐含在其特定的结构背景中。到最后，只有细胞才能制造细胞。

总而言之，有很多理由让我们相信细菌细胞是演化的自私单位，而不是它的基因。也许，正如道金斯所说，真核生物中性的发明改变了这一切；但是，如果我们想了解演化的深层次趋势，我们必须关注细菌，毕竟它独立统治了世界20亿年。

这些观点上的差异有助于解释为什么微生物学家，比如林恩·玛格利斯，成为自私基因理论最主要的批评家。事实上，玛格利斯已经成为这个数学化新达尔文主义的直言不讳的批评者，她甚至说它是颅相学——维多利亚时代对颅骨形状和犯罪行为之间联系的痴迷——的复辟，很可能遭受和颅相学同样耻辱的命运。

当我们感觉到玛格利斯被自私基因的概念所打败时，细菌以文明的方式和谐共处而不是“吃”对方也是事实：细菌只会导致疾病的观点由来已久却是错误的。对于玛格利斯来说，演化在很大程度上是一个细菌事件，可以用细菌联盟之间的相互协作来解释，包括内共生，比如那些建立真核细胞的共生体。这些联盟在细菌中很有效，因为捕食行为不起作用：正如我们在第三章中看到的那样，跨细胞膜的呼吸机制意味着，能够吞噬其他细胞（吞噬作用）的大型、能量丰富的细菌细胞实际上被自然选择排除在外。细菌必须通过它们的生长速度而不是嘴巴的大小来相互竞争。在细菌生态系统中食物短缺的情况下，与其打破头去竞争相同的营养物质，不如利用彼此的排泄物为生。如果一种细菌通过发酵葡萄糖来形成乳酸，那么另一种细菌就可以通过将废弃的乳酸氧化为二氧化碳来生存；接着有一种细菌是将二氧化碳转化为甲烷；再有一种是将甲烷氧化，等等。细菌靠末端回收来生活，这最好是通过合作网络来实现。

或许值得谨记的是，即使是合作伙伴关系，也只有在合作比不合作更有利时，才能持续下去。无论我们是通过细胞的生存还是基因的生存来衡量“成功”，我们仍然只看到那些成功复制自己的细胞或基因的幸存者，那些利他主义极端到为他人而死的细胞注定会消失得无影无踪，就像许多年轻的战争英雄为国家而死，留下一个悲痛的家庭，却没有自己的孩子。我的观点是，合作并不一定是利他主义的。即便如此，互助合作的世界似乎与丁尼生所表达的“大自然，腥牙血爪”的传统观念相去甚远。合作也许不是利他的但也不是“侵略性的”——它不会让我们想到滴血的下颚。[①]

这种差异在一定程度上造成了玛格利斯和道金斯等新达尔文主义者之间的决裂。正如我们所看到的，道金斯关于自私基因的观点在应用于细菌时是模棱两可的（他并没有试图这么做）。然而，对玛格利斯来说，整个演化的织锦都是由细菌的合作所编织的，而细菌的合作不仅形成集

① 丁尼生（1809—1892），英国维多利亚时期代表诗人，主要作品有诗集《悼念集》，“大自然，腥牙血爪”出自该作品集的第56首。——译者

落，而且通过大脑微管的线状网络形成个体的身体和思想，甚至使我们产生意识。事实上，玛格利斯把整个生物圈描绘成细菌合作而成的结构——盖亚，这个概念是她与勒夫拉克率先提出的。在她与她的儿子多里安·萨根合写的一本书《获取基因组：物种起源的理论》中，玛格利斯认为，即使在动植物中，新物种也是通过细菌式的基因组融合形成的，而不是达尔文所描绘的，几乎所有其他生物学家都接受的逐渐分化。这种融合基因组的理论在某些情况下可能是正确的，但在大多数情况下，这等于是无视了长达一个世纪的谨慎的演化分析。在驳斥新达尔文主义时，玛格利斯故意向主流演化论者发起了挑战。[①]

很少有人有已故恩斯特·梅尔所表现出的耐心，他为这本书贡献了一个明智的前言，其中，他赞扬了玛格利斯对细菌演化的看法，同时提醒读者，她的观点并不适用于绝大多数多细胞生物，包括了所有 9 000 种鸟类（这是梅尔自己的专业领域）。有性繁殖的残酷现实意味着基因必须在染色体上争得一席之地；而真核生物中捕食行为的兴起意味着，在这个层面上，大自然真的是腥牙血爪，无论我们多么希望事实并非如此。

虽然各自视角不同，但是讽刺的是，在谈及个体时道金斯和玛格利斯的观点并没有像人们想象的那样两极分化。正如我们所看到的，道金斯将个体描述为基因合作的集落，而玛格利斯则将个体看作细菌合作的集落，所以也可以解释成互相合作的细菌基因所形成的集落。两者都把个体看作一个以合作为基础的实体。例如，道金斯在他那本精彩的著作《祖先的故事》里有这样一段话："我的第一本书《自私的基因》，也可

① 这些想法吸引了热情的拥护者，他们中的一些之所以毫不怀疑地认同这些观点，是因为林恩·玛格利斯是一个有远见的人，她曾经证明了整个领域都是错误的，因此这一次她也应该是正确的。我的另一位英雄彼得·米切尔颠覆了生物化学领域，但在他生命的最后阶段，他自己理论的几个方面被证明是完全错误的。同样的情况发生在玛格利斯身上，恐怕玛格利斯对新达尔文主义的谴责是完全错误的。

以被称为《合作的基因》，内容一字不用改……自私和合作是达尔文硬币的两面。在被性扰动的基因池（基因的环境）中，每一个基因都通过与其他基因合作，促进彼此的私利，建立起属于彼此的共同的身体。”

但是，合作的理想并没有适当地考虑到构成个体的各种自私实体之间的冲突，特别是对于细胞及细胞内的线粒体。自私实体完全符合道金斯的哲学，他没有在《自私的基因》中发展出这些想法，一直要等到他自己后来的书《扩展的表型》与在20世纪80年代、90年代耶鲁大学生物学家利奥·巴斯和其他人的重要研究，这些想法才真正问世。正是由于对这些冲突和它们的解决方案的探索，现在的演化生物学家才意识到，细胞集落（如果你愿意的话，也可以称为基因集落）并不构成真正的个体，而是形成一种松散的联系，在这种联系中，单个细胞依然可以独立活动。例如，像海绵一样的多细胞集落常常分裂成小块，每一小块都能建立一个新的集落。任何共同目标都是暂时的，因为单个细胞的命运与多细胞集落的命运无关。

这种傲慢的行为在真正的个体身上受到无情的压制，在这些个体身上，所有的私利在共同目的面前都是次要的。各种各样的手段被用来保证一个共同的目的，包括在发育早期就隔离出一个专门的生殖系细胞，这样身体中的绝大多数细胞（所谓的体细胞）就永远不会直接把自己的基因传给下一代，而只能参与偷窥下一代诞生的行为。如果体内的单个细胞不具有相同的基因联系（所有这些细胞都是通过无性、克隆或复制，从一个单亲细胞或受精卵［合子］中获得），那么这种偷窥行为就不可能起作用。尽管自己的基因不会直接遗传给下一代，但退而求其次，生殖系细胞确实会传递一样的基因拷贝，到头来也没有什么不同。即便如此，胡萝卜措施还不够：还需要大棒措施。解决细胞之间的自私冲突（即使它们在基因上是相同的），只有通过建立极权：罪犯不会被起诉，而是被直接清除。

这一严酷制度的后果是，自然选择停止了在构成个体的每个独立部分之间挑挑拣拣，而是开始在一个新的更高层次上运行，现在在两个相互竞争的个体之间进行选择。然而，即使是在表面上健壮的个体中，我们还是能从它们身上听到一些不和谐的声音。这提醒我们，一个个体的团结来之不易，而且很容易就失去了。癌症就是这些过往的回声中的一个，正是这种现象以及我们可以从中吸取的教训，使我们可以开始下一节。

第十一节　体内的冲突

癌症是个体内部冲突下诞生的一个令人毛骨悚然的幽灵。单个细胞选择脱离身体的集中控制，像细菌一样增殖。在分子水平上，事件的顺序是自然选择如何运作的最生动的例证之一。让我们简单考虑一下发生了什么。

癌症通常是但并不总是基因突变的结果。单个突变很少能导致癌症。通常一个细胞在转化为恶性细胞之前必须在某些特定的基因中积累8到10个突变。因此，转化的细胞会把自身利益放在身体利益之上。随着年龄的增长，基因突变会随机累积，但真正致癌需要一种特殊的组合：大多数突变必须存在于两组被称为癌基因和肿瘤抑制基因的基因中。这两组基因都编码控制正常“细胞周期”的蛋白质，即细胞的增殖或死亡受来自身体其他部位的信号的控制。癌基因的产物通常是响应特定的刺激（例如在感染后替换死亡细胞）而发出的细胞分裂信号，但在癌症中，它们停留在“开”的位置。相反，肿瘤抑制基因的产物通常在不受控制的细胞分裂中起到刹车的作用：它们抑制细胞增殖的信号，使细胞静止，或者迫使细胞自杀。在癌症中，它们往往被卡在“关闭”的位置。细胞内存在着无数的制衡机制，这就是为什么在一个细胞转化成癌细胞之前需要平均8到10个特定突变。有癌症遗传倾向的人可能从父母那里继承了其中一些突变，这使得他们的癌症发病门槛更低，不必积累很多“新”突变。

转化后的细胞不再对身体的指令做出正常反应。当它们增殖时，它们形成一个肿瘤。然而，良性肿瘤和恶性肿瘤之间仍然有很大的区别：癌症扩散还需要发生许多其他的变化。首先，肿瘤需要营养才能长到几毫米大小。通过肿瘤表面缓慢吸收营养的方式不再能够满足需求，肿瘤细胞需要内部的血液供应。为了获得血液供应，它们需要产生正确的化学信使（或生长因子），剂量也要合适，以刺激新血管在肿瘤中的生长。更进一步的生长需要消化周围的组织，为肿瘤提供侵入的空间：细胞必须喷洒分解组织结构的有效的酶。也许最可怕的一步是癌细胞跳跃到体内其他远程的部位——**癌转移**。癌转移所需的特性是矛盾且特殊的。细胞必须足够的滑溜，才能脱离肿瘤的控制，同时必须足够黏，才能附着到体内其他部位的血管壁上，它们必须能够在通过血液或淋巴系统的过程中避开免疫系统的监测，通常是“躲”在一堆细胞中，这些细胞虽然很滑溜，但仍然结合在一起。到达时，细胞必须能够穿过血管壁，进入后方组织安全的避难所——但必须停在那里。在这段危险的孤独旅程中，它们必须保持增殖能力，在另一个器官中建立起癌症前哨站。

幸运的是，很少有细胞具有导致癌症转移所需的辩证性质。然而，我们中很少有人完全不受到癌症的影响，如果不是我们自己，那么我们的家人、亲戚和朋友也有可能患癌症。那么，细胞是如何获得所需的所有性质的呢？答案是癌细胞是通过自然选择演化的。在我们的一生中，细胞获得了数百种突变，其中一些可能恰好影响到控制细胞周期的癌基因和肿瘤抑制基因。如果一个细胞摆脱了正常情况下禁止其增殖的枷锁，它就会增殖。很快，它就不是一个单细胞，而是一个细胞集落，所有这些细胞都在忙着累积新的突变。这些突变中有许多是中性的，其他的对细胞有害，但随着时间的推移，一些会导致单个细胞向恶性肿瘤迈出一步，然后是下一步，然后是再下一步。后代繁衍生息：原本单一的突变体变成了一个庞大的群体，直到这个群体被另一个适应下一步的细胞所取代。在几年甚至几个月的时间里，身体就会受到癌症侵蚀。癌细胞毫无希望，它们注定会像我们一样死去。它们只是做它们必须做的事，生长和改变，这是一个由变异和自然选择的盲目逻辑所决定的过程。

癌症的自然选择单元是什么，基因还是细胞？正如我们在细菌身上看到的那样，把细胞本身看作自私的单元更有意义。这些细胞不是通过性，而是以细菌的方式，通过无性繁殖进行复制。这些基因的变化可能比细胞表型的变化更快，至少在一段时间内，细胞表型（包括在显微镜下的形态在内）都保留了许多与其起源相同的方面。即使是转移的癌细胞也暴露了它们的起源：如果我们仔细观察肺，通常可以判断它是来源于肺细胞的“原发性”肿瘤，还是从乳腺等远处组织转移来的“继发性”肿瘤。我们知道这点是因为它们依然保留着一些“乳房”细胞的返祖现状，比如制造荷尔蒙。同时，癌细胞的不稳定性也是臭名昭著的：染色体丢失，断裂，或是在野蛮的重组下被捏合在一起。因此尽管这些细胞保留着与之前形态相似的外观，但它们的基因会因突变和重组而被彻底打乱，难以辨认。如果有一个“自私”的演化单元，那么毫无疑问是细胞，它一路跨越重重障碍，直到最终杀死它的主人，一段和麦克白所经历的命运一般沉重的经历。

在癌症中，“自私”这个词是空洞的。如果说肿瘤为自由而努力没有任何意义，它只是“机器中的幽灵”[①]，毫无意义地回归到在“个体”演化出来之前的早期类型，即细胞各自为政。从这个意义上说，癌症给

①《机器中的幽灵》是亚瑟·科斯特勒1967年写的一本关于哲学心理学的书。这个标题是牛津大学哲学家吉尔伯特·赖尔创造的一个短语，是对笛卡儿身心关系二元论的讽刺性描述。——译者

人一种沉闷而空洞的感觉：演化论完全没有意义。细胞复制，而复制效果最好的细胞会留下最多的后代，仅此而已。很难想象癌症有什么更深层次的含义：它是无意识的机械行为，除此以外别无其他。这与微观世界中另一种揭示演化的观点形成了对比。细菌感染，在细菌极尽一切手段进行复制中有一股强烈的目的性：我们可能会发现感染令人憎恶，但我们确实承认细菌这么做是有原因的——一个生命周期、一个未来、一个"目标"。它们并不会命中注定走向毁灭的命运，而是会继续感染另一个个体（当然，这种区别本身是想象出来的，无论是细菌还是癌细胞都没有任何"目的"。然而，癌症是一个很好的例子，因为很明显，癌细胞没有能力活得比身体更久，因此它们在自我复制上的短期成功也是徒劳的）。

如果癌症没有意义，它至少说明了塑造一个个体所必须克服的障碍，如果今天我们仍然屈服于癌症的无法无天，那么最初的个体还有什么希望？在那些联系松散的日子里，逃兵和细菌有同样的机会独立生存：逃亡并不是徒劳的，第一批个体是如何平息自身细胞强烈的反叛倾向的？它们的选择似乎和我们今天做的一样：通过一种被称为程序性细胞死亡或细胞凋亡的机制杀死这些细胞——迫使这些有异议的细胞自杀。细胞凋亡甚至存在于那些部分时间独立生存，部分时间在集落中的细胞身上，这里便引出一个问题：细胞凋亡是如何以及为什么在单细胞生物体中演化的？为什么一个可能独立生存的细胞会"同意"杀死它自己？

我们对细胞凋亡的理解大多来自对其在癌症中作用的研究，我们了解得越多，就越意识到线粒体在细胞凋亡中的作用，并且当我们寻踪追溯我们的演化之路，便会发现细胞凋亡是在第一批真核生物中，从线粒体及其宿主细胞间的操控权之争中演化而来——远在集落出现之前。

死亡预言的编年史

细胞死亡有两种主要形式：一种是会在地毯上留下污渍和血迹的坏死——猛烈的、意外的、迅速的死亡；另一种是悄无声息地吞下氰化物药丸的细胞凋亡，在这种情况下，所有和事件有关的证据都会不翼而飞。这是间谍的下场，而且似乎很符合身体的极权政权。相比之下，坏死性死亡会引发难以控制的炎症反应，相当于在一项具有煽动性的警方调查中，更多的尸体被发现，而这些骚动需要很长时间才能消退。

从历史的观点来看，生物学家们有一种奇怪的抗拒心理，不愿完全承认细胞凋亡的重要性。毕竟，生物学是对生命的研究，在某种意义上，死亡作为无生命的状态超出了生物学的范畴。许多对程序性细胞死亡的早期观察被当作没有更广泛意义的纯粹好奇。最早的观察之一是在1842年，来自德国革命家、学者和唯物主义哲学家卡尔·福格特，他因政治立场而被迫逃到日内瓦，与拿破仑三世的交易使得他后来成为卡尔·马克思1860年出色的论战小册《福格特先生》的攻击目标。也许更值得一提的是，福格特仔细研究了产婆蟾蜍从蝌蚪到成体的变态过程，特别是福格特用显微镜跟踪蝌蚪有弹性的原始脊椎——脊索：脊索细胞是转化成成年蟾蜍的脊柱，还是消失让路给形成脊柱的新细胞？答案是后者：正如我们现在所知道的那样，脊索细胞通过细胞凋亡而死亡，并被新细胞取代。

19世纪的其他观察也与变态有关。伟大的德国演化生物学先驱奥古斯特·魏斯曼于19世纪60年代指出，许多细胞在毛虫转化为蛾的过程中悄然死亡，但奇怪的是，他没有讨论他在衰老和死亡方面的发现，而这正是使他日后声名大振的研究领域。此后大多数对细胞有序死亡的描述来自胚胎学——即在发育过程中发生的变化。最引人注目的是，整个神经元（神经细胞）群体在鱼和鸡的胚胎中死亡。这同样适用于我们。在胚胎发育过程中，神经元一波一波地消失。在大脑的某些区域，80%以上在发育早期形成的神经元在出生前就消失了！细胞死亡可以让大脑以非常精确的方式被“连接”：特定神经元之间建立起功能联系，从而形成神经元网络。不过雕塑的主题同样充斥于胚胎学的各个领域。就像雕刻家在一块大理石上开凿来创造一件艺术品一样，对身体的雕刻也是如此，是通过减法而不是加法实现的。例如，手指和脚趾是由手指之间细胞的有序死亡形成的，而不是通过在“树桩”上形成离散的延伸。像鸭子这样的动物，趾间的一些细胞不会死亡，所以保留着蹼。

尽管细胞凋亡在胚胎学中很重要，但在成体中的作用直到很久以后才被认识到。凋亡这个名字是由当时在阿伯丁大学的约翰·克尔、安德鲁·怀利和阿拉斯泰尔·柯里，根据该校希腊语教授詹姆斯·科马克的建议确立的，意思是“衰退”，并在他们发表于《英国癌症杂志》的论文标题中介绍：“凋亡：一种广泛影响组织动力学的基本生物学现象。”在希腊语中，第二个“p”是无声的，所以这个词应该发音为“ape - oh - toe - sis”。这个词曾被古希腊人（最初是希波克拉底）使用，意思是骨头衰退，这是一个晦涩的短语，指绷带下骨折的骨头受到坏疽性侵蚀；而盖伦后来把它的意思扩展到“结痂的脱落”。

回到现代，约翰·克尔注意到在大鼠中，肝脏的大小不是固定的，而是随着血流的波动而呈现动态的变化。如果通向某些肝叶的血流减弱，受影响的肝叶会在数周内逐渐变小，因为细胞会因凋亡而消失。反之，如果血流恢复后，随着细胞做出反应而增殖，数周后肝叶的重量也会相应增加。这种平衡作用普遍适用。在人体内，每天约有100亿个细胞死亡，并被新细胞取代。死亡的细胞不会遇到无预警的暴力终结，而是不被察觉地通过细胞凋亡被无声移除，所有的死亡证据都被邻近的细胞吃掉。这意味着在体内细胞凋亡和细胞分裂取得了平衡。因此凋亡与分裂对于维持正常生理同样重要。

在他们1972年的论文中，克尔、怀利和柯里提出了证据，证明在正常胚胎发育和致畸（胚胎畸形）、健康成人组织、癌症和肿瘤消退等许多不同情况下，细胞死亡的形式基本相似；细胞凋亡对免疫功能也很重要：在发育过程中，与我们自身组织产生反应的免疫细胞会发生细胞凋亡，使免疫系统能够区分“自我”和“非自我”。而之后免疫细胞通过诸如诱导受损或受感染的细胞发生凋亡等发挥其自身的效用。这种通过免疫细胞进行的筛选可以在癌细胞刚刚发生变化开始增殖前将其清除。

细胞凋亡事件的顺序是受到精确编排的。细胞收缩并开始在其表面形成气泡状的结构。细胞核中的DNA和蛋白质（染色质）在核膜附近凝聚。最终，细胞分裂成小的、由膜包裹的结构，被称为凋亡小体，而后被免疫细胞吸收。实际上，细胞会将自己打包成容易摄入的大小，默默地让同类吃掉。与这番安排相符的是，凋亡需要ATP作为能量来源——如果ATP不足，一个细胞就不能发生凋亡。因此，这个过程和以肿胀与破裂为特征的暴力的无预警的细胞坏死差异巨大，另外还有一点也跟坏死不同的是，细胞凋亡没有后续，特别是没有炎症反应：没有什么能表明细胞曾经来过，除了它们的缺席，这是一个被预言的死亡，却没有人会记得。

刽子手

十多年来，安德鲁·怀利和屈指可数的几个人面对广大生物学界的漠不关心，坚持不懈地宣传细胞凋亡。怀利发现，在细胞凋亡过程中，染色体断裂成片段，在生化分析上表现出典型的阶梯状模式。这一发现使不相信它的人开始发生转变，而且这也使得细胞凋亡在实验室中可以被诊断出来，也使得那些多疑的生物化学家无法再怀疑那只是电子显微镜下的人为污染。但真正的转折点出现在20世纪80年代中期，当时波士顿麻省理工学院的鲍勃·霍维茨，发现了秀丽隐杆线虫（*Caenorhabditis elegans*）的凋亡基因，这项研究使得他在2002年获得了诺贝尔奖。秀丽隐杆线虫是一种在显微镜下才能看见的微小的蠕虫，它为我们带来了巨大便利——第一，它是透明的，因此，研究人员实际上可以在显微镜下观察每个细胞的命运；第二，1 090个体细胞（身体细胞，相对于生殖系细胞而言）中的一小群细胞（131个）会在胚胎发育过程中死于凋亡；第三，秀丽隐杆线虫的平均寿命只有20天，所以在实验室里很容易追踪它的快速发育过程。

霍维茨和他的同事们发现了一些基因，这些基因可以编码导致线虫细胞死亡的影响因子，又被称为死亡基因。他们的发现本身就很吸引人，但迄今为止最出乎意料和重要的发现是苍蝇、哺乳动物，甚至是植物的死亡基因完全相同。癌症研究人员当时已经确定了其中的一些基因，但它们为什么或如何与癌症有关仍然是个未知数。与线虫的联系清楚地表明了它们的功能，同时又展示了生命的基本统一性。人类基因不仅与线虫基因明确相关，而且它们甚至可以通过基因工程来取代线虫基因，在线虫体内也同样运转得很好！任何一个会使死亡基因失效的突变可以阻止线虫像往常一样通过凋亡失去131个细胞。这对癌细胞的影响也是显而易见的：如果同样的突变在人类中也有类似的效果，那么早期的癌细胞很有可能将不会自杀，而是继续增殖形成肿瘤。

到20世纪90年代初，研究人员意识到，很多癌基因和肿瘤抑制基因（我们之前讨论过它们是癌症的成因）确实通过影响细胞凋亡来控制细胞的命运。换句话说，癌症是由那些在死亡基因突变之后，丧失了自杀能力（通过细胞凋亡）的细胞产生的。死亡基因是正常情况下可以导致细胞凋亡的基因，因此可能包括癌基因和肿瘤抑制基因，这两种基因都可以强制细胞为了身体的整体利益而死。正如怀利当时所说："癌症的入场券中包含一张凋亡的入场券；凋亡的入场券必须先取消，才能抵达癌症。"

负责执行细胞死亡计划的刽子手是专业的，被称为**半胱氨酸蛋白酶**（比生物化学家最初所称的半胱氨酸依赖性天冬氨酸特异性蛋白酶更直白易记）。现在从动物身上发现了十几种不同的半胱氨酸蛋白酶，其中有 11 种也出现在人类身上。它们的工作方式本质上都是一样的：它们将蛋白质切成小块，其中一些被依次激活，从而继续降解细胞的其他成分，如 DNA。有趣的是，半胱氨酸蛋白酶不是在需要的时候才产生的，而是不断产生的，因此它们以非活性状态等待被召唤：它们像达摩克利斯之剑（被一根线悬挂在即将登基成为国王的人的头顶上）一样悬在细胞上。几乎所有的真核细胞都无时无刻不带着这无声的死亡装置，这不禁让人背脊发凉。

坐在悬剑下的我们应该感激，那根线的强度是足够的，一旦半胱氨酸蛋白酶被激活，就几乎没有可能让时光倒流；但在这台古老的机器投入使用之前，必须启动许多制衡机制。这些控制措施是近 20 年来深入研究的课题，除非你是最专注的学生，否则它们的名称和首字母缩略词的混杂足以让人感到困惑。而在不同的有机体中发现同一基因会沿用不同的历史名称，更是对现状毫无帮助。这让我想起了凯尔特的音乐，在凯尔特的音乐中，同一首曲子有几个名字，同一个标题又被用于几个不同的曲子：无尽的优美的变化，但对于直接的理解几乎没有帮助。以一个基因举例，线虫中的 *ced-3* 基因在小鼠中被称为 *nedd-2*，果蝇中的 *dcp-1* 在人类身上则被称为 ICE 或白细胞介素-1-β转化酶（当时人们知道它参与了免疫信使白细胞介素 1-β的产生），发现了其在线虫中的重要性之后，ICE 也被证明是人类体内半胱氨酸蛋白酶的原型，现在被称为半胱氨酸蛋白酶-1，虽然它在细胞凋亡中的作用似乎较小。与半胱氨酸蛋白酶相似或相关的被称为类半胱氨酸蛋白酶或异半胱氨酸蛋白酶，已经在真菌、绿色植物、藻类、原生生物甚至海绵中发现：它们在真核生物中几乎是普遍存在的，因此推测大约15亿到20亿年前，它们的先驱者可能就已经存在于一些最早的真核生物中。

我们不必纠结于细节，可以说，细胞凋亡的调节是复杂的，涉及许多步骤，其中一个半胱氨酸蛋白酶在级联反应中启动下一个步骤，最终导致一小队刽子手被激活，将整个细胞切碎。[①] 几乎所有这些步骤都遭到其他蛋白质的反抗，这些蛋白质负责制衡这一串级联反应，从而防止假警报变成死亡狂欢。

线粒体，死亡天使

这是在10年前，90年代中期的知识状态，它们至今也没有被推翻，但从那以后，发生了一场革命性的重点转变，颠覆了正在建立中的范式[②]。该范式认为细胞核是细胞的运行中心，控制着细胞的命运。在许多方面这当然是正确的，但在细胞凋亡的情况下却不是。值得注意的是，缺乏细胞核的细胞仍然可以发生凋亡，其根本原因在于线粒体控制着细胞的命运：决定着细胞的生死。

启动死亡装置的方式有两种。两种方式本来看起来差异巨大，但最

① 半胱氨酸蛋白酶的级联反应通过酶的作用放大信号。酶是一种催化剂，作用于底物但自身不变，使其能重复作用于许多底物。如果这些底物本身就是酶，那么被第一种酶激活之后，每经过一个步骤反应就会放大。如果第一种酶激活100个次级酶，每一个都激活100个刽子手，那么我们就会有一支10 000个刽子手的大军——而且刽子手也是一种酶可以反复攻击。如果再加上另一个中间步骤，我们就有一支100万人次强度的半胱氨酸蛋白酶大军。

② 范式（Paradigm），由托马斯·库恩在《科学革命的结构》中提出。现在经常用于描述在一个特定时期科学上普遍认可和遵守的原则与标准。——译者

近的研究表明它们有一些共同的特点。第一种机制被称为外在途径，因为死亡的信号来自外部，通过细胞膜上的“死亡”受体传达。例如，激活的免疫细胞产生化学信号（如肿瘤坏死因子），与癌细胞的死亡受体结合。死亡受体传递信息，激活细胞内的半胱氨酸蛋白酶，诱导细胞凋亡。虽然许多细节仍然有待填补，但大致轮廓似乎够清楚。真的是这样么？根本不是这样！

导致凋亡的第二条途径叫作内在途径，顾名思义，自杀的动力来自内部，通常因为细胞损伤。例如，紫外线引起的 DNA 损伤激活了内在途径，导致细胞凋亡。目前数以百计的会使细胞凋亡的内部途径被激活的触发因子已经被发现——它们不是通过“死亡受体”起作用，而是直接造成细胞损伤。种类之多令人惊叹不已。许多毒素和污染物都能引起细胞凋亡，就像一些用于治疗癌症的化疗药物一样。病毒和细菌也可以直接引起细胞凋亡，而艾滋病是最为臭名昭著的，它们使得免疫细胞发生凋亡。许多物理性的应激也会导致细胞凋亡，包括热和冷、炎症反应和氧化应激。细胞可能在心脏病发作或中风或器官移植后一波接一波发生凋亡。这些互不相同的触发因素会产生同样的反应，即激活半胱氨酸蛋白酶级联反应，因此细胞凋亡在各种情况下都会产生类似的细胞死亡模式。想必，这些信号都会通过某种方式汇集到同一个“开关”上。所有的信号都必须以某种方式将一种不活跃的半胱氨酸蛋白酶激活，这是一项生物化学任务，就像锁中的钥匙转动一样具有特异性。但是地球上有什么东西能识别出这样一系列不同的信号，校准它们的强度，然后通过转动其锁中的半胱氨酸蛋白酶钥匙将它们整合成一个单一的共同途径？

答案的第一部分是由纳乌瓦尔·扎扎米和他的同事在 1995 年提供的，他们是位于法国维勒瑞夫的国家科学研究中心的吉多·克勒默研究小组的成员。他们的研究成果被汇集成两篇论文，发表在《实验医学杂志》上，这随后成为医学研究中最被广泛引用的论文。许多因素已经表明线粒体可能在细胞凋亡中起作用，但是克勒默研究小组证明了线粒体在细胞凋亡中起到关键的作用。特别是，他们发现线粒体内膜电位——也就是呼吸作用产生的质子梯度（见第二章）——的丧失是细胞凋亡的主要诱因之一。如果内膜去极化一段时间，那么细胞**必然**会持续走向凋亡。在他们的第二篇论文中，克勒默的研究小组表明，这个过程分两步进行，最初的膜去极化之后是氧自由基的产生，这似乎是细胞凋亡进入下一阶段所必需的。

线粒体的两个步骤——膜去极化和自由基释放——是对几乎所有内在触发因素的反应。换句话说，线粒体是各种细胞损伤的感受器和转换器。将凋亡的线粒体转移到正常的细胞中，足以导致细胞核分裂，进而导致细胞凋亡。相反，阻断线粒体的两个步骤可以延缓甚至阻止细胞的凋亡。但是还有一个问题依然存在：线粒体如何与细胞的其他部分进行交流？特别是，它们要如何激活半胱氨酸蛋白酶？

答案来自1996年王晓东在佐治亚州亚特兰大市埃默里大学的研究小组，正如一位专家所说，它让大家都傻眼了。答案是**细胞色素c**。如果你还记得的话，我们在第二章中遇到了细胞色素c。它是呼吸链的一种蛋白质组分，最初由大卫·基林在1930年发现，负责将电子从呼吸链上的复合物Ⅲ带到复合物Ⅳ。它通常被拴在线粒体内膜的外侧，靠近膜间隙（图5）。王晓东的研究小组发现，在细胞凋亡过程中，细胞色素c从线粒体中释放出来。一旦游离于细胞外，它就会和其他几个分子结合形成一个复合物（称为**凋亡体**），进而激活最后的刽子手，半胱氨酸蛋白酶3。线粒体释放的细胞色素c使细胞无可抗拒地走向死亡——把它注射到健康细胞中效果也一样。换句话说，呼吸链的一个组成部分（产生细胞生命所需的能量）是细胞凋亡的一个组成部分，是导致细胞死亡的原因。是生是死取决于单个分子在亚细胞结构中的位置。生物学上没有什么东西能与这个两面的雅努斯[①]相比：一面是生，一面是死，两者之间的差别只有几百万分之一毫米。

细胞色素c并不是唯一通过这种方式从线粒体中释放出来的蛋白质，还有一些其他的蛋白质也被释放出来，它们在细胞凋亡中的作用有时比细胞色素c更为突出，这些额外的蛋白质中的一些激活了半胱氨酸蛋白酶，而另一些（如细胞凋亡诱导因子，简称AIF）攻击其他分子，比如DNA，而不涉及半胱氨酸蛋白酶。就像生物化学中的很多事情一样，涉及的细节似乎总是无止境的，但其基本原理非常简单：线粒体内膜去极化和自由基的生成将细胞色素c和其他蛋白质释放到了细胞溶质中，从而启动了那些切割细胞的酶。

生死之战

如果细胞的生死存亡取决于细胞色素c以及其他厄运伙伴所在的位置，那么医学研究集中在从线粒体释放这些分子的特定机制就不足为奇了。同样，答案是复杂的，但有助于阐明细胞凋亡的内在和外在途径之间的联系。虽然忽略了一些例外的情况，且在细节方面还有待完善，但这些发现把线粒体置于了两种细胞死亡形式的中心位置。在几乎任何情况下，死亡的基本机制都是由线粒体控制的。当一个细胞中足够多的线粒体倾倒出它们的死亡蛋白——可能超过了一个回不了头的临界点——细胞就会义无反顾地杀死自己。

根据斯滕·奥雷纽斯和他的同事在斯德哥尔摩的卡罗林斯卡研究所进行的研究，细胞色素c的释放分两步进行。在第一步中，蛋白质脱离了在细胞膜上的固定状态。细胞色素c通常与线粒体内膜中的脂质（特

① 古罗马的两面神。——译者

别是心磷脂）松散结合，只有在这些脂质被氧化的情况下才会释放出来，这就解释了为什么细胞凋亡需要自由基：它们氧化了内膜中的脂质，打破细胞的桎梏从而释放细胞色素 c，但这仍然只是故事的一半，细胞色素 c 被移动到膜间隙，但除非外膜已经变得更具透过性，否则它根本无法逃出线粒体。这是因为细胞色素 c 是一种蛋白质，所以正常情况下，它因为太大而不能穿过膜。如果它要逃离线粒体，外膜上必须有某种形式的开孔。

线粒体外膜上开放的孔的性质已经困扰了研究人员十多年。似乎有几种不同的机制可以在不同的情况下发挥作用，产生至少两种不同类型的孔。一种机制显然涉及线粒体自身的代谢应激，导致自由基生成过多。应激的加剧会在外膜上打开一个孔，称为**通透性转换孔**，导致外膜肿胀和破裂，同时释放蛋白质。

另一个可能更具普遍意义的孔涉及一个名字听起来枯燥无味的蛋白质家族，*bcl－2* 家族。这个名字沿用至今已经跟其作用无关了，*bcl－2* 代表着“B 细胞淋巴瘤/白血病- 2”，它指的是癌症研究人员在 20 世纪 80 年代发现的癌基因。此后至少发现了 21 个相关基因，它们都编码这个家族中的蛋白质。这些蛋白质分为两大类，它们以极其复杂的方式进行对抗，而且很多部分还不甚清晰。一类是防止细胞凋亡。它们存在于线粒体外膜，似乎可以阻止开孔的形成，从而阻止细胞色素 c 等蛋白质释放到细胞溶质中。另一组则截然相反：它们的作用是形成开孔，明显大到可以让蛋白质直接从线粒体逃逸。这一组因此促进细胞凋亡。它们通常存在于细胞的其他部位，并在接收到某种信号后向线粒体迁移。细胞最终是否发生凋亡取决于线粒体膜内敌对双方分子的数量平衡，以及卷入这场战斗的线粒体数量。如果在足够数量的线粒体中促凋亡成员的数量超过了它们的保护性近亲的数量，线粒体外膜就会开孔，死亡蛋白质从线粒体中溢出来，然后细胞便会杀死自己。

bcl－2 家族的存在有助于解释这两种不同的细胞凋亡途径——内在途径和外在途径——之间的联系。许多不同的信号可以改变线粒体中家族内斗的平衡，助长或是阻止细胞凋亡。例如，来自细胞外部的“死亡”信号（外在途径）和来自细胞内部的“损伤”信号（内在途径）都会改变家族内斗的平衡，使其有利于细胞凋亡。①

bcl－2 蛋白整合了细胞内外的多种信号，并在线粒体中校准它们的强度。如果平衡有利于死亡，细胞色素 *c* 和其他蛋白质会在外膜形成穿孔。于是半胱氨酸蛋白酶级联反应被激活，因此在大多数情况下最终的事件是相同的。

线粒体在细胞凋亡的两种主要形式中的中心地位增加了这种可能性。我们已经讨论了细菌和癌细胞为了各自的利益而独立行动的事实，因此可以被视为“自然选择单元”。同时，自然选择可以在细胞和个体水平上进行。线粒体曾经是自由存在的细菌，在那时是独立运行的。一旦被并入真核细胞，它们可能至少在一段时间内保持了作为独立细胞运行的能力：它们是生活在一个更大的生物中的独立细胞，可以像癌细胞（也存在于一个更大的生物中的独立的细胞）一样发生反叛。

如果，今天，线粒体导致宿主细胞死亡，那有没有可能从一开始，线粒体就为了自己的利益杀死宿主细胞？换言之，细胞凋亡的起源不是代表个人的利他行为，而是代表房客自身的自私行为。如果这个观点是正确的，那么细胞凋亡最好被看作是谋杀而不是自杀。如果是这样，那么显然单细胞自杀的原因应该是清楚的：它们是从内部被破坏的。所以有没有证据表明，线粒体把死亡装置带进了真核细胞合并体？确实有。

① 由死亡受体介导的某些形式的细胞凋亡外在途径确实完全绕过了线粒体，但这些可能是对原始途径的改进，而在改进前这些途径可能是涉及线粒体的；否则很难解释为什么大多数外在途径都会涉及线粒体。

寄生菌战争？

我们知道，细胞色素c的基因是由线粒体的祖先而不是宿主细胞带到真核细胞合并体中的，而且是后来才转移到细胞核中的（见第三章）。我们会知道这一点是因为在α-变形菌中找到了几乎相同的对应的基因序列，而且它是呼吸链的一部分，而呼吸链是线粒体祖先对这段合作关系的最大的贡献。细胞色素c对细胞凋亡在演化初期的重要性还不太确定。虽然它似乎在哺乳动物或是植物中起着关键作用，但在果蝇和线虫的细胞凋亡中却不起作用：它不是一个普遍的参与者。但它可能曾经在细胞凋亡中起到关键作用，后来在一些物种里被取代，或者它可能比较近期才独立地在植物和哺乳动物中承担起了决定性作用。我们不知道哪个更接近事实，除非我们知道更多关于细胞凋亡在最原始的真核生物中是如何工作的信息。

但细胞色素c，如我们所见，只是细胞凋亡过程中线粒体释放的大量蛋白质中的一种，很多蛋白质有着奇怪的名字，如Smac/DIABLO、Omi/HtrA2、核酸内切酶G和AIF（在果蝇上，则是比较容易唤起记忆的名称，诸如恶魔猎人、死神和镰刀）。它们的名字我们无需在意，但是我们应该注意到，这些蛋白质中的一些有时比细胞色素c本身起着更重要的作用，它们中的大多数是在千年之交才被发现的，但是，由于世界各地大量的基因组测序项目的贡献，如今我们对它们的起源有了了解。这个模式是非常惊人的。除了AIF，所有已知的从线粒体释放的凋亡蛋白都是细菌起源的，而在古细菌中是不存在的。（请回想第一章中，真核细胞合并体中的宿主细胞几乎肯定是一个古细菌，而线粒体则是来源于细菌。）这些蛋白质的细菌起源意味着它们不是由宿主细胞贡献的，宿主细胞一定很少有死亡机制。但这些蛋白质也不一定都是由线粒体本身带来的，有一些似乎是比较近期才通过横向基因转移从其他细菌进入到真核细胞中的，但看起来似乎只有 AIF 来自古细菌的宿主细胞，甚至就连它也没有在古细菌中起到杀戮作用。

这些线粒体蛋白并不是唯一来自细菌的。如果它们的基因序列可信的话，半胱氨酸蛋白酶也几乎肯定来自细菌，可能是通过线粒体合并的方式。不过，值得注意的是，细菌半胱氨酸蛋白酶是被驯服的，它们能切割蛋白质，但不会导致细胞死亡。更有趣的是，它们的祖先是 *bcl*－2 家族。家族成员的基因序列与细菌或古细菌几乎没有共同之处，但蛋白质的三维结构却揭示了可能与细菌蛋白质的某些关联，特别是一组在如白喉等感染性细菌中发现的毒素。正如 *bcl*－2 家族的促凋亡蛋白一样，细菌毒素在宿主细胞膜中形成穿孔，有时甚至诱导细胞凋亡，暗示了它们在功能上也很有可能是有关联的。

综上所述，这些发现暗示大多数死亡机制是由线粒体的祖先带给真核细胞合并体的。它看起来确实像是内部谋杀，而不是自杀，是房客不知感激，忘恩负义的行为。这一思想在 1997 年由位于德国马丁斯利德的马克斯・普朗克精神病研究所的何塞・弗雷德和塞奥洛戈斯・迈克利迪斯发展成一个强有力的假说。上面讨论的许多自 1997 年以来积累起来的证据似乎为他们的理论提供了进一步支持。

弗雷德和迈克利迪斯将导致淋病这一性传播疾病的现代细菌——淋球菌（*Neisseria gonorrhoeae*）——的行为和早期真核细胞合并体中原始线粒体的可能行为作了比较。淋球菌与白细胞一起感染尿道和宫颈细胞，一旦进入这些细胞，淋球菌就会表现出一种邪恶的狡猾。这种细菌产生一种名为 PorB 的成孔蛋白（类似于线粒体的 *bcl*－2 蛋白）。PorB 蛋白被插入宿主细胞膜，以及细胞内包裹着细菌的液泡膜上。这些孔通过与宿主细胞 ATP 的相互作用而保持紧密的闭合（有一些 *bcl*－2 蛋白的行为与此类似），但当宿主的 ATP 耗尽时，这些孔就会打开。

开孔触发宿主细胞的凋亡机制，导致细胞死亡。淋球菌本身却存活下来。它们借此机会逃离刚刚解体的宿主细胞，并利用宿主细胞包装整齐的残余物作为燃料。因此，只要细胞健康，细菌就在宿主细胞内生存，它们通过监测其是否维持良好的 ATP 储备（意味着充足的燃料）来判断；而一旦宿主细胞开始衰竭，不再具备利用价值，它就会被立即处决，细菌就会转移到其他新的牧场上去觅食。真是个混蛋！

弗雷德和迈克利迪斯注意到，淋球菌并不是唯一一种利用这种阴险手段的细菌，在第一章中遇到过的致命的细菌捕食者蛭弧菌在其他细菌中也采用了类似的策略。在它从细菌内部吞食猎物之前，它也会监测一段时间细菌的代谢状况。蛭弧菌之前被林恩·玛格利斯列为线粒体祖先的可能人选。另一个竞争者是我们在第一章和第三章中讨论过的普氏立克次氏体，也是生活在其他细胞内的寄生物。在这些例子中细菌都和宿主有着寄生关系。这样，生化上的考古学重建表明，在第一批真核生物中，线粒体与其宿主细胞之间的关系是寄生性的，原始线粒体可能进入一个古细菌并监测一段时间其健康状况，然后引发宿主死亡，吞噬其包装好的遗骸，然后转而寻找下一个宿主。

如果细胞凋亡是由于合并成真核细胞的两种细胞之间的武装斗争而产生的，那么真核细胞合并事件最初就是源自一段寄生菌杀死它的宿主，然后转移到其他宿主中的关系。当然，这正是林恩·玛格利斯和其他人所建议的关系。这样的关系最终把死亡机制留给了真核细胞，而后这种机制才被用于更“利他的”目的或多细胞生物中的程序性细胞自杀。但当我们思考真核细胞的起源时，寄生菌战争并不是我们在第一章中所讲的故事；在那里，我们讨论了两个和平的原核生物之间的合作，这两个原核生物生活在一起，形成了代谢层面上的联姻。当我们考虑证据时，我们排除了两个细胞之间的关系是寄生的可能性。但是现在从另一个角度来看，这一观点是面临挑战的。在这种科学演绎中，没有什么是确定的，一切都是关于衡量与这一事件有关的零碎证据的重量，而这些证据无疑与这一事件有关。那么，它是否推翻了我们本已摇摇欲坠的小船？差到不能再差的情况可能是，我应该回去重写第一章吗？

第十二节　个体的建立

多细胞个体是由一群为了更宏大的利益而相互合作的细胞组成的。尽管如此，这种合作并不是一种细胞层面的爱恋——任何试图潜逃并重拾其祖先生活方式的细胞都会被判处死刑作为惩罚。偶尔有些自私的细胞避开了侦察，躲过了死刑，但它们这样做的结果就是癌症。癌细胞为了自己的利益而不是为了身体的利益疯狂地复制，破坏了身体的完整性。最终，它们自己暂时躲过了死亡，却导致它们昔日主人的死亡，并随之带来了它们自己的死亡。

癌症之所以会持续存在，是因为它在年轻人身上很少见：如果在细胞群体完成自己的繁殖之前，身体就因内部争吵而四分五裂，那么作为一个整体，个体将无法传递其基因，自私的基因就会从种群中消失。然而，在早期多细胞生物中，组成多细胞体的自私细胞比癌细胞有更好的独立生存的机会——和癌细胞不同，它们不但能靠自己生存，也保留了建立新的细胞集落的潜能。这种独立性仍然存在于现今的海绵动物和其他简单的动物身上，但是它们放任的共存法则阻止了它们到达真正多细胞复杂性的高度。对多细胞生活方式的真正承诺是终极的牺牲——为了多数的利益而死。但是如果细胞能够独自生存，那么最初的死刑是如何被强加给它们的？

今天，细胞死亡被称为凋亡，是由线粒体执行的。线粒体整合不同来源的信号，如果信号的汇总表明细胞已经受到损害，很有可能为自己的利益而行动，那么它们就会激活细胞无声的死亡机制。迅速而平稳，几乎没有人注意到，人体内每天约有100亿个细胞凋亡，被新鲜、未受损的细胞所取代。死亡装置由许多蛋白质组成，这些蛋白质从线粒体释放到细胞中，然后激活潜在的死亡酶，即半胱氨酸蛋白酶，这些酶从细胞内部将细胞肢解，并将其成分包装起来，供其他细胞再利用，没有任何东西会被浪费掉。

回顾漫长的演化历程，几乎所有从线粒体释放的死亡蛋白，除了半胱氨酸蛋白酶本身，都是由线粒体的细菌祖先带给真核细胞的。今天，在许多自由生活的，甚至是寄生型的细菌身上，依然能找到和它们相近的类似物。在现代的细菌中，许多死亡蛋白被用于其他用途，而且相对比较“温和”——它们不会造成细菌或是其他生命的死亡。另一方面，细菌**孔蛋白**家族通过战争和谋杀而不是富有成效的合作来攻击其他细胞。这就提出了这样的可能：曾几何时，线粒体的细菌祖先是寄生菌，利用像孔蛋白这样的蛋白质从内部攻击和解体它的宿主细胞，在转移到另一个细胞之前吃掉它的残骸。

这件事是否合理，取决于细菌孔蛋白的真实身份。在现代寄生菌中，这些细菌孔蛋白被插入宿主细胞的膜中，宿主一旦出现无法跟上寄生菌代谢需求的迹象，就会被无情地杀死。这些细菌孔蛋白与线粒体孔蛋白有着不可思议的生理上的相似性，但与线粒体孔蛋白（也就是通过在线粒体膜上形成穿孔，激活细胞死亡机制的*bcl*-*2*蛋白）没有遗传上的相似性。更深远的意义是真核细胞本身在一个细胞内寄生菌（后来被驯服并成为线粒体）和宿主细胞（学会在感染中生存）之间的战争中锻造而成。

这听起来很简单，但它提出了一个难题。在第一章中，我们研究了一些关于真核细胞起源的理论，特别是“寄生菌模型”（认为线粒体来源于类似立克次氏体的细菌），以及氢假说（认为最初的联盟是从双方的代谢利益中产生的，双方都靠对方的代谢废物生活）。当时我主张目前的证据比较支持氢假说，而不是寄生菌模型。但是上面的寄生菌故事与氢假说所涉及的和平的代谢联合并不一致。寄生菌可能会从杀死宿主和转移到另一个宿主中获益，但是对于一个化学成瘾者来说，从杀死它的供给者中获益甚微，尤其是如果它没有办法找到另一个供给者的情况下。所以要么寄生菌的故事破坏了氢假说的可信度，要么它本身就是不正确的，即便它可以用来解释很多事情。我不认为这两个理论有同时成立的可能，那么哪个观点是正确的？

为了尝试回答这个问题，我们首先需要区分哪些是已知的真的证据，或者至少是没有争议的证据，哪些只是巧妙的推测。这并不难。很明显，线粒体显然提供了大多数死亡机制：它们是当今细胞凋亡的中心，在其演化过程中起着重要作用。可是，就像我们在上一节的最后讨论到的淋球菌，它所拥有的细菌孔蛋白和 *bcl*－2 蛋白之间的关联性，就必须归类为巧妙的推测。当然它们在结构上有相似之处，但这并不构成演化关系的证据。

据我们现在所知，*bcl*－2 蛋白和细菌孔蛋白之间有三种可能的联系。第一种，相似性可能是趋同演化的结果。因此，线粒体和淋球菌是相互独立地发明了具有相似外形和相似功能的蛋白质。从已知的基因序列来看，不排除有这种可能性，任何怀疑分子水平上趋同演化力量的人都应该读西蒙·康韦·莫里斯的《生命的解答》一书。如果这种可能性是真的，那么我们不能期望 *bcl*－2 蛋白和细菌孔蛋白之间有任何遗传关系，因为它们是从不同的起点演化而来的；但是我们期望它们的结构相似，因为它们所要起的功能效用是相似的。因为只有有限的几种可能的方法可以在脂质膜上形成一个大孔，因此功能上可行的三维构造也必然是有限的。如果两个不同的细胞都需要大的孔，它们就必须想出类似的方法。

第二种可能是线粒体确实继承了细菌祖先的 *bcl* -2 蛋白，正如弗雷德和迈克利迪斯所说，而这在前一节中已经讨论过了。不过这只能通过基因序列的相似性来证明，而到目前为止还没有发现。这种相似性需要在已知是线粒体祖先的 α-变形菌纲的代表中找到，否则就不能排除这些基因是后来经横向转移得来的可能性，也就不能说明线粒体和宿主细胞之间的最初关系了。因此，对 α-变形菌中的基因进行更系统的取样或许可以支持这一假设，但同时，结构上的相似性充其量也只能作为参考。

最后，也有可能情形是相反的，淋球菌和其他寄生细菌从线粒体中获得它们的孔蛋白。这种基因从宿主到寄生菌的转移是很常见的。如果是这样的话，我们可以期望在线粒体和寄生菌的基因序列中找到相似之处。缺乏这些基因的相似性可能只是因为我们没有尝试——如果我们测序更多的基因，它们就可能出现——或者另一种可能是序列的相似性已经随着时间的推移消失了，扼杀了一切有关共同祖先的证据。这并非不可能，由于寄生菌和宿主之间不断的演化战争意味着寄生菌基因的变化无常是众所周知的。而且，细菌孔蛋白本身并不能引起整个细胞凋亡，它们只会插入宿主现有的死亡装置中。实际上，它们只是带来一个已经被放到“开”上的开关，触发宿主自身的细胞凋亡机制。因此，如今这些会造成细胞死亡的寄生菌，跟我们所推测的原始线粒体的功能没有可比性，因为后者必须随身携带整套的死亡装置，并且将这套装置整合到宿主细胞内，而并不会在这个过程中杀死原始线粒体自身（当然如今线粒体是会和宿主细胞一起死亡的）。

迄今为止的证据显示，这三种可能性之间是不可能区别开来的。尽管如此，弗雷德和迈克利迪斯描绘的寄生菌战争的画面似乎至少是连贯和可信的。真的是这样吗？这个故事还有其他一些相当棘手的问题：首先，线粒体不再独立复制细胞，而且很可能的情况是，当它们的基因被转移到宿主细胞核后不久，它们就失去了独立性。一旦一些关键的基因被细胞核扣押，线粒体就无法从杀死宿主中获得任何好处，因为它们无法在野外独立生存。它们的未来与宿主的未来息息相关。这并不是说它们从操纵宿主中什么也得不到，但它们确实不能从杀死宿主中得到什么。相比之下，我们讨论过的寄生菌，即使是微小的立克次氏体，也没有一种失去了独立性，它们都对自己的生命周期和资源保持完全的控制，它们能够以线粒体无法做到的方式逃脱谋杀。

确切地说，线粒体何时丧失了对自身未来的掌控力尚不清楚，但这很可能发生在真核细胞演化的早期。让我们以 ATP 载体的演化（即从线粒体中运出 ATP 的膜泵）为例来考虑这个问题。这使得真核细胞第一次能够从线粒体中以 ATP 的形式提取能量（在那之前，几乎不能称其为线粒体）。这是一个象征性的时刻，因为共生体不再控制自己的能量资源——它们失去了主权。对于线粒体而言，它标志着从共生关系到圈养状态的转变，通过比较不同真核生物类群中 ATP 载体基因的序列，我们可以比较准确地判断发生这种转变的日期，特别是这个载体蛋白出现在所有真核生物的类群中，包括植物、金枪鱼、真菌、藻类，以及原生动物。这意味着它是在这些类群分支之前演化出来的，在真核细胞的历史上很早就出现了，更不必说这远早于多细胞生物的演化；从化石证据来看，可能比多细胞生物的出现要早几亿年。

所以这里出现了一个缺口。线粒体很可能在真正的多细胞生物演化之前就失去了自治权。在这期间，线粒体无法从杀死宿主中获得任何好处，因为它们无法独立生存。它们的宿主也无法从被杀死中获得任何好处，因为它们还不是多细胞生物的一部分。因此如今细胞凋亡的优势（即在多细胞生物中冷酷地维持一种警觉状态）在当时是不适用的。

这是一个自相矛盾的情况。一个专门的死亡机制的持续存在对宿主和线粒体都是极为不利的。我们可能期望它通过自然选择而被抛弃，但实际上我们知道它是被保留下来的。我们也知道，许多死亡机制是从线粒体而非宿主那里遗传来的（或者说是近期才演化而来的）。更重要的是，我曾经支持氢假说，氢假说认为真核细胞起源于两个和平共处的细胞之间的代谢联合，而这两个细胞都不能从杀死另一个细胞中获益。我似乎把争论带进了一条死胡同，这就是说：参与合作的一方把一套已经完全建立好的、对双方都有害的死亡装置带到了一个和平联盟中，这个机制在几亿年的时间里一直克服万难保留了下来，直到最后终于发现了它的用途。这种疯狂的剧情能说得通吗？可以，但只有我们准备好做出某种让步——死亡机制并不总是导致死亡。在很久以前的某个时候，它导致了性的出现。

性与死亡的起源

让我们从氢假说提出的和平共处的观点来研究最初的真核生物。在第五章的导言中，我们讨论了自然选择对整个个体水平、组成的细胞水平、细胞内线粒体水平，当然也可以是基因本身水平的不同影响。我们发现，当我们所研究的细胞像细菌一样进行无性繁殖时，去思考在基因水平上进行的自然选择并不一定有帮助。相反，选择主要在单个细胞水平上进行，在这种情况下，细胞才是真正的复制单元。这一背景知识对我们来说是极其宝贵的，因为在真核细胞合并事件的早期，我们必须分别考虑线粒体及其宿主细胞的利益。在那些日子里，线粒体和宿主细胞都可以被认为是独立的细胞（我们将在接下来的几节里发现，以这种方式考虑它们在很多方面都是有帮助的）。

那么原始线粒体及其宿主细胞的私人利益是什么呢？考虑到它们的自主性和不稳定的相互依赖性，它们如何行动才能实现自己的利益呢？

1999年，演化生物化学中最富有创造力的思想家之一，北伊利诺伊大学的尼尔·布莱克斯通，以及提出细胞凋亡中细胞色素c被释放出来的先驱之一，任职于加州大学圣迭戈分校（位于拉霍亚）的道格拉斯·格林，提出了一个令人信服的答案。

像所有的细胞一样，线粒体的增殖是有益的。一旦它们自己的未来与宿主的未来联系在一起，它们就无法从杀死宿主和转移到另一个宿主身上获得任何好处——因为它们无法于过渡时期在野外存活下来。线粒体在单个宿主细胞中的增殖也是有限度的：宿主细胞中的线粒体“癌”对整个细胞都是有害的，细胞会凋亡，连带线粒体也遭遇同样的下场。所以线粒体成功增殖的唯一途径就是与宿主细胞保持一致。每次宿主细胞分裂的时候，线粒体的数量都加倍，以保证后代细胞都能保持相同的线粒体数量。当然没有什么比分裂更让宿主细胞感兴趣的事情了，所以宿主和线粒体的利益是一致的。如果不是这样的话，这一安排是否能作为一个稳定的关系持续存在20亿年是值得怀疑的。它肯定早就把自己搞得四分五裂，我们也不会存在，更不用说发现这些问题了。

但线粒体和宿主细胞的兴趣并不总是共同的。如果出于某种原因，宿主细胞拒绝分裂，会发生什么？很明显，宿主细胞和它的线粒体都不能增殖（好吧，线粒体**可以**增殖，但只能到达某个限度：如果它们继续增殖，直到在细胞内产生线粒体“癌”，这将是对宿主和线粒体本身都有害的）。宿主细胞拒绝分裂的原因不同，后果就可能会有所不同。最有可能的原因是缺乏食物。在第三章中，我们注意到大多数细菌一生中的大部分时间都处于停滞期，尽管它们有巨大的复制潜力。同样的情况也适用于早期的真核生物。如果是这样的话，它们除了等待贫瘠时期过去，什么也做不了，一旦有了食物，它们就会重新开始增殖。在这种情况下，线粒体和宿主细胞又有了共同的利益点：如果线粒体在没有足够资源的情况下迫使宿主细胞分裂，两者都将灭亡。最好把剩余的资源用于增强抵抗资源匮乏期间可能遇到的任何生理压力，如热、冷，以及紫外线辐射。在这些条件下，许多细胞形成一个抗性孢子，在休眠状态下存活下来，然后在资源富足的时候再重新恢复生机。

另一个可能阻止宿主细胞分裂的原因是损伤，特别是细胞核 DNA 的损伤。现在宿主和线粒体的利益开始分化。假设食物充足，但宿主细胞仍然无法分裂。你几乎可以想象被囚禁的线粒体，把小脸贴在栏杆上，大喊："放我出去！不公正的监禁！"与此同时，它们的邻近细胞咧嘴一笑，开始分裂，它们的线粒体快乐地增殖。那么那些被困的线粒体该怎么办？它们不会从杀死宿主身上得到任何东西，因为它们很快自己也会死掉。但是如果宿主细胞与另一个细胞**融合**，并将其 DNA 与另一个细胞的 DNA 结合起来，它们就会从中获益。DNA 重组在细菌中很常见，也是真核生物性别出现的基础，融合细胞获得新的生命租约，也为线粒体带来新的游乐场。

尽管有着 2 倍的代价（见第 228 页），**为什么**性在真核生物中还是演化了出来？个中原因直到现在仍然争论不休。似乎有几个不同的因素在起作用。由于受损基因很可能与同一基因未受损的拷贝配对，所以性的存在可以掩盖受损基因；与寄生菌相比，重组产生的多样性是一种竞争优势（由比尔·汉密尔顿所支持的理论）。最近的数据显示两个原因单独都不足以解释性的演化；但它们并不相互冲突，而且貌似性的好处是多方面的。另一方面，性的起源是一个谜。细菌重组基因，但从不**融合**细胞。相反，大多数真核生物的有性繁殖包括两个细胞的融合，然后核的融合，最后基因的重组，这是一个更具承诺性的行为。但到底是什么使真核细胞融合？失去难以操作的细菌细胞壁无疑使融合的行为变得更加可行，但这仍然不能解释融合发生背后真正的**迫切原因**。细胞并不是一直融合，所以无壁状态本身并不会促进融合。可能是早期真核细胞受线粒体操纵融合在一起？如果是这样的话，线粒体的破坏行为能解释有性融合的起源吗？我们在第一章中遇到的汤姆·卡瓦利耶-史密斯认为，细胞融合在早期真核生物中是很常见的：他认为在有性繁殖中细胞分裂（减数分裂，首先是染色体数目加倍，然后减半）是通过几个简单的步骤演化而来，作为在细胞融合后恢复基因和细胞核原始数量的一种手段，在这种情况下，线粒体可能在适当时候激发了细胞融合。

线粒体是否能操纵宿主细胞是一个很严重的问题，我们知道它们在今天会引起细胞凋亡，但它们在真核细胞的早期也会这样做吗？尼尔·布莱克斯通提出了一种它们本可以采用的巧妙方法，它解释了融合的迫切原因，并最终解释了细胞凋亡的演化。

自由基信号

想想呼吸链。我们在第三章中讨论了链中自由基的泄漏。矛盾的是，自由基泄漏的速率并不像人们直观认为的那样与呼吸速率保持一致，而是取决于能否获得电子（最终从食物中获得）和氧气。由于这些因素不断变化，自由基的产生也会随环境而变化。自由基产量的突然增加会影响细胞的行为。

如果细胞生长和分裂很快，对燃料的需求很高（而且资源足够丰富以满足这一需求），有一条通向氧气的呼吸链。在这种情况下，相对较少的自由基从呼吸链中泄漏出来。这是因为它们比较可能选择阻力最小的路线，通过呼吸链中的电子受体一个传一个，最后到达氧气。布莱克斯通把这种情形描述为一根绝缘良好的电线，通过电子的流动传递电能。因此，燃料充足下的快速生长，等于低自由基泄漏。

挨饿的时候呢？现在几乎没有燃料，而且几乎没有电子通过呼吸链。周围可能有足够的氧气，但没有多余的电子脱离呼吸链并形成自由基。如果我们把呼吸链当作一根小电线，那么饥饿就等同于电网断电：

如果电网供电中断，你就不可能遭受电击。自由基泄漏很少，因为根本没有电子流。

现在想想如果一个细胞被破坏了，留下了大量的燃料，但是不能再分裂，会发生什么？线粒体被困在牢笼里。因为没有细胞分裂，所以对ATP的需求非常低，而细胞的ATP存量仍然很高。电子流经呼吸链的速率取决于ATP消耗的速率。如果ATP的消耗很快，那么电子流就会跟着快速流动，就像被真空吸住一样；但是如果没有需求，那么呼吸链就会被多余的电子阻塞，它们无处可去。现在有足够的氧气和多余的电子。自由基泄漏率要高得多。呼吸链就像一根绝缘不良的电线，很容易发生电击。因此，如果宿主细胞受损，尽管燃料充足，也不会生长或分裂，它们的线粒体从内部给它们电击：造成自由基的突然爆发。①

自由基的爆发往往会氧化线粒体膜中的脂质，并将细胞色素c从镣铐中解放出来，释放到膜间隙中。细胞色素c是呼吸链的一个组成部分，这反过来又**完全**阻断了电子在链上的流动。从呼吸链上拿走细胞色素c就像将电线钳住一样。呼吸链的前部被电子堵塞，持续泄漏自由基，就像被钳住的电线的带电部分依旧会释放电击一样。但电子流的停止会使得膜电位消失（因为质子泵运不再能平衡质子泄漏），并且当应激程度增加时，线粒体外膜上的孔被打开，向细胞的其他部分喷射凋亡蛋白，包括细胞色素c，换句话说，这样的情形引发了细胞凋亡最开始的几步。

这一切给我们留下了什么？这意味着线粒体和宿主细胞的利益在大多数时候都是一致的。如果两者都增殖，一切都很好。细胞处于还原的（与氧化相反的）状态，但是自由基的泄漏是最低的。相反，当资源稀

① 正如我们在第四章中所指出的，当呼吸链被阻断时，有一种方法可以避免自由基的大量产生，那就是将电子流与ATP的产生分离（另见第二章），质子梯度以热的形式耗散，从而减少自由基的产生，并有助于内温性的演化。

缺的时候两者都不能增殖，细胞将尽其所能来增加抵抗力，以度过眼下的困难时期。细胞现在处于氧化状态，并且自由基泄漏也很少。然而，当宿主细胞受到损伤，尽管有足够的燃料却无法分裂时，愤怒的线粒体就会爆发性地生成自由基来表达它们的不满。布莱克斯通说，这一点非常重要，因为自由基攻击细胞核中的DNA（细胞溶质中的细胞色素c的存在实际上会促进细胞核中自由基的形成）。在酵母菌和其他简单的真核生物中，DNA损伤作为有性重组的信号的一部分。更引人注目的是，在原始的多细胞藻类团藻（*Volvox carteri*），一种发光的漂亮的空心绿色小球中，2倍的自由基产生量会激活性基因，导致新的性细胞（配子）的形成。重要的是，这种效应可能是由呼吸链阻塞引起的。因此，布莱克斯通的理论也得到一些具体的实例的支持。千言万语汇成一句话，单细胞凋亡的最初几步可能引发了性，而不是死亡。

向个体迈出的第一步

这一观点与氢假说完全一致，因为它意味着参与最初真核细胞合并的两种细胞尽管是和平共处的，却仍然保留着自己的利益。在线粒体的这个案例中，线粒体的利益扩展到操纵宿主进行性行为，但并不将其杀死，因为双方都不能从死亡中获益。此外，在这样一种温和的操纵关系中，双方利益大多数时候都是一致的，这解释了为什么细胞凋亡机制可能在单个细胞中存活了数亿年——性对受损的宿主和线粒体都有利，因此不会受到自然选择的惩罚。

但问题是：性是如何转变成死亡的？我们知道线粒体带来了大部分的死亡机制，并且直到现在它们还经常利用它来通过细胞凋亡杀死宿主。如果我们承认死亡机制的最初目的是性，而不是死亡，那么是什么导致了目的上惊人的改变呢？性的冲动什么时候会被判处死刑，这又是为什么呢?

性和死亡是交织在一起的。在某种程度上，两者都有相同的目的。想想为什么酵母和团藻在DNA受损的时候会重组它们的基因：基因的重组可能会用相同基因的未受损拷贝将一个受损拷贝替换或是掩盖。同样地，自由基也有助于促进细菌中的横向基因转移（从其他细胞或环境中获得基因)。又一次，受损的基因被替换或掩盖了。那么程序性细胞死亡呢？在多细胞生物中，细胞凋亡也是修复损伤的一种手段。与其花费高昂代价修复坏的细胞，细胞凋亡是经济实惠的从体内消除细胞的有效途径，为健康无损的替代细胞创造空间，这是迈向现代“用完就丢掉”文化的第一步。所以说，性有助于消除受损基因，而凋亡会清除受损细胞。从“高等”生物的角度来看，性修复受损的细胞，细胞凋亡修复受损的身体。

在布莱克斯通看来，细胞凋亡的机制最初是用来通知细胞融合，促使重组和修复损伤的。后来在多细胞生物中，这一机制被重新用来引起死亡。原则上，所需要的只是插入一个新的步骤——半胱氨酸蛋白酶级联反应。我们之前注意到半胱氨酸蛋白酶是从α-变形菌（可能通过线粒体合并的方式）遗传来的，但它们在细菌中有不同的作用，它们会切割一些蛋白质，但不会导致细胞死亡。从这方面来看，有意思的是不同种类的真核生物似乎已经完全独立地将半胱氨酸蛋白酶整合到程序性细胞死亡中。例如，植物利用一组被称为异半胱氨酸蛋白酶的相关蛋白诱导细胞死亡，而哺乳动物则使用熟悉的半胱氨酸蛋白酶级联反应。然而，两者都是通过从线粒体中释放细胞色素c和其他蛋白质来触发细胞死亡的。这意味着细胞凋亡的死亡机制在真核生物中不止一次独立地出现，以响应一个共同的信号（自由基和从应激状态下的线粒体中释放出的蛋白质）和一个共同的选择压力（需要从多细胞生物中清除受损的细胞)。

如果细胞凋亡与管制多细胞状态有关，而和寄生菌的战争无关，并且多细胞生物不止一次独立演化出来——它们也的确做到了，那么，不同的类群执行细胞凋亡的情况不同也就不足为奇了。而面对所有这些，有这么多的共同点（相似的机制不止一次地在演化中被选择）才是真正令人惊讶的。为什么会这样？

布莱克斯通再次提出了一个答案。他花了多年时间研究了一些最原始的动物，例如海洋中的水螅集落（这里的细胞集落可以通过有性繁殖，也可以通过成裂殖的形式无性繁殖）。他认为，一个多细胞集落比单个细胞有着更多优势，但是一旦一个集落内的细胞开始分化，有些细胞因此被迫做一些琐碎的工作，比如划水（带着集落一起移动），而另一些细胞则形成子实体，传递它们的基因，那就一定会造成某种紧张的局势。是什么阻止了这些卑微的“奴隶”细胞造反呢？

虽然一个集落中的细胞在遗传上是完全相同的（至少在一个时期内是这样的），但集落中的细胞并不具有同等的机会。它们发展出了一种“种姓”制度。在这套制度中，一些细胞以牺牲其他细胞为代价获得特权。布莱克斯通认为氧化还原梯度是由食物和氧气供应建立的，随电流、其他局部波动和集落中的细胞位置的变化而变化（在表面或埋在其他细胞之下）。一些细胞有充足的氧气和食物，而另一些细胞则不是缺这就是缺那，因此它们处于不同的氧化还原状态。细胞的分化状态是通过线粒体发出的信号所传达的细胞氧化还原状态来控制的。例如，我们已经注意到，呼吸链在细胞饥饿状态下缺乏电子时，会产生抵抗逆境的信号。

产生性分化的迫切原因（线粒体爆发性地生成自由基）也是一种氧化还原信号。在一个集落中，试图与其他细胞发生性关系的受损细胞很可能危及整个集落的生存——只能是造成混乱。性的信号本身就是一种对细胞损伤的承认。也就是说，细胞不能再执行正常的任务了。在体细胞中，必须有强大的选择压力，才能将性的氧化还原信号转化为死亡信号。而且，随着时间的推移，为了更大的利益而选择性地清除受损细胞为个体的演化铺平了道路，这当中共同的目标是通过细胞凋亡来实现的。因此，被囚禁的线粒体为了追求自由所发出的呐喊，曾经催生了单细胞中性的产生，而在多细胞体中则导致了线粒体自己以及它们受损宿主细胞的死亡。

这个答案很好地洞察了不同细胞的既得利益，以及这些既得利益是如何随着时间的推移而消长的。最终的结果可能取决于细胞所处的环境。在最初的真核细胞中，宿主细胞和线粒体各有其私利。在很大程度上，这些利益是一致的，但并非总是如此。特别是，如果宿主细胞在某种程度上受到损伤，无法分裂，线粒体就等于被囚禁了，因为它们不再具备宿主之外生存的自主权。它们唯一的逃逸方法就是进行有性融合，通过这种方法它们可以直接被传递给另一个细胞。在简单的单细胞生物中，有一种可以引发有性融合的信号，就是线粒体自由基的爆发性释放，因此线粒体确实可以通过这种方法操纵宿主细胞。

然而，当宿主细胞形成集落时，情况便发生了变化。尽管在原始集落中生活有许多好处，但组成细胞却不愿意放弃自由生活的可能。也正是由于这个原因，从一个集落到一个真正的多细胞个体的道路显得很诡异。所有多细胞个体都有凋亡机制意味着如果细胞越轨，就会接受死刑的惩罚。但是为什么它们这么做呢？也许因为受损的细胞被它们自己的线粒体出卖了。从线粒体中涌出的自由基信号，等于供认宿主细胞受到了损害。在一个集落中，这会威胁到其他细胞的未来：如果受损的细胞被消灭，那么多数细胞都会获益。因此，战场从线粒体及其宿主细胞之间转移到了集落的细胞之间，最后还会落在我们更为熟悉的互相竞争的多细胞个体之间。

这个场景中出现的一个问题是，作为一个整体的集落如何繁殖？如果一个集落中任何“想要”做爱的细胞都被消灭了，那么这个集落作为一个整体就面临着压力——寻找一种共同约定好的繁殖方式。今天，个体利用一群早在个体出生前就被隔离开来的生殖系细胞来制造专门的性细胞。这样的隔离是如何产生的以及为什么会产生我们不得而知，但是如果对性行为的惩罚通常是死亡，那么破例一次肯定比破例多次要容易得多。这肯定作为一种强烈的自然选择压力，使得个体将用于生殖的细胞隔离开来。这样的执行决策可能会产生令人震惊的后果，但是一旦一个分离的生殖系细胞被建立起来，多细胞个体就只能通过有性的方式进行复制了。这个个体再也不能从一代留存到下一代，也不会有任何单独的细胞甚至染色体留存下来。身体像一缕云彩一样溶解又重组，每一个个体都转瞬即逝，各不相同。这听起来有点熟悉吗？我在重复这一章开始时说过的话：这些条件印证了自私的基因是正确的答案。讽刺的是，个体细胞之间的这场长期斗争最终导致了多细胞个体的形成，却可能会给另一个胜利者加冕，这个从后门溜进来的胜利者就是基因。

原始的多细胞集落横跨在性与死亡、自私的细胞以及自私的基因的分界线上，了解它们的行为将是一件很有启发性的事情，而深入学习单细胞中线粒体的性信号也可以帮助我们看清事实。虽然从线粒体的角度来看，性貌似是一个好主意，但是两个细胞的融合会导致另一个冲突——来自不同融合细胞的两组线粒体之间的冲突。这两组线粒体是不一样的，因此它们之间可以相互竞争，从而损害新融合的宿主细胞。今天，有性繁殖的生物不遗余力地阻止来自双亲中的一方的线粒体进入。事实上，在细胞水平上，线粒体从双亲中的一方遗传是性别的一种定义属性。线粒体可能曾经推动性的出现，但将两种性别永远留给了我们。

第六章

性别之战：史前人类与性别的本质

雄性有精子，雌性有卵子。两者都传递细胞核中的基因，但在正常情况下，只有卵子将线粒体传递给下一代——连同其小而关键的基因组。线粒体 DNA 的母系遗传被用来追溯 17 万年前在非洲的所有人类的祖先“线粒体夏娃”。最近的数据挑战了这一范式，但给了我们一个有关为什么通常总是母亲传递线粒体的新的视角。新的发现有助于解释为什么两性的演化是必要的。

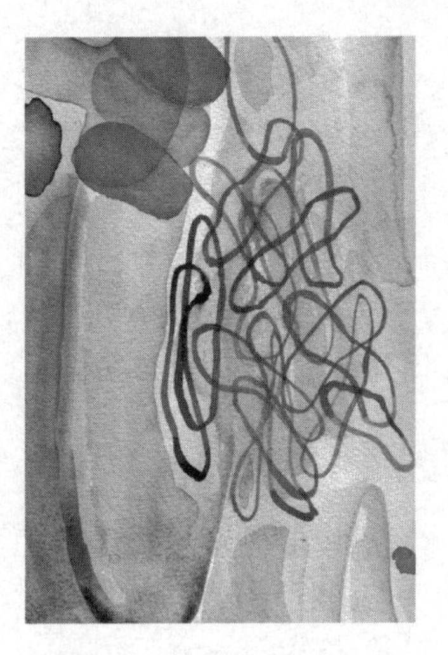

线粒体 DNA——线粒体中的一个小的环状基因组，遗传自母亲

两性之间最根本的生物学差异是什么？我想，我们大多数人都会猜是Y染色体，但事实并非如此。据称Y染色体在我们的性发育上扮演关键的角色，但是它的存在远非绝对的，即使对我们来说也是如此。已知每6万名女性中就有1人携带Y染色体，这使她们具有典型的男性染色体组合XY，尽管如此她们却是女性。一个不太好的例子是西班牙籍60米栏冠军玛丽亚·帕蒂诺在1985年一次强制性的性测试中失败后，被公开羞辱并剥夺了奖牌，尽管她显然不是男人，也不是吸毒者。她实际上是“抗雄性激素的”——她的身体无法对睾丸激素的自然存在做出反应，因此，她自然地发育成一名女性。她没有“不公平”的荷尔蒙或肌肉优势。经历了一场法律诉讼，她在近三年后被国际业余田径联合会恢复参赛资格，国际田联在1992年完全取消了这种测试。而在2004年5月的雅典奥运会，国际奥林匹克委员会规定，即使是变性人也可以参加奥运会，因为他们也没有在荷尔蒙方面的优势。

有趣的是，每500个奥运会女运动员中就有1个携带Y染色体，这个比例远比一般人群来得高，这暗示着她们可能有某种身体优势，尽管不是荷尔蒙方面的优势。模特和女演员也有相对较高的比例携带有1条Y染色体。这似乎会促成高挑而修长的体型，具有讽刺意味的是，这对异性恋男性来说很有吸引力。相反，有些男性携带2条X染色体，但没有Y染色体；在这种情况下，通常是1条X染色体包含1条Y染色体的小片段，携带关键的性别决定基因，可以刺激身体发育成男性。但事实并非总是如此：完全没有任何 Y 染色体基因也是有可能发展为 1 个男性的。更常见的（大约每出生 500 个男性就有 1 个）是 XXY 组合，即克兰费尔特综合征。奇怪的是，有这种组合的男人曾经有资格参加女子奥运会。他们可以通过导致玛丽亚·帕蒂诺的参赛资格被取消的同样的测试——第 2 条 X 染色体的存在使得他们在组织学上被归类为女性，尽管他们不是。各种其他不寻常的组合也是可能的，有些会导致两性畸形，两性器官都存在，例如既有卵巢又有睾丸。

如果我们更为广泛地来探讨各个物种中的性别决定，Y 染色体无关轻重的地位就会暴露出来。基本上所有的哺乳动物都是采用我们所熟悉的 X/Y 染色体系统，但也有一些例外。正如大众传媒上说的那样，Y 染色体正在不断缩减。Y 染色体之间无法发生重组（男性通常都只携带 1 份拷贝），因此很难修正发生的突变，因为没有“干净的”拷贝可以作为模板，所以突变会一代代积累，导致突变性的崩溃。Y 染色体在某些物种中是完全退化的，例如坦氏鼹形田鼠和土黄鼹形田鼠。在坦氏鼹形田鼠中，两性都有未配对的 X 染色体；在土黄鼹形田鼠中，雌性和雄性都携带 2 条 X 染色体。它们的性别究竟是如何决定的仍然是一个谜，但知道 Y 染色体的退化并不是男性灭亡的先兆还是很让人欣慰的。

如果我们再往前走一步，X 和 Y 染色体很快就开始变得狭隘，例如鸟类的性染色体就含有一组与哺乳动物染色体不同的基因，这意味着它们是独立演化的；相应地，它们被表示为 W 和 Z。它们的遗传模式与哺乳动物的模式相反：雄性携带 2 条 Z 染色体，使得它们在染色体上等同于雌性哺乳动物，而雌性携带 1 份 W 和 Z 染色体的拷贝。有趣的是，在鸟类和哺乳动物演化上的祖先爬行动物中，这两种染色体系统以及其他变异都存在。最令人吃惊的是，冷血代表中的性别决定通常根本不依赖性染色体，而是取决于受精卵孵化的温度。例如，在短吻鳄中，雄性是受精卵在34℃以上孵化产生的，雌性则是受精卵在30℃以下孵化产生的；如果温度位于两者之间，则两种性别都会有。这种关系在其他爬行动物中是相反的；在海龟中，雌性海龟是从高温孵化的受精卵发育而来的。

即使是爬行动物也没有把性别决定的各种手段都用尽。膜翅目（*Hymenoptera*）动物，如蚂蚁、黄蜂和蜜蜂，雄性通常从未受精卵发育而来，而雌性则从受精卵发育而来。因此，如果蜂王与雄蜂交配，它们的女儿们共享3/4的基因而不是一半，在X/Y或W/Z系统中，这种遗传相似性可能有利于自然选择发生在集落水平而非个体水平上，这促进了社会性结构的演化（在这种社会性结构中，大部分个体都是没有繁殖能力的，生殖是由一个专门的阶层完成的）。

在一些甲壳类动物中，性不是固定的，而是可塑的：个体可以经历性的变化。也许最特别的例子是很多节肢动物会被一种名为沃尔巴克氏体（*Wolbachia*）的生殖细菌感染，这种细菌能将雄性转化为雌性，从而确保自己通过卵子传播（它们不会在精子中传播）。换句话说，性别由感染决定。另外一些性别可塑性的例子则与感染无关。例如，许多热带鱼会改变性别，特别是栖息在珊瑚礁中的真骨鱼类（最常见的硬骨鱼类型）——可能为《海底总动员》中寻找尼莫增加了难度。事实上，大多数岩礁鱼类在它们一生的某个阶段都会改变性别，少数不这么做的退缩的家伙则被轻蔑地贴上雌雄异体的标签。剩下的都是狂热的变性者：雄性变为雌性，雌性再变回雄性；有些变来又变去，而另一些则设法同时具备两性（雌雄同体）。

如果这种纷乱的性别决定中曾出现过任何规则，那肯定不是Y染色体。从演化的角度来看，性似乎像万花筒一样是偶然的和不断变化的。少数几个屹立不倒的支柱之一是性别总是分为两种。除了一些真菌（我们稍后会谈到）之外，几乎没有明确多于两种性别的例子。更奇怪的是，为什么需要有性别？麻烦的是拥有两种性别会使可能的配偶数量减半，这就引出了一个问题：只有一种性别有什么不对？为何不可以根本没有性别？这将给每个人2倍选择伴侣的机会，而且确实会消除同性恋者和异性恋者之间的区别；难道不是每个人都很开心么？不幸的是，在第六章中，我们将看到，无论好坏，我们通常注定要有两种性别。而这一切的罪魁祸首，我必须说，就是线粒体。

第十三节　性别的不对称

性有两个基本方面：一是需要一个交配的对象，二是需要特化的交配类型，也就是说，需要分成2种性别，而不是像之前那样任何一个伴侣都可以。我们在第五章中提到了交配的必要性。性经常被认为是终极荒谬的存在，因为需要克服双倍的代价——需要两个合作伙伴来产生一个后代——而在克隆繁殖或孤雌繁殖（一个生物产生和自己完全一样的复制品）中，只需要一个亲代产生两个相同的复制品。激进的女权主义者和演化论者都认为，男性的存在严重增加了社会成本。

大多数演化论者认为，性的优势在于来自不同来源的DNA重组，这可能有助于消除破碎的基因和增加多样性，在创造性十足的寄生物面前，或是在环境条件迅速变化时（尽管这一点尚待实验证明），让生物总是保持领先一步。当然重组需要两方参与，因此至少需要一父一母；但即使我们接受了重组基因是必要的，而且交配也是必要的，为什么我们不能自由地与任何人交配呢？为什么我们需要专门的性别，而不是所有的性别都是相同的，或者，考虑到受精作用的机械性约束，为什么不能把两性功能结合在一起，让所有的个体都是雌雄同体？

让我们快速地观察一下雌雄同体的生物的生活方式就可以回答这个问题：无论如何，雌雄同体都不容易做到。厌恶女性的德国哲学家亚瑟·叔本华曾经问过，为什么男人之间似乎相处得很友好，而女人却很刻薄。他的回答是，所有的女人都从事同一个行业——据推测，是赢得男人的生意——而男人有自己的职业，所以不需要如此残酷地相互竞争。这里我要赶紧说我绝对不赞同这一点，但他的话确实有助于解释雌雄同体的物种如此之少（植物除外）——它们必须全体使用相同的工具在贸易里竞争。

贝德福德扁形虫（*Pseudobiceros bedfordi*）这种海洋扁形虫的例子说明了这种情形有多尴尬，涉及在交配时进行精子战争。每个个体都装备有两个阴茎，并利用它们进行“比剑”。试图在没有受精的情况下将自己的精子涂抹到另一只身上。射出的精子会在接受者的皮肤上烧出一个洞，有时这个洞大到将失败者撕裂成两半。问题是扁形虫都想成为雄性。雌性，按照定义，将更多的资源投入到后代身上，这意味着如果成功地使他人受精，个体会传递更多的基因，同时避免自己受孕。这相当于四处喷洒精子，但不必怀孕。阳具崇拜不只是心理学而已。根据比利时演化生物学家尼科·米契尔斯所言，雄性喷射精子的交配策略经常被整个物种采用，导致诸如扁形虫阴茎比剑等奇怪的交配冲突。有两个特化的性别提供了一种摆脱这种陷阱的方法。雌性和雄性对何时交配以及与谁交配有自己的想法；雄性往往会比较积极，雌性则比较挑剔。结果是一场演化的军备竞赛，在这场竞赛中，每一种性别都对另一种性别的适应性产生影响，防止产生一些更荒谬的交配策略。作为一种经验法则，如果寻找配偶的前景渺茫（例如在低密度或不流动的人群中），雌雄同体的生活方式会很好地发挥作用（解释了为什么许多植物是雌雄同体）。而不同的性别在种群密度更高或流动性更大的物种中发展起来。

这一切都很好，但它隐藏了一个更深的谜团：雌雄角色不对称的根源。我提到，雌性“几乎可以定义为”将更多的资源投入到后代身上。对某些人来说，这听起来可能是一种相当大男子主义的言论，暗示着父亲在某种程度上是可以自由离开的。我不是那个意思。在许多有性繁殖的生物中，父母在照顾后代上的投入几乎没有差别。例如，两栖动物和鱼类产生的卵在体外受精，而这些卵通常在没有父母进一步投入的情况下发育；在一些甲壳类动物中，只有父亲会守护幼小的后代。在海马中，父亲会将受精卵放在育儿袋中照顾，这实质上就和怀孕一样，一胎可以生育多达150个后代。尽管如此，在性细胞或配子水平上仍然存在着明显的不平等，即精子和卵子之间的差异。精子很小而且是一次性使用的，男人以及雄性一般都是一次产生一堆精子。相比之下，女人和雌性一般生产的卵子要少得多，大得多。不同于性别之间基于性染色体的模糊的区别，这种区别是确定的。雌性产生大的、不可移动的卵子，而雄性产生小的、能动的精子。

这种不对称的基础是什么？人们提出了各种各样的解释，其中最令人信服的一种解释是，少量大配子和大量小配子之间质与量的拔河比赛，这是因为受精卵不仅提供了基因，而且还提供了新的生物生长所需的所有营养物质和细胞质（包括所有线粒体）。于是后代和亲代的需求之间不可避免地存在着一种紧张关系。为了一个好的开始，后代“想要”得到充足的营养和细胞质供应，而亲代“想要”尽可能少地牺牲，完成最大限度的受精次数。如果亲代的尺寸只有显微等级的大小，那么亲代所牺牲的成本就更高了，就像10多亿年前性演化早期的情况那样。

如果受精卵的成功至少在一定程度上取决于资源的合理配置，人们可能天真地认为，自然选择将有利于父母双方的平等投入，从而将亲代付出的成本降至最低，而后代获得的益处被最大化。以这个标准来看，精子除了它们的基因之外几乎什么都没留给后代，所以“应该”被选择所淘汰。事实上，它们的行为像寄生物，什么也不付出却得到了一切。虽然寄生物的行为在很多情况下都可能会发展出来，但为什么精子总是寄生的？以两栖动物和鱼类为例，它们的卵是自由漂浮的，因此答案可能是数百万的微小精子可以通过它们“地毯式”的覆盖使更多的卵受精。尽管如此，即使在体内受精的情况下，精子和卵也似乎特别地保留了它们之间的巨大差异。现在，数以百万计的微小精子瞄准了输卵管内的一两个卵子，而不是分散在海洋中的数千个卵子。这只是因为它们来不及改变，还是不值得费心；还是有一个更根本的原因导致了巨大的差异？存在一个有力的论据支持的确如此。

单亲遗传

寻找两性之间的根本差异使我们回到原始真核生物（如藻类和真菌）身上，其中一些具有 2 种性别，尽管它们的配子（性细胞）之间没有明显的区别。它们被称为**同形配子**，意味着它们的性细胞大小相等。事实上，这 2 种性别在各方面似乎都是一样的。因为它们基本上没差别，把它们称为交配型而不是性别是更合适的。但是 2 种交配型之间缺乏差异更加突出了一个事实，那就是仍然有 2 种交配型，因此个体只能与种群中一半的个体进行交配。作为这一领域的先驱，劳伦斯·赫斯特和威廉·汉密尔顿指出，如果寻找交配对象出现了任何问题，那么种群中可以交配的个体数量减半应该是一个严重的制约因素。想象一下，在种群中出现了 1 种突变交配型，能够和现有的 2 种交配型交配。这第三种交配型应该迅速蔓延，因为它的交配选择是其他个体的 2 倍。任何能与所有 3 种交配型的后续突变体都有相似的优势。因此，交配型的数量应该趋向无穷大；事实上，广泛分布的裂褶菌（*Schizophyllum commune*）就有 28 000 种交配型，除了没有性别（所有的性别都是相同的）之外，尽可能多的性别是有意义的，而 2 种性别是所有可能中最糟糕的。

那么为什么许多同形配子的物种仍然有 2 种交配型呢？如果两性之

间真的存在一种严重的不平等，一种所有其他不平等都是由此而生的不平等，那么藻类和真菌就是我们应该观察的对象。

这个答案揭示了一种根本性的不相容，使我们自己的两性之战看起来像是一场谈情说爱的集会。以原始的石莼属（*Vulva*）藻类为例，它也被称为海莴苣。这是一种多细胞藻类，细胞成片状排列，只有两个细胞厚，但长达一米，这使它呈现出叶片的外观。海莴苣产生相同的配子或同形配子，配子包含叶绿体和线粒体。这两个配子及其细胞核以完全正常的方式融合在一起，但在细胞融合后，细胞器野蛮地攻击对方。在融合的几个小时内，其中一个配子带来的叶绿体和线粒体被打得稀烂，很快就完全解体。

这是一个普遍趋势的极端例子。共同点是对双亲中某一方的细胞器的不耐受，但是毁灭的方法差别很大。也许最有启发性的例子是单细胞藻类莱茵衣藻（*Chlamydomonas rheinhardtii*），尽管乍一看这似乎与上面的例子背道而驰，非但没有在肆意施暴中摧毁一半叶绿体，这些叶绿体反而和平地融合在一起。但生化检测显示，这种藻类并不比它的同类更能容忍，相反，它在不耐受方面更为精致，就像一个受过教育的纳粹分子。正确地说，带着一种令人不寒而栗的委婉，衣藻会“选择性沉默”：它会清除细胞器中的DNA，而不是整个细胞器，使基础结构保持完整。来自父母双方的细胞器DNA会用致命的DNA消化酶攻击对方。根据一些报道，95%的细胞器DNA被溶解，但一边的破坏速度比另一边稍快。根据定义，幸存的DNA来自“母系”亲代。

最后的结论是核融合和重组是没有问题的，但是细胞器（叶绿体和线粒体）却几乎总是从一个亲本遗传的。问题不在于细胞器，而在于它们的DNA。这个DNA的某些方面受到命运憎恶。两个细胞融合，但只有一方会将细胞器DNA传递下去。

两性之间最大的区别就在这里：雌性遗传细胞器，而雄性没有。结果是**单亲遗传**，也就是说细胞器，比如线粒体，像犹太民族一样，通常只沿着母系遗传。认识到线粒体只遗传自母亲并不是古老的知识：最早的记录是在1974年，由身兼遗传学家和爵士钢琴家的哈奇森三世和他在北卡罗来纳大学的同事们在对骡子的研究中所提出的。

这真的是两性之间最深的区别吗？验证这一点最好的方式就是从明显不符合这条规则的例外下手。比如我们已经提过的裂褶菌就有28 000种交配型。这些交配型是由不同的染色体上的2个“不相容”基因编码，每1个都有许多可能的版本（等位基因）。1个个体会从1条染色体上的300多个可能的等位基因中获得1个，而另外1条染色体上总共有90个可能的等位基因，合计总共28 000种可能的组合。如果2个细胞在它们的2条染色体的任意1条上携带相同的等位基因，那它们就无法交配。兄弟姐妹间的情况可能就是这样，这就鼓励了远亲繁殖。然而，如果双方在两个位点上都有不同的等位基因，配子就可以自由交配，而这会使它们可以与种群中99%以上的个体交配，而不是包括像我们在内的其他生物一样仅仅只有50%。

但是对于所有这些性别，真菌究竟是如何追踪它们的细胞器的呢？它们也能确保细胞器只从双亲中的一方遗传吗？如果是的话，有28 000种性别，它们怎么知道哪个是“母亲”？事实上，它们通过一种极端谨慎的性交形式来解决这个问题，一种没有爱的真菌传教姿势，并且积极避免混合体液。对于裂褶菌而言，性就是把两个细胞核放在同一个细胞里，细胞质永远不会在幸福的结合中融合，因为不会发生细胞融合。换句话说，这些真菌通过回避这个问题来彻底解决性所带来的麻烦。虽然可以说它们有28 000种不同的性别，但最好说它们根本没有任何性别：它们有的是不相容的类型。

有趣的是，不相容类型和性别可以在同一个体中共存，这意味着这些适应确实起到不同的作用。最好的例子来自开花植物或被子植物，如我们所见，其中许多是雌雄同体（个体既有雄性也有雌性）。原则上，这意味着植物可以使自己或是关系最近的亲属受精——在实践中，考虑到固着的植物所面临的传播困难，这将是最有可能的情况。问题是原地受精有利于近亲繁殖，从而失去两性带来的好处。许多被子植物通过同时具有不相容类型和两性来解决这个问题，从而确保了远亲繁殖的发生。

原则上，在保持单亲遗传的情况下，也有可能有两种以上的性别。在原始真核生物中有这样的例子，特别是黏菌，它将细胞融合成一个基质，许多细胞核共享同一个巨大的细胞。黏菌看起来类似真菌，生长在林地覆盖层或草的表面，形成无固定形状的一摊物质；一些鲜黄色的黏菌被比喻成狗的呕吐物。从我们的角度来看，重要的一点是，有些黏菌有 2 种以上的性别，甚至整个配子都会融合在一起，而不只是核。最著名的例子是多头绒泡菌（*Physarum polycephalum*），至少有 13 种性别，由 *matA* 基因的不同的等位基因编码。虽然看起来相同，但这些性别并不对等——它们的线粒体 DNA 按优先顺序排列。当配子融合时，占支配地位的线粒体 DNA 继续存在，而相对其处于从属地位的线粒体则被消化，并在几小时内完全消失；剩下的空壳会在融合后的三天内被清除。因此，尽管出现了多种性别，单亲遗传仍然保留了下来。此种顺序的上升想必是有限度的；很难想象一个等级能容纳裂褶菌的所有 28 000 种性别。实际上，超过 2 种性别是很少见的。

为了得出一个一般性的结论，我们可以说**性**的行为涉及细胞核的融合（而远亲繁殖可以通过不相容类型来实现），但只有当细胞质被共享时，才能够区分真正的**性别**。换句话说，当细胞以及细胞核都发生融合时，性别才被发展出来。于是雌性将部分的细胞器传递下去，而雄性得接受它们的细胞器全部都会很早消失。即使有多种性别，线粒体的单亲遗传依然是不变的准则。

自私的竞争

为什么单亲遗传如此重要？既然多种性别扩大了交配机会，而且在技术上是可行的，为什么它们如此罕见？最广为接受的原因是勒达·科斯米德斯和约翰·图比于1981年在哈佛大学提出的一个强有力的假说。他们认为，将细胞质从两个不同的细胞混合创造了不同细胞质基因组之间冲突的机会，包括线粒体和叶绿体基因组，但也有其他细胞质"过客"，如病毒、细菌、内共生体等。如果这些过客在遗传方面完全相同，它们之间就不可能有竞争；但只要它们有差别，就有竞争的空间。它们会彼此竞争争夺进入配子的机会。

例如，考虑两个不同的线粒体种群，其中一个种群的复制速度比另一个快。如果一个种群数量更多，它就有更大机会进入配子。另一个种群将被淘汰，除非它加快自己的复制速度，几乎可以肯定的是，这样做意味着它将无法有效地完成它的本职工作，也就是尽可能有效地产生能量。这是因为加快复制的最简单方法是抛弃"不必要的"基因，正如我们在第三章中所看到的：那些线粒体复制时非必需的基因正是整个细胞产生能量所需要的基因，因此线粒体基因组之间的竞争导致了一场演化上的军备竞赛，在这场竞赛中，自私的利益高于一切宿主细胞的兴趣。

宿主细胞不可避免地受到线粒体基因组竞争的影响，进而对细胞核中的基因产生一个强有力的筛选，以确保所有的线粒体都完全相同，从而消除这种冲突。这可以像在衣藻中进行的那样，通过对某一群线粒体"选择性沉默"来实现，但一般而言，事先就完全阻止进入才是最安全的；这同时排除了如细菌和病毒这样的细胞质组分之间的竞争。因此，在这个自私的理论下，发展出两性是因为这是防止自私的细胞质基因组之间发生冲突的最有利的手段。

雄性线粒体并非案板上任人宰割的鱼肉，任何排除它们的尝试都会遇到顽强的抵抗。被子植物极具说服力地证明了线粒体的自私行为。在这些雌雄同体的开花植物中，线粒体努力避免被囚禁在植物的雄性部分，这是它们的死胡同，因为它们不会在花粉中传播。它们通常会通过导致花粉发育流产的方式使雄性器官不育，以此避免自己的命运终结在花粉中。毫不奇怪，这是农业中的一个重要特征，达尔文曾详细地讨论过，并且给它取了一个令人望而生畏的名字**雄性细胞质不育**。线粒体通过使雄性器官不育，将雌雄同体转化为雌性，从而有助于安全地保护它们自身的传播。然而，因为这扰乱了整个种群的性别平衡，而这个种群现在包括雌性和雌雄同体，各种可以制衡自私的线粒体行为的核基因在演化之上被自然选择青睐，使得生育能力得以恢复。这场战斗仍在进行中。一系列自私的线粒体突变体和核抑制基因表明，从雌雄同体向雌性转化这一过程反复发生了好几次，但每次都被抑制。在今天的欧洲，7.5%的被子植物物种是“雌花两性花异株”，这是达尔文创造的术语，这样的种群包括雌性和雌雄同体。

雌雄同体特别容易造成雄性不育，因为雌性器官在同一个体中留下了线粒体传播的可能性。但是，即使雄性和雌性器官被安置在不同的个体中，也有迹象表明线粒体试图通过伤害雄性来扭曲性别平衡。一些疾病，特别是利伯氏遗传性视神经病变，是由线粒体突变引起的，在男性中比女性更为普遍。这种情况类似于我们前面提到的沃尔巴克氏体在节肢动物中的作用。在甲壳类动物中，感染沃尔巴克氏体会将雄性转化为雌性，但在许多昆虫中会产生更为激烈的连锁反应：雄性只会被杀死。沃尔巴克氏体只通过卵子从一代传给下一代，它们的“目标”是将整个种群转化为雌性，从而提高它们自身的传播机会。而线粒体也可以靠着排除雄性，确保它们通过卵子来传播。然而，与沃尔巴克氏体不同，它们的成功似乎是非常有限的。这大概是因为有一个更强大的逆向选择压力不利于自私的线粒体。功能完备的线粒体对我们的生存和健康是有意义的，而自私的突变体则不容易在呼吸作用方面维持效率。因此，它们很可能在沉重的选择压力下被淘汰。相比较而言，沃尔巴克氏体扭曲性别比例，但不一定造成太大损害；因此，它们面临的是一个较低的选择压力。

所有这些颠覆性别比例的尝试都是因为线粒体，以及其他细胞质组分（如叶绿体和沃尔巴克氏体）只通过卵子传播。我们几乎可以肯定，这些规则造成的压力会进一步加剧精子和卵子之间存在的差异。例如，自私的线粒体所施加的压力可能是造成精子和卵子之间巨大差异的原因之一。与自私的线粒体对抗的最简单的方法就是给它制造一系列的困难。人类卵细胞中约有 10 万个线粒体，但精子中不到 100 个。如果雄性线粒体进入卵细胞（这在包括我们在内的许多物种中的确会发生），它们也会被完全稀释，但光是稀释也是不够的。为了将雄性线粒体从受精卵中完全排除，或者确保少数进入卵细胞的雄性线粒体永久沉默，各种花招都被演化了出来。例如，在小鼠和人类中，雄性线粒体被一种叫作泛素的蛋白质标记，这种蛋白质标记使得它们在卵子中被摧毁。在大多数情况下，雄性线粒体在进入卵子几天内就会被降解。在其他物种中，雄性线粒体完全被排除在卵子之外，甚至被排除在精子之外，如小龙虾和一些植物。

也许最奇怪的排除雄性线粒体的方法是在某些果蝇的巨大精子中发现的，这种精子在未经冷冻的情况下比雄性的总身长要长 10 倍以上。产生这种巨大的精子所需的睾丸占成年果蝇体重的 10%以上，明显延缓了雄性发育。它们的演化目的是未知的。这种非凡的精子给卵子增加的细胞质比正常的要多得多。更重要的是，精子的尾部会一直留存在卵子中，这就让人对它的命运感到不解。根据纽约州雪城大学的斯科特·皮特尼克和芝加哥大学的蒂莫西·卡尔所提出的解释，在精子发育过程中，线粒体融合在一起，形成两个巨大的线粒体，延伸至整个尾部。这两个巨大的线粒体占据了整个细胞体积的50%—90%。它们在卵子中不会被消化，而是在胚胎发育过程中被隔离，最后落脚在中肠。幼虫刚刚被孵化的时候，中肠部位还可以观察到原精子的尾部，之后很快就会被当作粪便排出。尽管方式迂回且古怪，但是仍然符合单亲遗传的精神。

如此多截然不同的排除雄性线粒体的方式暗示着单亲遗传作为对相似的选择压力的反应，在演化中重复出现了很多次。这反过来又表明单亲遗传也是反复被丢失的，后来通过某种当时最方便的手段重新获得。我怀疑这意味着单亲遗传正在减弱，但很少致命，而且事实上，有一些线粒体混合，或者说是**异质体**的实例也是存在的，特别是在真菌和被子植物身上。例如，在一个包含295种被子植物物种的大型研究中，近20%的物种被检查出了某种程度的双亲遗传。有趣的是，蝙蝠也经常是异质的。蝙蝠是长寿命但活力旺盛的哺乳动物，所以很奇怪的是它们没有受到异质体影响。我们对所涉及的环境或选择压力知之甚少，但有迹象表明，对最适线粒体的某种选择可能发生在飞行肌肉中。

在一些辅助生殖技术中，尤其是卵质转移技术中，线粒体的异质性给我们带来了新的挑战。这项技术涉及从一个健康的捐赠者的卵细胞中获得细胞质及线粒体并注射到一个不育妇女的卵细胞中，从而将两个不同的女性的线粒体混合。我在导言中提到这项技术，它因为一家报纸上以《两个母亲和一个父亲的婴儿出生》为标题的报道而出名。通过这种方法，已经有30多个外观健康的婴儿出生了，尽管尖锐的批评认为“这可能类似于试图通过添加一杯新鲜的牛奶来改善一瓶变质的牛奶”。大众对两个线粒体种群的混合产生了深深的不安，因为这在自然界是被极力避免的事情，再加上发育异常导致流产的比例高得离奇，导致了这一技术在美国被搁置。即便如此，对于一个持开放态度的怀疑论者来说，也许最令人惊讶的发现是它确实有效。当然，异质体令人担忧，可能正在减弱，但并非不可能。

如果，正如我们所看到的，两性之间最深的区别在于限制线粒体进入生殖系细胞，那么两性之间的屏障就显得出奇地不稳定了。人们在期刊上和书本中读到的往往是彻底的冲突，以及像是“来自不止一个亲代的细胞器在子代身上无法共存”。而在现实中，迫使自然界分化出两性，迫使我们只能和种群中半数的成员进行交配，这种状况不断地崩溃和重建。在许多案例中，线粒体异质体似乎是可以容忍的，几乎没有什么有害的影响——几乎没有冲突的迹象。因此，虽然证据表明，线粒体对两性的演化非常重要，但基因组的冲突可能不是唯一的因素。近期的研究表明，还有其他更微妙的但可能更普遍和更根本的原因。

具有讽刺意味的是，催生这一新思想的领域是全然不同的另一个领域：通过追踪人类线粒体基因来研究史前人类史以及人口流动。一些对史前史最引人注目的见解，比如我们与尼安德特人的关系，都来自对线粒体 DNA 的研究。所有这些研究都建立在线粒体 DNA 的遗传是严格母系遗传的假设之上，任何混合都是不可容忍的。最近在这个研究的温床中，有争议的数据引发了关于这个假设在我们自身案例中是否可靠的问题。但是，如果一些曾经铁石心肠的结论现在看起来有点动摇的话，它们确实给了我们一个新的视角，不仅是对性别的起源，而且也对不孕症当中无法解释的方面有了新的认识。在接下来的两节中，我们将找出它背后的原因。

第十四节　史前人类考古的性别启示

1987年，加州大学伯克利分校的丽贝卡·坎恩、马克·斯通金和艾伦·威尔逊在《自然》杂志上发表了一篇著名的论文，这篇论文（虽然建立在早期研究的基础之上）彻底改变了我们对自己过去的理解。他们没有研究化石记录，也没有研究细胞核中的基因，而是研究了来自5个不同地理种群的147个活人的线粒体DNA。他们的结论是这些样本有着密切的联系，都遗传自一位20万年前生活在非洲的女性，她被称为“非洲夏娃”，或者被称为“线粒体夏娃”，据我们所知今天地球上每一个人都是她的后代。

这一结论的激进本质需要放在正确的位置上。长期以来，古人类学家中的两派人士之间一直存在着一个悬而未决的争议。一派认为现代人是在相当近期才从非洲发源出来的，取代了早期的移民群体，比如尼安德特人和直立人，而另一派相信人类已经在亚洲和非洲存在了至少100万年。如果后一种观点是正确的，那么从古代人类到解剖学上的现代人类的演化转变一定是在旧世界的不同地区平行发生的。

这两种观点带有强烈的政治色彩，如果所有的现代人都是20万年前从非洲迁徙而来的，那么在我们皮肤以下都是一样的。从演化论的角度来说，我们几乎没有时间去分道扬镳，但我们可能得对我们的近亲（如尼安德特人）的灭绝负责。这一理论被称为“走出非洲”假说。另一方面，如果人类种族是并行演化而来，那么我们之间的差异就不会仅仅只是肤色不同而已，我们独特的种族和文化特征就有了稳固的生物学基础，挑战我们对于平等的理想。这两个剧本都可能因为混血而产生未知程度的偏差。以尼安德特人的命运为例就可以说明这个困境。他们是一个走向灭绝的独立亚种，还是与大约 4 万年前来到欧洲的解剖学上的现代人克罗马农人进行了杂交？坦率地说，我们犯下的到底是种族灭绝罪还是无端性行为罪？今天看到，我们似乎两种都能做到，有时还是同时进行的。

到目前为止，拼凑而成的化石记录已被证明是不确定的。因为无论是在同样的地方一个种群产生另一个种群，还是灭绝，或是被来自不同地理区域的另一个种群所取代，或者说是两个种群进行了杂交，从一堆年代相差甚远的零散化石分辨这些差别是极端困难的。上一个世纪发现的大量化石——包括一连串遗失的环节——已经向所有人展示了人类演化的可能轮廓，从类人猿祖先到我们所有人，只有那些坚定的神创论者拒绝相信这些证据。举例而言，从一系列连续的原始人化石中可以看出脑容量在过去的 400 万年中增加了 3 倍多。但是从大约 300 万年前的南方古猿，例如露西，经过直立人，最后到智人的实际演化路线充满了悬而未决的问题。我们如何判断一个出土的化石是代表我们自己的祖先，还是仅仅是一个平行物种，现在已经灭绝？露西真的是我们的直系祖先，还是一只已经灭绝的、直立的、垂着手的猿？我们能确定的是，尽管展示柜里有很多形态介于猿类和人类之间的骨骼，我们却很难确定它们在我们祖先谱系中的位置。仅从古代骨骼形态绘制史前人类的图谱充其量也就是一个无从肯定的尝试罢了。

就我们更近期的祖先而言，化石记录能提供的信息也是极为有限的。我们和尼安德特人杂交过吗？如果是这样的话，我们可能希望有一天能发现一个混合骨架，介于健壮的尼安德特人和纤细的智人之间。这样的说法偶尔会出现，但很少能完全说服这一领域的研究者们。以下是温和的伊恩·塔特索尔评论这样一个案例时所说的话："这项分析……是一个勇敢而富有想象力的解释，但不太可能让大多数古人类学家认为这个案例已经得到了证实。"

古人类学最大的问题之一是它对形态特征的高度依赖。这是不可避免的，因为几乎没有其他东西存在。如果能分离出DNA将会起到很大的帮助，但在大多数情况下，这是不可能的。在几乎所有的化石骨架中，DNA都被缓慢地氧化，很少存活超过60 000年。即使在更为近期的骨骼中，可提取的核DNA的量还是太少，因此无法获得可靠的测序结果，因此目前看来仅靠化石记录就想解决我们的身世之谜几乎是不可能的。

幸运的是，我们不一定非得这么做。原则上，我们可以从自己身上寻找解读过去的证据。所有的基因都会随着时间的推移而积累突变，随着时间的推移，它们的"字母"序列会慢慢地分化。两组基因分化的时间越长，它们的基因序列积累的差异就越大。因此，如果我们比较一群人的DNA序列，我们可以大致计算出他们之间的亲缘关系，至少可以知道彼此之间的相对关系。序列差异少的个体之间的关系比较近，而序列差异较大的个体之间的关系比较远。到了20世纪70年代，遗传学家开始参与人类种群研究，仔细检视不同种族的基因之间的差异。研究结果表明，种族之间的差异比人们通常认为的要小，种族内部的差异比种族之间的差异要大，意味着我们拥有一个相对较近的共同祖先。而且，最深的分歧出现在撒哈拉沙漠以南的非洲，意味着所有人类的最后一个共同祖先确实是非洲人，而且生活在相对较近的时期，推测距今不到100万年。

不幸的是，这种方法有很多缺点：细胞核中的基因积累突变的速度非常慢，历经数百万年的分化，实际上我们仍然与黑猩猩共享95%到

99%的DNA序列（取决于我们是否将非编码DNA序列纳入比对中）。如果基因序列几乎不能区分人类和黑猩猩之间的差异，那么显然我们需要一种更敏感的方法来区分人类的各个种族。基因序列的另一个问题是自然选择的作用：基因在多大程度上可以以稳定的速度彼此分离（中性演化漂移），什么时候自然选择通过青睐特定的序列，从而限制变化的速率？答案不仅取决于基因，还取决于基因之间不断变化的相互作用，以及气候变化、饮食、感染和迁移等环境因素。这样的问题很少会有简单的答案。

但是细胞核基因面临的最大的问题就是性——又来了。性会使得不同来源的基因重新组合，使我们每个人的基因都是独一无二的（同卵双胞胎和克隆人的基因除外）。这反过来又使我们很难确定我们的谱系。在人类社会，我们唯一能知道自己是征服者威廉，还是诺亚，还是成吉思汗的后裔的方法就是保持详细的记录。姓氏提供了一些传承的迹象，但大多数基因对姓氏一无所知。它们可以来自任何地方，几乎可以肯定的是，任何两个不同的基因都来自两个不同的祖先。我们回到了在第五章中讨论《自私的基因》时的问题上，在一个有性繁殖的物种中，个体的存在转瞬即逝，如过眼云烟；只有基因永流传。所以我们可以搞清楚基因的历史，计算出种群中基因的频率，但很难确定它们归属哪个祖先，更不要说是确定具体的年代了。

沿着母系遗传

这就是20年前，坎恩、斯通金和威尔逊进行线粒体DNA研究的切入点，他们指出线粒体遗传的奇特模式解决了许多与细胞核基因相关的问题。这些不同不仅使追踪人类谱系成为可能，也使对年代的初步估计成为可能。

线粒体DNA和细胞核DNA之间的第一个关键区别是突变率。平均而言，线粒体DNA的突变率几乎是细胞核DNA的20倍，尽管实际的突变率随取样基因的不同而有所变化。快速的突变率相当于一个快速的演化速率（但我们要注意不要总是把两者等同起来，正如我们稍后会看到的）。快速的演化速率源于线粒体DNA与细胞呼吸所产生的自由基靠得很近，其结果是放大种族之间的差异，虽然细胞核DNA几乎不能区分黑猩猩和人类，但线粒体时钟走得足够快，可以显示出几万年来积累的差异，正是窥视史前人类考古史的正确速度。

第二个区别，据坎恩、斯通金和威尔逊所说，是人类线粒体DNA只能从我们的母亲那里遗传，通过无性繁殖的方式传给下一代。因为我们所有的线粒体DNA都来自同一个卵子，在胚胎发育过程中是克隆复制的，而且在我们的一生中，它们（理论上）都是完全相同的。这意味着如果我们从我们的肝脏中提取线粒体DNA样本，它应该和从骨头中提取的样本完全相同，而且两者都应该和从我们母亲身上随机提取的样本完全相同，她的样本应该和她自己母亲的完全相同，依次类推一路回到时间迷雾的深处。换句话说，线粒体DNA就像母系姓氏一样，把一系列的个体连接在一起，沿着时间的走廊走下去。与核基因不同，核基因每一代都被洗牌和重新发牌，线粒体基因让我们能够追踪个体及其后代的命运。

加州大学伯克利分校的团队聚焦的线粒体DNA的第三个区别是其稳定的演化速率：突变率虽然很快，但在几千年或几百万年内仍然保持不变。这归因于中性演化的假设，也就是说线粒体基因面临的选择压力很小，它们只被用于一个有限而卑微的目的（这是他们的论点）。偶发性突变在几代人中随机发生，当突变发生的速率趋于平衡时，突变便以稳定而规律的速率累积，导致夏娃的女儿们逐渐分化。这种假设依然值得怀疑，后来对这一假说的改进将突变发生的位置聚焦在“控制区域”

（由 1 000 个不编码蛋白质的 DNA 字母构成），因此据称不受自然选择的影响（稍后我们将回到这个假设）。①

那么，线粒体时钟有多快？根据相对近期且大致已知的殖民时期（4 万年前的澳大利亚，最少 3 万年前的新几内亚岛以及 1.2 万年前的美洲大陆），威尔逊和他的同事们计算得出，其分化速率大约是每百万年就有 2%到 4%的变异。这与根据人和黑猩猩的差异所估计的分化时间相吻合（分化始于大约 600 万年前）。

如果这个速度是被正确地校准过的，那么 147 个线粒体 DNA 样本之间的实际测量差异就给出了它们最后共同祖先的年代：大约是在 20 万年前。此外，这个结果和细胞核 DNA 的研究一致，人群中最深的分歧是在非洲种群中发现的，这意味着我们最后的共同祖先确实是非洲人。1987 年的这篇论文的第三个重要结论与迁徙模式有关。大多数来自非洲以外的人群都有“多重起源”，换句话说，生活在同一个地方的人们有不同的线粒体 DNA 序列意味着许多地区被反复殖民。总的来说，威尔逊团队的结论是，线粒体夏娃生活在相当近代的非洲，而世界其他地方则不断被来自非洲大陆的移民潮一次次占据，这也支持了“走出非洲”的假说。

毫不奇怪，这些史无前例的发现催生了一个活跃的新领域，在 20 世纪 90 年代主宰了遗传系谱学界。由骨骼形态学、语言学、文化研究学、人类学和人口遗传学提出的悬而未决的问题，最终都可以用“硬”的科学事实来回答。许多技术上的改良被引入，校准的日期也被修改（如今线粒体夏娃的起源可以追溯到大约 17 万年前），但是威尔逊和他的同事们提出的基本原理支撑了整个领域的大厦。但是遗憾的是，威尔

① 布赖恩·赛克斯在《夏娃的七个女儿》中提道：“控制区的突变并没有完全消除，因为控制区没有特定的功能。它们是中性的。看起来，这段 DNA 存在的意义是使得线粒体可以正常分裂，但它自己的精确序列并不重要。”

逊本人，一个鼓舞人心的人物，于 1991 年在他事业高峰时不幸死于白血病，享年 56 岁。

威尔逊如泉下有知，一定会为他帮助发现的这个领域取得如此的成就感到骄傲。线粒体 DNA 已经回答了许多一度看似将永远争论下去的问题。其中一个问题是生活在遥远的波利尼西亚这个偏远的太平洋群岛的人们的身份。根据挪威探险家托尔·海耶达尔所言，波利尼西亚群岛的居民来自南美洲。为了证明这一点，1947 年他建造了一个传统的巴尔萨木筏，与 5 名同伴从秘鲁启航，并在 101 天之后，抵达了 8 000 公里外的土阿莫土群岛。当然，证明这一壮举是可能的并不等于证明了它在历史上的确发生过。线粒体 DNA 序列告诉我们的则是与之相反的另一个故事，可以佐证早先的语言学研究。这项结果表明波利尼西亚人起源于西方，经历了至少三波迁徙。大约 94%的受试者 DNA 序列与印度尼西亚人和中国台湾人相似；3.5%来自瓦努阿图和巴布亚新几内亚；0.6%来自菲律宾。有趣的是，0.3%的人的线粒体 DNA 与南美洲印第安人的一些部落相匹配，因此，两地之间存在一些史前接触是有可能的，但是可能性仍然很小。

另一个明显被解决的问题是尼安德特人的身份。从一具尼安德特人木乃伊尸体（1856 年在杜塞尔多夫附近发现）中提取的 DNA 显示，他们的序列与现代人不同，而且在智人身上完全找不到尼安德特人序列的痕迹。这暗示尼安德特人是一个独立的亚种，在没有与人类杂交的情况下灭绝了。事实上，尼安德特人和人类的最后一个共同祖先可能生活在大约 50 万到 60 万年前。

这些发现仅仅是线粒体 DNA 研究为史前人类考古所提供的许多令人着迷的见解中的两个，但是任何事情都有其两面性，一个对线粒体过分简化的看法已经成为咒语一般，它被重复得越来越简洁，越来越误导人；附带条件在讲述中被省略了。我们被告知线粒体 DNA 是完全遗传自母系的，没有重组，也不受太多自然选择的限制，因为它只编码一小撮无关紧要的基因。它们的突变率大致恒定。线粒体基因代表了人和族群真正的谱系关系，因为它们反映的是个人的遗传，而不是基因的万花筒。

这个咒语从一开始就在某些方面引起了不安，但直到最近这些疑虑才有了实证，特别是，我们现在有证据表明母系和父系线粒体之间的基因有重组的现象，线粒体“时钟”的滴答声时快时慢，以及一些线粒体基因（包括所谓的“中性”控制区域）面临着强大的选择压力。这些例外对我们过去推论的有效性提出质疑的同时，也使我们对线粒体遗传的观念变得更加清晰，并有助于我们理解两性之间真正的差异。

线粒体重组

如果线粒体只在母系中传递，那么重组的可能性似乎很小。有性重组是指在 2 条对等的染色体之间随机交换 DNA，形成 2 条新的染色体，每 1 条染色体都包含 2 个来源基因的混合物。显然，有 2 个不同来源的 DNA（分别来自双方父母）才使重组成为可能，或者至少是有意义的：从 2 条相同的染色体上交换基因是没有意义的，除非 2 条染色体中的 1 条受损：而且，正如我们将看到的，这确实会引起麻烦。然而，一般来说，在有性繁殖过程中，细胞核中成对的染色体会重组，产生新的基因组合，把源自父母或祖父母那里的基因混在一起，但是线粒体 DNA 不会出现这样的问题，因为所有线粒体基因都来源于母亲。因此，根据正统学说，线粒体 DNA 不会重组，我们看不到来自父亲和母亲的线粒体 DNA 混在一起。

即便如此，10 年前我们就已经知道有一些原始的真核生物（比如酵母菌）被发现能使线粒体融合并且重组 DNA。当然，酵母菌和人类是无法比拟的，任何人类学家都会告诉你，酵母的这种行为对正统学说不构成威胁。其他一些奇特的生物，比如贻贝，也有证据显示它们的线粒体会重组，当然这些证据很容易被认为与人类演化无关而被驳回。但是令人惊奇的是，1996 年明尼苏达大学的巴斯卡尔·蒂亚加拉扬和他同事的研究表明，大鼠也会重组线粒体 DNA。大鼠作为哺乳动物的一员，和人类的关系已经近到让人无法忽视这一现象的存在。而情况在 2001 年变得更糟了，线粒体 DNA 的重组被证明发生在人类的心肌细胞中。

即使这些研究也没有剧烈动摇正统学说的小船，因为它们的影响范围有限。大多数线粒体都有 5 到 10 个染色体拷贝，其中一些拷贝的作用就像是保险单，用来防止自由基造成的损伤，不太可能一个基因的所有的拷贝都被损坏，因此正常的蛋白质仍然可以产生。但是仅靠囤积多余拷贝是一种应对损伤的低效方法，因为正常和异常的蛋白质的混合物会从破烂的染色体上产生。最好是以标准的细菌方式修复损伤，通过重组未受损的染色体片段来再生纯净的工作拷贝。这种在同一线粒体中对等染色体之间发生的重组被称为“同源”重组，而且不会破坏单亲遗传的原则——这只是一种修复单个个体内发生的损伤的方法，正如我们刚才所说，即使线粒体融合在一起，并通过不同的染色体拷贝来重组 DNA，它们所有的 DNA 仍然只遗传自母亲。

尽管如此，如果父系线粒体能够在卵细胞中存活下来，那么父系和母系线粒体 DNA 的重组是可能的，至少在原则上是可能的。我们知道，人类父系的线粒体会进入卵细胞，所以总有可能有一些存活下来。这会发生吗？在缺乏直接证据的情况下，不同的研究小组试图寻找线粒体重组的迹象，最后确实找到了。第一个证据出现在 1999 年，是萨塞克斯大学的亚当·艾尔-沃克、诺埃尔·史密斯和约翰·梅纳德·史密斯发现的。他们的结论基本上是统计性的。他们认为如果线粒体 DNA 真的是一个克隆，那在不同的种群中，线粒体的序列应该会因为持续累计新的突变而不断分化。但实际情况并非如此：有时一个返祖的序列会重新出现，它带有一种与祖先不可思议的相似性。这样的情况只有两种可能发生的方式：要不是它们随机地“反向”突变回原始序列，听起来就不太可能，要不就是通过与某个碰巧拥有原始序列的对象进行了重组。这种意外的序列“轮回”被称为**异源趋同性**，而艾尔-沃克和他的同事们发现了很多这样的案例——远远超出可以被归因偶然的概率。他们将这些案例作为重组发生的证据。

这篇论文引起了一场风暴，受到了权威人士的攻击，这些人发现样本DNA的序列有错误，而非统计方法的问题。排除这些错误后，他们没有发现重组的证据。文森特·麦考利和他在牛津大学的同事回应道，“不要惊慌”。整个领域都集体松了一口气：这座伟大的大厦屹立不倒。但艾尔-沃克和他的同事们虽然承认确实存在一些取样上的错误，但仍然坚持自己的观点。他们说，即使不考虑这些错误，这些数据仍然暗示着重组的确发生过，这“可能不会导致一些人惊慌，但他们的确应该这样做，因为有一种非常现实的可能性，那就是我们长期持有的假设是不正确的”。

同样在1999年（其实是在同一期的《英国皇家学会会刊》上），曾经是牛津团队学生的埃里卡·哈格尔伯格和她的同事提出了自己的异议。他们的论点基于一个特殊的奇怪现象，在瓦努阿图群岛的恩古纳岛上，一种罕见的突变重复出现在几个毫不相关的群体中。因为他们的线粒体DNA显然是从不同的祖先遗传而来，但是同一个突变重复发生，然后它在几个场合独立地出现，这似乎是不可能的，或者是突变只出现过1次，但随后又被传递给其他族群——只有通过重组才有可能发生。不过仔细的检查再次挽救了这座大厦。这次的错误被证明是由于测序机器造成的，不知怎么的，测序机器造成了10个字母的错位。经过纠正，这个谜团消失了。哈格尔伯格和同事们被迫发表了一份撤回声明，而她本人现在把这件不幸的事情称为“臭名昭著的错误”。

至少可以说，直到 2001 年，重组的证据依然看起来很模糊。两项主要的研究都不可信，尽管两篇论文的作者都坚持认为他们的其他数据仍然足以提出质疑，但这只是意料之中的事情，他们必须捍卫自己的名誉。从公正的观察者的角度来看，重组的说法似乎已经被推翻了。

然后在 2002 年，一个新的挑战出现了。哥本哈根大学医院的玛丽安·施瓦茨和约翰·维辛报告说，他们的一个患有线粒体疾病的 28 岁男子，确实从他父亲那里遗传了一些线粒体 DNA，因此拥有母系和父系 DNA 的混合物——可怕的异质体——以镶嵌的形式出现，他肌肉细胞中的线粒体 DNA 有 90%是父系的，只有 10%是母系的，然而在他的血细胞中，将近 100%都是母系的。这是第一次明确证实父亲的 DNA 在人类身上是可遗传的。在卵子中可能会有某种程度的父系 DNA“渗入”，而在这个案例中，是因为它引起了一种疾病而被抓了出来。但这项研究提出了一个重要的问题：既然来自父亲和母亲的两个种群的线粒体存在于同一个人身上，它们会进行重组吗？

答案是：**会**。2004 年，哈佛大学的康斯坦丁·赫拉普科的研究小组在《科学》杂志上报告说，病人肌肉中有 0.7%的不同的线粒体 DNA 确实发生了重组。因此，如果有机会的话，人的线粒体 DNA 确实会重组。但这并不是说重组的 DNA 会被传递下去。不管在肌肉中会不会形成重组 DNA，只有发生在受精卵中的重组才对后代有影响。只有这样，重组体才能被遗传下去。到目前为止，还没有证据表明这一点，尽管这至少有一部分原因是很少有族群被真正仔细检查过。总的来说，来自种群研究的统计证据表明重组是极其罕见的。当然，这些极为罕见的重组事件或许可以解释基因组成上的神秘偏差，即使这种罕见事件不太可能推翻整个大厦。

但我想说的是，从演化的角度来看，某种程度的重组可能确实发生了，这只是一种侥幸，偶然的意外，还是有更深层次的含义？我们稍后再讨论这个问题，但首先让我们考虑咒语的其他例外情况，因为它们也与这个事件有关。

校准时钟

线粒体DNA不仅用于重建史前考古，也用于法医学，特别是在确定未知遗骸的身份方面。这种法医鉴定基于完全相同的假设，即每个人都只从母亲那里继承单独的一种线粒体DNA。最广为人知的鉴定案例中，有一宗便是俄国的末代沙皇，尼古拉二世，他和他的家人在1918年被一个行刑队枪杀。1991年，俄国人挖出一个西伯利亚坟墓，里面有9具骷髅，其中一具被认为是尼古拉二世本人的。

问题是两具尸体失踪了，要么是发生了什么诡异的事情，要么这不是正确的坟墓。遗骸的线粒体DNA被召来进行支援，但这与沙皇在世的亲属的线粒体DNA都不太匹配。奇怪的是，推定是沙皇的那具遗骸的线粒体DNA是异质体的——他拥有混合体，因此他的真实身份还有待怀疑。当沙皇的弟弟，格奥尔吉大公（格奥尔吉·罗曼诺夫）的墓被发掘出来以后，这件事才终于平息了。格奥尔吉大公在1899年死于肺结核时，他的坟墓地址是确定的。因为这两个人都应该从他们的母亲那里继承相同的线粒体DNA，一个完美的匹配将毫无疑问地确定沙皇的身份；事实上，这个匹配的确是完美的：大公也是异质体的。

在证明线粒体DNA分析有效的同时，这一事件特别提出了一些尴尬的实际问题——特别是异质体究竟有多普遍？异质体并不总是源于父系线粒体“渗入”卵子，也可能源于线粒体突变。如果单个线粒体中的DNA发生突变，那么这两种类型的DNA在胚胎发育过程中都可以被扩增，导致在成体中形成一种混杂的状态。这种混杂态只有在引起疾病时才会显露出来，所以它们的真正发病率尚不清楚；如果它们不会引起疾病，则很容易被忽视。但他们在法医学上的实际意义已经足够重要，以至于好几个研究小组都对其进行了研究。而他们的发现（几个研究小组之间是彼此一致的）则令人惊讶。至少10%，也许20%的人类是异质性的。许多混杂态似乎源于新的突变，而不是父系的渗入。

这些发现有两个重要的意义。首先，异质体远比我们想象的要普遍得多，这必然会对以“自私的”线粒体为基础的性别模式产生影响：如果我们身上能有两个相互竞争的线粒体种群（在大多数情况下没有明显的疾病）幸福地生存下去，那么显然线粒体之间的冲突在某种程度上被夸大了。其次，线粒体突变率远远高于预期。我们通过比较远亲的家庭成员的线粒体DNA序列来校准突变率，这样的尝试得出了各种各样的结论，但是大量证据表明每40到60代发生1次突变，也就是说每800到1 200年发生1次。相比之下，如果我们根据已知的殖民日期和化石证据来校准分化速率，我们可以计算出大约每6 000到12 000年才有1个突变。这种差异是相当大的。如果我们用更快的时钟来计算我们最后一个共同祖先，线粒体夏娃的在世日期，我们就被迫得出结论，她大约活在6 000年前。这个更符合《圣经》里的夏娃，而不是据信生活在17万年前的非洲夏娃。显然6 000年前的这个推断是不正确的，但我们要如何解释如此巨大的出入呢？

在澳大利亚西南部发现的一个重要的化石可能为这个答案提供了线索。这个化石是一个解剖学意义上的现代人类，并且因为携带了世界上最古老的线粒体DNA而闻名于世。它是于1969年在蒙戈湖附近被发现的，之后它的年代被暂定为距今6万年。2001年，一个澳大利亚的研究小组发表了他的线粒体DNA序列，令人震惊的是——这段序列和现存的人类完全没有类似之处。这意味着这一支已经灭绝。[①] 这引发了几

① 事实上，现代人的细胞核DNA中确实携带着类似的序列——一个早就从线粒体转移到细胞核内的**核内线粒体序列**（见第161页）。这段序列相当于一个DNA化石，因为细胞核内的突变率比线粒体慢大约20倍；因此它保持相对不变。

个深层次的问题。尤其是稍早的时候我们依据尼安德特人的线粒体序列已经不复存在，便将他们归类为一个独立的亚种，但我们现在面临的是在一个解剖学意义上的现代人类身上也发生了同样的事情。应用同样的规则，我们不得不说，这个人也代表了一个已经灭绝的独立亚种，但从解剖学上我们知道，我们一定有相同的核基因。这两个种群间想必会有某种程度上的连续性。化解这些矛盾的最简单的方法就是得出结论：线粒体序列并不总是记录某个种群的历史，但这样的结论就使得我们不得不去质疑，仅基于线粒体序列对过去做出的解释可能是有问题的。

之前到底可能发生了什么？想象一个解剖学意义上的现代人类种群生活在澳大利亚。比方说，他们在不到10万年前从非洲移民到澳大利亚。后来，新的移民来到了澳大利亚，而且种群间杂交的程度有限。如果一个新的移民母亲和一个本地人父亲交配，并且他们有一个健康的女儿，那么她的线粒体DNA将是100%的新移民（假设没有重组），但她的细胞核基因将是50%的本地人。如果其他人都不能连续地在后代中有女儿出生，而我们的混血儿却做到了这一点，那么本地线粒体DNA将灭绝，但至少有一些本地的细胞核基因会存活下来。换句话说，种群间的杂交与线粒体DNA谱系的灭绝是并行不悖的，如果我们试图仅用线粒体DNA重建历史，我们可能很容易被误导。同样的情况也适用于尼安德特人，因此，我们不能从他们的线粒体DNA中推断出他们消失得无影无踪（理查德·道金斯在《祖先的故事》中从不同的角度得出了类似的结论）。但这种情况是否可能，或者仅仅是一种技术上的可能性？它意味着只有一支女性血脉留存了下来，而本地的线粒体谱系真的那么容易就全部灭绝了吗？

可能会。我提到线粒体DNA的工作方式类似于姓氏——而姓氏很容易灭绝，正如1869年，维多利亚时代的弗朗西斯·高尔顿在《遗传的天才》一书中首次表明的那样，姓氏的平均“寿命”似乎只有200年左右。在英国，大约有 300 个家庭声称他们是征服者威廉的后代，但没有一个家族可以证明其男性血统不曾中断。1086 年的《末日审判书》中记载的 5 000 个封建爵位的拥有者现在都灭亡了，中世纪世袭称号的平均寿命是三代。在澳大利亚，1912 年的人口普查显示，一半的孩子是由种群中 1/9 的男性和 1/7 的女性生出来的。澳大利亚专家吉姆·康明斯强调，关键的一点是，生殖成功在种群中的分布极不均匀。大多数谱系都灭绝了；这对于线粒体 DNA 也同样适用。

这只是源于中性漂移，还是自然选择参与到了其中？同样，蒙戈湖化石提供了一个线索。1969 年这一化石的发现者之一詹姆斯·鲍勒和他的同事们在 2003 年指出，关于这一化石的 6 万年的定年是不正确的。他们根据更全面的地层学分析，将这具遗骸的年代重新定为大约 4 万年前。新的定年日期相当有趣，因为它恰好和气候变化时期相吻合，当时湖泊和河流都干涸了，澳大利亚西南部的大部分地区变成了干旱的沙漠，换言之，蒙戈湖这一系的线粒体 DNA 在不断变化的选择压力下灭绝了。

这增加了自然选择作用于线粒体基因的可能性。根据正统学说，这是不可能的。如果序列变化在数千年中缓慢累积，并且通过比较活着的人的基因组序列就可以跟踪整个变化轨迹，那么没有一个中间变化是会被自然选择所消除的，整个一系列的变化一定是随机的、中性的突变。但这不能解释高突变率和低分化率（也就是较低的演化速率）之间所存在的落差。但自然选择可以。如果演化最快（也就是说分化最快）的一支被自然选择淘汰，那么幸存者的演化变异必须更小。我前面提到过我们不应该混淆高突变率和高演化速率。这是一个很好的例子。突变率很快，但演化速率较慢，因为一部分突变会产生负面影响，因此被自然选择淘汰。两者之间的落差被自然选择给抹平了。

所以以蒙戈湖化石为例，线粒体 DNA 的灭绝可能归因于自然选择，但这将违背咒语。自然选择能成为答案吗？事实上，现在有很好的证据表明，自然选择确实会作用于线粒体基因。

线粒体的自然选择

2004年，线粒体遗传学界的权威道格拉斯·华莱士和他在加州大学欧文分校的研究小组发表了令人着迷的证据证明自然选择确实对线粒体基因起作用。在亚特兰大的埃默里大学供职的20年里，华莱士开创了人类种群的线粒体分类法，而且他在上世纪80年代前期的研究成果为坎恩、斯通金和威尔逊于1987年在《自然》杂志上发表的著名论文（该论文在本章开始时我们曾经研究过）奠定了基础。华莱士的遍及全世界的基因树确立了许多线粒体谱系，他称之为**单倍群**，后来又被称为"夏娃之女"。他将这些谱系按字母顺序排列，称之为埃默里分类。后来牛津的布赖恩·赛克斯在他最受欢迎的作品《夏娃的七个女儿》中以这些字母作为书中人物命名的基础，不过这本书只涉及欧洲的谱系。

华莱士（奇怪的是赛克斯的书中并没有提到他）不仅是线粒体种群遗传学的大师，而且是线粒体疾病的大师。线粒体疾病的种类成百上千，与其少量的基因完全不相称。这些疾病通常是由线粒体的微小变异引起的。毫不奇怪的是，考虑到他的研究主要是针对这些变异对健康所造成的严重后果，华莱士长期以来一直怀疑线粒体基因可能受到自然选择的影响。显然，如果它们引起的是致残性疾病，它们很可能被自然选择所消除。

华莱士和他的同事们早在上世纪90年代就开始关注"纯化选择"的统计证据。在接下来的10年里，华莱士一直把这些发现放在心上。在许多线粒体遗传学的研究中，他反复指出，线粒体基因在人类种群中的地理分布并不像中性漂移学说所预测的那样是随机的，但某些特定的基因在某些地方繁衍兴盛往往是自然选择在起作用的征兆。比如说，在非洲的诸多线粒体谱系中，只有少数离开了这片黑暗大陆；大多数仍然留在了非洲。世界其他地方种类繁多的线粒体 DNA 都是从少数选定的群体中发展出来，进而在全世界繁荣兴盛起来的。同样地，亚洲的所有的线粒体谱系中，只有少数种类曾在西伯利亚站稳脚跟，后来迁移到美洲。华莱士是否可能会问，是不是某些线粒体基因因为适应特定的气候而在那里发展得更好，而其他的一旦离开家就会受到惩罚？

到 2002 年，华莱士和他的同事们开始更加认真地研究这个问题，并通过一些深思熟虑的讨论性论文表明了他们的观点，但直到 2004 年他们才最终找到证据。这个想法惊人地简单，但对人类演化和健康有着重要的意义。他们说，线粒体有两个主要角色：产生能量和产生热量。能量产生和热量产生之间的平衡可能会有所不同，而实际的状况可能对我们的健康至关重要。原因如下。

我们体内的大部分热量是通过耗散跨线粒体膜上的质子梯度产生的（见第 219 页）。既然质子梯度既可以用来产生 ATP 也可以用来产生热量，那么我们面临的选择就是，被浪费在产生热量上的质子梯度都不能用来产生 ATP（如我们在第二章中所看到的，质子梯度也有其他重要功能，但我们假设这些功能保持恒定，那么它们就不会影响我们的论点）。如果 30%的质子梯度被用来产生热量，那么用来产生 ATP 的质子梯度就不会超过 70%。华莱士和他的同事们意识到根据气候的不同，这个平衡可能会发生相应的移动。对于生活在热带非洲的人们，质子与 ATP 生成紧密结合，因此在炎热的气候下内部产生的热量更少，而因纽特人则在寒冷的环境中产生更多的内部热量，因此产生的 ATP 相对较少。为了弥补他们较低的 ATP 生成量，他们就得多吃一点。

华莱士开始寻找任何可能影响热量产生和 ATP 产生之间平衡的线粒体基因，并发现了几种可能影响热量产生的变异（通过质子泵运和电子流的解偶联)。如预期的那样，产生热量最多的变异在北极受到青睐，而那些产生热量最少的是在非洲发现的。

虽然这似乎只是常识，但其背后却隐藏着堪比一桩谋杀的谜团。回想第四章，自由基的形成速率并不取决于呼吸作用的速率，而是取决于呼吸链中电子的填充程度。如果因为对能量需求过低导致电子流动非常缓慢，电子就会在链中堆积并可能逃逸形成自由基。在第四章中我们看到，如果让呼吸链上的电子保持流动，就可以减缓自由基的快速形成——这可以通过耗散质子梯度从而产生热量来实现。我们将这种情况比喻为一条河流上游的水力发电水坝，其中的溢流通道用来防止洪水泛滥。耗散质子梯度的迫切需要可能已经超过了对它所造成的浪费的考量，并导致了恒温动物的产生，正如防止洪水泛滥的需要可能会压倒溢流通道所造成的水的浪费一样。总而言之，提高内部热量的产生会降低静息时自由基的形成，而降低内部热量的产生则会增加静息时自由基产生的风险。

现在想想在非洲人和因纽特人身上发生的事情。因为非洲人内部产生的热量比因纽特人少，所以他们的自由基产生量应该更高。特别是如果他们吃得过多的情况下。根据华莱士的说法，非洲人不能像因纽特人那样有效地燃烧多余的食物，因此，如果他们吃得太多，反而会产生更多的自由基。这意味着他们应该更容易患上任何与自由基损伤有关的疾病，如心脏病和糖尿病，而事实就是这样。美国的非洲裔人口具有美式的饮食习惯，他们便以罹患糖尿病之类的疾病而闻名。相反，因纽特人因为细胞可以燃烧多余的食物以产生热量，所以应该远比非洲人要少患心脏病和糖尿病，这是对的。当然也有其他的原因（例如摄入富含油脂的鱼类）。因此这些结论必然是常识性的推论。然而，如果这些想法里确有真实的成分，那么逻辑上衍生出的另一个含义也应该是正确的（并且有证据显示确实如此）：任何适应北极气候的民族都更容易发生雄性不育。

道理是完全相同的。北极地区的人将较少的食物用于产生能量，较多用来产生热量。在大多数情况下可能并不重要（他们只要吃得更多），但在某些方面很重要：精子活力。精子在向卵子游去的过程中所需的能量由线粒体提供，因为每个精子中只有不到100个线粒体，精子细胞对剩余的少量的线粒体的效率有着特别的依赖，因此很容易受到能量衰竭的影响。如果这些线粒体以热的形式消耗能量，精子就更有可能出现功能失常，而男性则会遭受**弱精子症**的折磨。这意味着我们应该看到，男性生育能力的模式并非依赖男性基因，而是依赖由母系遗传的线粒体基因。换句话说，男性不育至少应该部分遗传自母亲，并且应该根据线粒体单倍群的不同而有所不同。最近的一项研究证实了这一点在欧洲人身上是正确的：弱精子症在单倍群T（瑞典北部广泛分布）中比在单倍群J（欧洲南部广泛分布）中更为常见。我不知道因纽特人是否也是如此：不幸的是，我找不到任何关于因纽特人弱精子症发病率的数据。

总之，这些扭曲的关系表明，线粒体基因确实受到自然选择的影响。[①] 而确切的比重取决于包括能量效率、内部热量产生和自由基泄漏在内的各项因素，所有这些因素都会影响我们的整体健康和生育能力，以及我们适应不同气候和环境的能力。

再加上本节的其他发现，线粒体基因的正统位置的光芒看起来已经暗淡了。线粒体基因可以从双亲遗传，尽管很少；它们会重组，虽然非常少见；它们的突变率会依情况而有所不同，因此对估算年代的准确性

---

① 这也包括所谓的中性控制区域：如果不进行重组，那么整个线粒体基因组是一个单元，并且控制区域序列可能以非随机的方式被删除，因为它们与会被自然选择筛选的区域相连。事实上，如果控制区域不受自然选择的直接作用，那将是令人惊讶的，由于它与负责转录线粒体蛋白质的转录因子结合——这项任务就跟蛋白质本身一样重要，因为如要是在需要的时候蛋白质没有转录，那就等同于不存在。在2004年，华莱士和他的同事们指出，某些控制区域的突变确实会带来负面的影响，有些则与阿尔茨海默病有关。

提出了质疑；而且它们无疑会受到自然选择的筛选。如果这些出乎意料的发现无法颠覆史前人类考古的成果，它们是否至少提供了更多有关线粒体遗传的完整认识？更重要的是，这些能解释为什么我们有两种性别吗？

第十五节　为什么有两种性别

在第十三节中，我们看到了两性之间最深刻的差别与线粒体遗传有关。雌性专门特化出大而不可移动的卵细胞来提供线粒体（以人类卵细胞为例有 10 万个线粒体），而雄性则专门特化出小而运动的精子细胞，并将线粒体从中剔除。我们研究了这种奇异行为背后的原因，发现它似乎常常可以归结于遗传特征相异的线粒体种群之间的冲突。为了限制冲突发生的机会，线粒体通常只遗传自父母双方中的一方。但是我们也遇到了一些例外情况，包括真菌、树木、蝙蝠甚至是我们自己。在第十四节中，我们仔细研究了我们自己，试图通过大量的人类数据看看它们是如何支持冲突论点的。这些数据是有争议的，并引起了极大的热情，因为它们关系到我们自己的史前史，但从这些争论中慢慢浮现出来的连贯画面让我们对两性差异的深层原因有了引人入胜的见解。在这一节中，我们将试图把这些见解结合起来，为两性之谜找到一个更令人满意的答案。

冲突论点的核心要点在于，没有相似性的线粒体种群可能会为了传承而彼此竞争，防止这种冲突的唯一方法是确保通过卵细胞遗传的所有线粒体基因上都是相同的。保证它们都是相同的方法是确保它们都来自同一个源头——同一个亲本。混杂被认为是致命的。认为线粒体混杂（异质体）是不能容忍的观念支撑着人类线粒体种群遗传学的咒语。根据这句咒语，雄性线粒体很快从卵子中消失，并没有遗传给下一代。这意味着线粒体仅通过无性复制的方式经由母系遗传。因此，线粒体DNA基本保持不变，因为没有重组的可能。即使如此，不同种群和种族的线粒体DNA序列也逐渐出现分化，因为偶然的突变累积了成千上万年。这些累积的差异被认为忠实地存在基因组中，因为自然选择据称是不作用于线粒体基因的，或者至少不作用于非编码蛋白质的“控制区域”。既然不会发生净化选择，那么突变就不会被踢出基因组，因此永远留在那里，成为历史长河中沉默的见证者。

这些来自人类演化的教训，混淆了所有这些信条，并表明还有一个更深层次的作用机制。这并不是说基因组冲突是错误的，而只是一个更大图景中的一部分。让我们拨开泥巴仔细瞧瞧。我们已经看到线粒体重组的确发生了，可能很少发生在人类线粒体中，但在其他物种，如酵母和贻贝中很常见。这并非像我们曾经以为的那样是一个禁忌。此外，重组发生的条件，也就是异质体（互不相同的线粒体混合物）比自私冲突模型所认为的更为普遍。某种程度上的异质体在10%到20%的人类身上被发现，在许多其他物种中也很常见。然后，我们已经看到，线粒体基因的突变率是有差异的，家族成员中线粒体DNA的突变率表明每800到1 200年发生1次突变，而从种族长期的分化来看，速率则是每6 000到12 000年发生1次突变。如果说很多变异都被自然选择消除了，那么这样的落差也就迎刃而解。与通常的咒语不同的是，现在有很好的证据表明自然选择确实以微妙和极为普遍的方式作用于线粒体基因。

所以为什么会有两种性别？想想线粒体。它们不是独立的实体，而是细胞这个更大系统的一部分。线粒体包含由两个不同基因组编码的蛋白质。细胞核基因编码绝大多数蛋白质，大约有800个。而少数一些线粒体基因编码其余的蛋白质，仅仅只有13种蛋白质，所有这些都是呼吸链蛋白复合物的关键亚基。线粒体编码的蛋白质对呼吸作用至关重要。正是线粒体和细胞核这两个基因组之间必要的相互作用，解释了为什么要有两种性别。让我们看看原因。

线粒体的功能在很大程度上取决于细胞核基因编码的蛋白质与线粒体基因编码的蛋白质之间的相互作用。这种双重控制系统并非偶然：它演化出了这种方式，而且被持续优化，因为这是满足细胞需要的最有效的方式。如我们在第三章中所见，线粒体保留少量基因是有积极原因的：线粒体保有一个快速反应的基因单元来维持有效呼吸是必需的。相比之下，能够成功转移到细胞核中的基因通常都已经在那里了；它们存在的好处很多，不仅仅是为了压制线粒体这个麻烦的客人的独立性。

发生在细胞核编码的蛋白质和线粒体编码的蛋白质之间的任何失调都有潜在的灾难性后果。线粒体功能的精细控制不只有利于能量的供应，也会影响其他生死攸关的议题，如细胞凋亡、生育能力、性、内温性、疾病和衰老。但是双重基因控制的效果如何呢？婴儿是大自然所能达成的奇妙和谐的奇迹般的证明，但完美是有代价的。许多夫妇都为了能怀上小孩而付出几年的努力，不孕也是很常见的现象。即使是有生育能力的夫妇，早产（通常没有临床症状）也是常见现象，而不是意外：大约70%到80%的胚胎在怀孕的前几周自然流产，而准父母可能根本就不会注意到。这些早产中有许多是由于尚不清楚的原因造成的。

这个问题通常与两个基因组的相互作用有关——核基因产物必须与线粒体基因产物通力合作。在哺乳动物中，线粒体的突变率更快，平均比核基因快20倍，有些地方甚至高达50倍，这是由于线粒体DNA与从呼吸链泄漏的可以导致突变的自由基很接近。这并不是故事的全部。在细胞核中，基因每代都因为有性繁殖而被重新洗牌。因为编码线粒体蛋白质的基因位于不同的染色体上，因此每一代它们都会重新拿到一手牌。这就造成了一个严重的混合匹配问题。在呼吸链中，蛋白质以纳米级的精度相互作用。举一个例子，细胞色素 c（在细胞核中编码）必须结合细胞色素氧化酶的一个关键亚基（在线粒体中编码）以传递其电子。如果这个结合不够精准，那么电子就无法传递，呼吸作用停止，当电子无法通过呼吸链传递时，它们便形成自由基，这些自由基会氧化膜脂质，释放出细胞色素 c，诱导细胞凋亡。从这个角度来看，细胞色素 c 在细胞凋亡中出乎意料的作用看起来也就没有那么奇怪，反而成了必要。这样当由于细胞核基因和线粒体基因的不匹配导致呼吸作用效率低下时，这些细胞便会被快速终结。

对紧密匹配的要求意味着线粒体基因和细胞核基因同步地**共同适应**是至关重要的，否则呼吸作用就不能正常进行。原则上，不能共同适应会直接导致由细胞凋亡产生的早期死亡。共同适应的直接证据正在逐渐增加。如果将小鼠线粒体的 DNA 替换为大鼠线粒体 DNA，那么蛋白质转录正常进行，但呼吸作用停止，因为大鼠的线粒体蛋白不能与小鼠在细胞核中编码的蛋白正确地相互作用。换句话说，对于呼吸作用的控制比对 DNA 转录并翻译成新的蛋白质的控制更为严格。同一物种中的不同个体是可以有轻微差异的，但是细胞核基因与线粒体基因之间的微小错配也会影响呼吸作用的速率和效率。有一点很重要，细胞色素 c 的演化速率基本匹配细胞色素氧化酶的演化速率，尽管两者潜在的变异速率要相差 20 倍。想必任何降低呼吸作用效率的新变种都被自然选择淘汰了。自然选择留下的印记被线粒体上保留下的所谓**中性替换**（也就是说它们不会改变蛋白质序列）的序列变化暴露出来。线粒体基因中的中性替换与“有意义”替换的比率要比正常基因高得多，这意味着那些“有意义”的突变被自然选择淘汰了。还有其他迹象表明，这些基因的意义是生命体不惜一切代价保留下来的。例如一些原生动物，如锥虫，尽管 DNA 发生了变化，实际上可以通过对 RNA 序列的编码来保持原来的意义。同样，线粒体保留了不符合通用遗传密码的例外，这样的事实可以解释为，尽管DNA序列发生了变化，线粒体仍试图保持基因原来的意义。

综上所述，我们可以说之所以有两种性别是因为双基因组系统要求线粒体基因和核基因之间的密切配合。如果匹配不好，呼吸作用的功能就会受损，细胞凋亡和发育异常的风险就会大得多。匹配的精确性会不断受到两个因素的限制：一是线粒体DNA极高的突变率，二是细胞核基因每一代都会被有性繁殖随机打散。为了确保每一代的匹配都尽可能完美，有必要对**一组**线粒体基因与**一组**核基因进行匹配度测试。这就解释了为什么线粒体必须来自亲代中的一方。如果它们来自父母双方，那么会有两组线粒体基因与一组核基因配对。这就像是将两个身材不同的女人与同一个男人配对跳交谊舞。不管她们作为单独的舞者有多出色，这胡乱扭动的三人组很可能会摔得东倒西歪。想跳出一支真正的代谢华尔兹舞很可能只需要一对搭档——一组线粒体基因和一组核基因。

这个答案有两个重要的内涵：首先，它轻易纳入了现有的模型，同时解释了先前在人类演化研究时所注意到的明显异常。在人类演化的研究中，要使一个线粒体基因组与一个核基因组相匹配，线粒体基因组（普遍而言）需要从单亲遗传，因此单亲遗传的倾向就是这样出现的。如果线粒体是从双亲遗传的，那么呼吸作用的效率很可能是受损的，因为这两个线粒体种群必须与同一个核伴侣共舞。如果不同的线粒体基因组相互竞争，这种情况就会恶化，就像自私冲突理论所述的那样。然而，请注意，某种程度的异质体和重组是可行的，因为它有时反而可能提供最佳的基因组配对。人类演化中的意外发现——异质体、重组和自然选择——都可以用这种方式解释。最重要的方面实际上不是线粒体种群的“纯粹”，而是线粒体基因是如何有效地在细胞核的背景下工作。

其次，双重控制假说给了自然选择一个正面的依据。自私冲突理论的一个难点就是，它只能消除基因组冲突的负面效应。然而我们看到的是异质体在很多情况下并没有造成两个基因组之间明显的竞争——比如被子植物，某些真菌和蝙蝠。如果基因组竞争的负面影响有限，那么为什么自然选择**通常**倾向于单亲遗传？如果单亲遗传是经常主动带来好处，而不仅仅是偶尔可以减轻坏处，那么造成如今单亲遗传的现象也就不难理解了。双重控制理论为这种情况提供了一个很好的理由：最适个体通常只从母亲那里遗传线粒体 DNA，因为这使得核基因组和线粒体基因组有最佳匹配。如果最适者倾向于只从双亲中的一方遗传线粒体基因，我们就满足了两性的条件：女性提供线粒体基因，而男性一般不提供。

那么自然选择在哪里以及如何起作用，才能确保核基因与线粒体基因之间的和谐呢？可能的答案是在女性胚胎的发育过程中，绝大多数卵细胞或卵母细胞都会死于细胞凋亡。最适的细胞显然通过了一个对线粒体功能进行筛选的瓶颈。虽然对这一瓶颈的运行机制知之甚少，也有人质疑其是否存在，但这些概括性的轮廓完全符合双重控制假说的预期。看起来针对卵母细胞的选择是根据线粒体在细胞核背景上的运作状况展开的。

线粒体瓶颈

受精卵细胞（合子）含有约 10 万个线粒体，其中 99.99%来自母亲。在胚胎发育的前两周，合子分裂多次形成胚胎。每次分裂，线粒体都会被分配到子细胞中，但它们本身不会主动分裂自己：它们保持静止的状态。因此在怀孕的前 2 周，发育中的胚胎只能拿从合子处得到的 10 万个线粒体凑合用。到线粒体最终开始分裂的时候，大多数细胞的线粒体数量都下降到了几百个。如果它们不足以支持胚胎的发育，那么胚胎就会死亡。由能量衰竭引起的早夭的比例是未知的，但是能量的缺失的确会导致许多染色体在分裂过程中不能正常分离，进而导致染色体数目异常，比如三体综合征（同种染色体有 3 条而不是 1 对）。所有这些异常几乎都会导致胚胎无法正常发育成足月的胎儿。实际上只有 21 号染色体三体综合征（21 号染色体有 3 条）的症状足够轻微才能产生一个活的婴儿；即便如此，有这种异常的婴儿也会呈现唐氏综合征。

在女性胚胎中，可识别的卵细胞（原始卵母细胞）最初出现在发育的 2 到 3 周内。这些细胞中究竟含有多少线粒体是有争议的，估计的范围从 10 以下到 200 以上。最权威的研究是由澳大利亚生育专家罗伯特·詹森进行的，他的答案处于这个范围的下限。不管怎样，这都是线粒体瓶颈的开始，通过这个瓶颈来选择最好的线粒体。如果我们坚持认为从我们母亲那里遗传来的线粒体是完全相同的，那么这一步选择可能会让人费解，但事实上，同一卵巢中不同卵母细胞的线粒体序列有着惊人的多样性。新泽西州圣巴纳布斯医学中心的杰森·巴里特和他的同事进行了一项研究，结果表明，一名正常女性的未成熟的卵母细胞中一半以上都含有线粒体 DNA 的变异。这些变异大多数都是可遗传的，因此正在发育的女性胚胎的未成熟的卵巢中也一定存在这种变异。更重要的是，这种程度的多样性是在选择**后**留下的，所以推测在发育中的女性胚胎里，线粒体基因序列更为多变，而自然选择正是发生在那里。

那么自然选择是如何起作用的呢？瓶颈意味着每一个细胞中只有少数线粒体，这使得它们更有可能共享相同的线粒体基因序列。不仅线粒体很少，而且每一个线粒体只有其染色体的 1 个拷贝，而不是通常的 5—6 个。这样的限制排除了功能低下的线粒体的侥幸存在：任何线粒体缺陷实际上都是赤裸裸的，它们的不足被放大到可以被监测并消除的程度。下一个阶段是快速增殖——迅速摆脱瓶颈的约束。在一个单一的线粒体克隆和核基因之间建立了直接的匹配关系之后，有必要测试它们协同工作的情况。要做到这一点，细胞和线粒体必须分裂，这依赖于线粒体基因和核基因两方。在电子显微镜下观察到的线粒体的行为相当引人瞩目——线粒体像一条项链一样环绕着细胞核。这种显著的结构一定预示着线粒体和细胞核之间在进行着某种对话，但目前关于它的工作原理我们几乎一无所知。

在怀孕前半段，胚胎中的卵母细胞经过复制，数量从大约3周时的100多个增加到5个月后的700万个（大约增加了2^{18}个）。线粒体的数量攀升到每个细胞中大约1万个，或者所有的生殖细胞中的线粒体加在一起总共有大约350亿个（大约2^{29}个），大规模地扩增了线粒体基因组。然后便会遵循某种自然选择的筛选。这种选择是如何进行的还不清楚，但是到了出生的时候，卵母细胞的数量已经从700万个下降到大约200万个，整整损耗了500万个卵母细胞，或者可以说接近3/4的卵母细胞就这么浪费了。损耗的速度在出生后会降低，但是到了月经初潮的时候，大约只剩下30万个卵母细胞；到了40岁，卵母细胞的繁殖力则急剧下降，只剩下2.5万个。此后，数量呈指数级下降直到停经。在胚胎中数以百万计的卵母细胞中，大约只有200个在女性生育期中通过排卵被排出。这很难让人不相信有某种形式的竞争存在于这个过程中——只有最好的细胞才能胜出，成为成熟的卵母细胞。

的确有些现象暗示纯化选择正在进行。我提到过一个正常女性未成熟的卵母细胞中的一半都带有线粒体序列的突变。这些未成熟的卵母细胞中只有一小部分会顺利成熟，而成熟的卵中只有少部分成功地受精形成胚胎。如何选择最佳的卵的方法尚不清楚，但在早期胚胎中，线粒体的错误率下降到25%左右，一半的线粒体错误已经被消除，这意味着的确发生过某种形式的筛选。当然，大多数胚胎也没有成熟（绝大多数在怀孕的前几周死亡），而且原因也不清楚。尽管如此，我们知道新生儿线粒体突变的发生率只有早期胚胎突变发生率的零头，这意味着对线粒体错误的清除确实曾经发生过。还有其他间接的证据表明线粒体筛选的存在。例如，如果对卵母细胞的筛选可以代替对成体的自然选择，那么就避免了为制造一个成体而进行的昂贵投资，因此在少数后代身上投入资源最多的物种可能会有最好的“过滤器”来筛选最优质的卵母细胞——因为如果出了错，它们的损失会最为惨重。事实上，情况似乎确实如此。产仔数最少的物种也有最为严苛的线粒体瓶颈（每个未成熟卵母细胞中的线粒体数量最少），在发育过程中被剔除的卵母细胞的数量也是最大的。

虽然我们不知道这种选择是如何起作用的，但很明显失败的卵母细胞是通过凋亡死亡的，其机制当然也涉及线粒体。因此通过注射更多的线粒体来保存本来注定会死亡的卵母细胞是有可能的，而这正是卵质转移的基础（我们在第289页曾提到的技术）。事实上，这样一种看似粗犷的操作确实可以防止细胞凋亡，这表明它们的命运实际上取决于能量的可得性；而且，ATP水平和是否能发育成为足月的成体之间确实存在着普遍的联系。能量不足，细胞色素c便会从线粒体中释放出来，而卵母细胞便会进入细胞凋亡。

总而言之，有很多诱人的迹象表明，在卵母细胞中会进行针对线粒体基因和核基因双重控制系统的自然选择，尽管目前几乎没有直接的证据。这的确是21世纪的科学。但是如果能证明卵母细胞是测试线粒体在核基因背景下运作性能的场所，那么这将是一个很好的证据证明两性的存在是为了确保细胞核和线粒体之间的匹配足够完美。当我们已经根据线粒体的性能筛选出了一个卵母细胞，最不希望发生的事情就是有大量的精子线粒体进来扰乱既有的特殊关系，因为它们适应的是不一样的细胞核背景。①

---

① 敏锐的读者可能会注意到这里的一个难题，而加州大学圣巴巴拉分校的伊恩·罗斯也曾就这个难题做过阐述。线粒体适应的是未受精卵母细胞的细胞核背景，但当受精后，父亲的基因被添加到混合体中，这种情况就会发生变化。如果不想丧失线粒体对核基因的适应，就应该是母系基因主宰父系基因——这一过程被称为基因印记。许多基因都会被打上母系印记，但其中是否有一些编码线粒体蛋白尚不清楚。罗斯的预测是肯定的，而他正在以真菌为模式生物研究线粒体印记。

我们对卵母细胞中线粒体基因和核基因之间的关系有很多要了解，但在其他较老的细胞中，我们对这种关系则了解得更多。在衰老的细胞中，线粒体基因积累新的突变，双基因组控制开始崩溃。呼吸作用功能下降，自由基泄漏上升，线粒体开始促进细胞凋亡。随着年龄的增长，这些微小的变化越来越多。我们的能量减少，我们变得更容易受到各种疾病的侵袭，我们的器官萎缩和枯萎。在第七章中，我们将看到线粒体不仅对我们生命的开始至关重要，对我们生命的终结亦然。

第七章

生命的时钟：为何线粒体终将杀死我们

新陈代谢速率快的动物往往会很快衰老，并死于癌症等退行性疾病。鸟类是一个例外，因为它们结合了新陈代谢速率快、寿命长、患病风险低的优点。它们通过控制线粒体泄漏较少的自由基来达到这一目的。但为什么自由基的泄漏会影响表面上与线粒体几乎没有关系的退行性疾病的患病风险？一幅动态的画面正在出现，受损的线粒体和细胞核之间的信号传递在细胞的命运和我们自己的命运中都扮演着关键的角色。

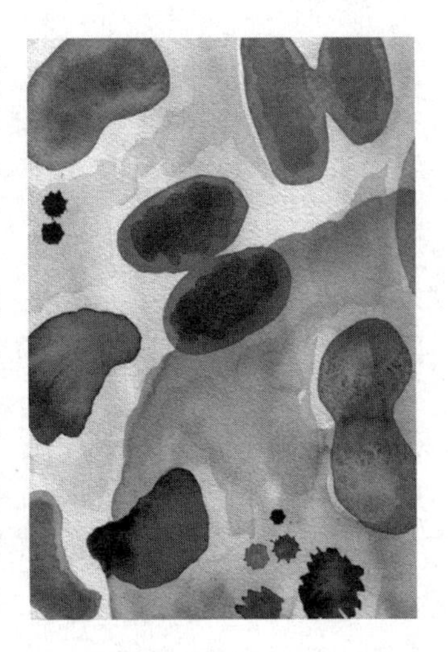

衰老和死亡——线粒体分裂或死亡，取决于它们与细胞核的相互作用

托尔金不朽史诗中的永生的精灵和身边的人一样会死。他们在战场上成群结队地死去。他们只会死去但**不会**老去，或者至少老得不多。在《指环王》中，瑞文戴尔之王埃尔隆德已经几千岁了，《圣经》的历史在他面前都相形见绌。托尔金将他的脸描述为“看不出年龄，既不老也不年轻，虽然脸上写满了对过去许多东西的记忆，苦乐交杂。他深色的头发宛如暮色的阴影……”

这只是一个充满想象力的心灵所构筑出来的奇思妙想吗？不一定。虽然衰老及其带来的退行性疾病已经成为西方世界的灾难，但它们在自然界中并不普遍。例如，许多巨树可以活几千年。诚然，树木离我们很远，而且一棵树的大部分只是无生命的支撑结构。更好的例子是，和我们亲缘关系较近的许多鸟类。鹦鹉可以存活超过 100 年，信天翁可以超过 150 岁。许多海鸥生活了七八十年，却几乎没有我们能够辨认出来的明显的衰老迹象。一组著名的照片记录了苏格兰动物学家乔治・邓纳特和他在奥克尼捕获并戴上脚环的一只管鼻海燕。第一张照片摄于 1952 年，显示邓纳特教授——一个英俊的年轻人和一只英俊的小鸟在一起。第二张是 1982 年拍摄的，照片上是邓纳特教授和 30 年后他偶然在奥克尼再次捕获的那只戴着脚环的管鼻海燕。邓纳特的容貌显示他已经饱经岁月沧桑但这只鸟却一点也没有变老，至少在肉眼看来是这样。第三张照片，我始终未能得见，摄于 1992 年，他和同一只管鼻海燕再次合影，仅仅几年之后邓纳特教授便因病去世。安息吧，邓纳特教授。

有些读者可能会说，我们也可能活 100 年或更久啊；一只鸟能活到 100 多岁又有什么特别之处？答案是，根据鸟类的新陈代谢率，它们的寿命比它们“应得”的寿命要长得多。相对于我们自己的新陈代谢率，如果我们像一只低等的鸽子那样长寿，我们会快乐地生活，没有多少疾病的烦恼，也许会活几百年。那为什么这一切都没有发生呢？为什么天不遂人愿！如果政治上可以克服这带来的伦理困境，那么生物学上似乎也并没有行不通的理由。600 多万年的演化，自从我们与类人猿分离以来，我们已经将自己的最大寿命延长了 5 或 6 倍，从 20 或 30 岁到 120 岁。[①] 正如我们熟悉的演化演替所描述的。从弯腰的、拖着关节的猿到直立的智人，我们的体重和身高都在增长，新陈代谢率也在降低。这些变化是由针对基因的自然选择造成的，如果我们将这些方法应用于我们自身，就叫作基因改造。但是即使我们不想为了一个虚荣而不朽的躯壳而去摆弄我们的基因，要想对抗衰老所带来的残酷的退行性疾病（因此而衰弱的人口比例越来越大），最好的办法还是以合乎伦理的方式应用我们从演化上所得到的一切经验教训。

我说的是“相对于代谢率”。回想第四章，在哺乳动物和鸟类中，体重与代谢率相对应：一般来说，一个物种的体型越大，其代谢率便越慢。例如，老鼠的细胞的新陈代谢率比我们的细胞快 7 倍。因此老鼠的寿命只有我们寿命的零头也并非巧合。在果蝇这样的昆虫身上，新陈代谢率和寿命的关系可以更直接地被感知到。对于昆虫而言，代谢率取决于环境温度。环境温度每升高 10℃，代谢率就会加倍；与此同时，它

① 有记录以来人类寿命最长的人是珍妮·卡尔门特，她于 1997 年去世，享年 122 岁。因为没有继承人，她于 1965 年与一名律师签订了一项协议，律师同意每年为她的公寓支付一笔保留金，并在她去世时继承这所公寓。这所公寓总价大约等于 10 年的租房订金。而不幸的是，律师本人于 1995 年去世了，在律师死后，他的妻子还不得不继续支付这笔款项。

们的寿命也会从一个月或更长时间下降到不到两周。

在对气候变化相对免疫的温血哺乳动物中，体重、代谢率和寿命之间有着广泛的相关性，动物越大，代谢率越慢，寿命越长。如果我们描绘出一幅鸟类的关系图，我们就会发现同样的关系在鸟类中也是成立的。但是现在有趣的是，这两条关系线之间有一定差距（图 14）。平均来说，如果我们根据相似的静息代谢率或是说相似的**生活节奏**，将一只鸟和一只哺乳动物配对，那么鸟的寿命是对应哺乳动物的 3 到 4 倍。在某些情况下，这种差异甚至更大。因此，鸽子和老鼠的静息代谢率是相似的，然而鸽子可以活到 35 年，而老鼠只能活 3 到 4 年，两者相差了一个数量级。如果将我们的寿命，相对于我们的代谢率绘制在图表上，我们也比我们"应该的"活得更长。就像许多鸟类，甚至蝙蝠一样，我们的寿命是其他具有相似静息代谢率的哺乳动物的 3 到 4 倍。当我说我

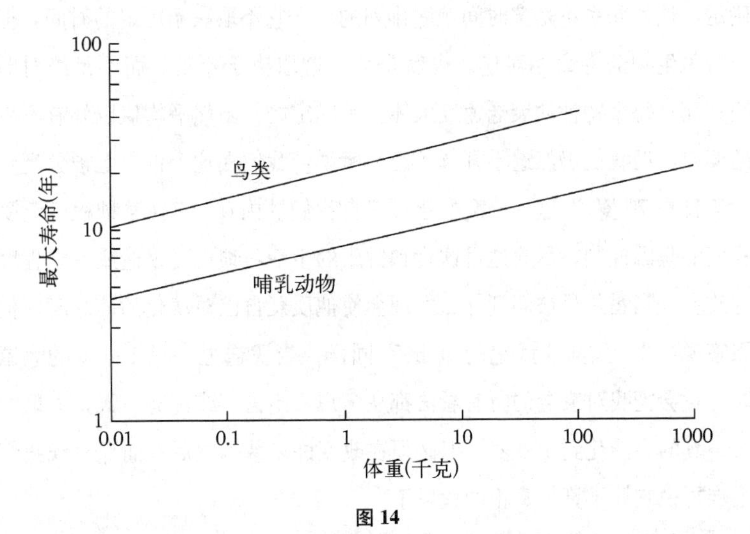

图 14

鸟类和哺乳动物的寿命与体重的关系图。大型动物的新陈代谢率较慢，而寿命较长。鸟类和哺乳动物都是如此，两者在对数坐标图上的直线的斜率非常相似。但是这两类动物之间存在一定差距：鸟类的最长寿命是同等体重和静息代谢率的哺乳动物的 3 到 4 倍。

们可以将寿命延长到几百年左右时，我将我们与鸽子做比较，相对于自身的代谢率，它们的寿命是我们的 2 到 3 倍。换句话说，鸽子的寿命比老鼠长太多，并不是因为它放慢了生活节奏。相反，鸽子的寿命是老鼠的 10 倍，却同时保持着完全相同的生活节奏。显然也没有附加任何的条件。

一个重要的观点是，衰老通常但并非不可避免地与疾病有关。老鼠也患有与我们相似的老年疾病。你可以这么说，老鼠会变得肥胖，患糖尿病、癌症、心脏病、失明、关节炎、中风、痴呆症等；但它们会在两三年的时间内发展出这些疾病，而不是像我们一样在几十年后才开始。许多鸟类，也同样会患有相似的疾病，但总是在接近生命尽头的时候。毫无疑问，衰老和退行性疾病之间有联系，但这种联系到底如何仍然是推测性的和有争议的。很少有事情我们可以百分百肯定，但有一件可以确定，这种联系不是按时间顺序排列的——它不取决于固定的时间，但与有关生物的寿命相对应。也就是说，这取决于年龄，而不是绝对时间；而且每个物种的衰老速度大体上是固定的。虽然平均值以外有不少的偏差，但我们仍然逃不开《圣经》所说，我们在这个世界上被分配到的年日是 70 岁。”这一分配的年日来自我们的内在：它在某种程度上受我们的基因控制，尽管通过饮食和健康的生活习惯也可以造成一定程度的改变。当霍尔丹被问到什么发现会使他质疑自己对演化的信念时，他回答说：“一只前寒武纪的兔子。”同样，当我遇见一只 100 岁的大鼠时，我会把我对衰老的所有看法都从窗户丢出去。或许有一天，大鼠的寿命真的会演化到 100 岁，但必须在改变许多基因之后。而那时候我们很难再说它算不算是真正的大鼠了。

老龄化与疾病之间联系的第二个重点，更贴近我们所承受的苦难：退行性疾病并非衰老过程中无可避免的一个方面。比如，一些海鸟似乎完全回避了老年所带来的疾病，并且不像我们“病态地”老下去。它们像精灵那样活很久，并且在保持健康的同时活很久，不知怎么地避开了老年所带来的痛苦。确切地说，它们**因何而死**我们并不确切了解，但似乎坠落事故的发生率随着年龄的增长而上升；据推测尽管它们没有死于退行性疾病，但它们会渐渐失去肌肉力量和协调能力。有迹象表明，人类中的“老年人”——那些生活到100岁以上的人也不太容易发生退行性疾病。他们最后往往死于肌肉损耗，而不是任何特定的疾病。

关于我们为什么变老的理论已经有几百种了。我在《氧气：建构世界的分子》一书中，从一个广泛的演化观点出发，讨论了其中一些。在这里我只想说，许多关于衰老的归因落入了因果关系和循环论证的陷阱中。例如，有人说，衰老是由于某种激素（诸如生长激素）的循环水平下降引起的。也许吧；但是**为什么**这种激素的水平开始下降呢？同样，有些人认为衰老是由于我们免疫系统功能衰退。当然这是一个因素，但为什么我们的免疫功能开始下降？一个可能的答案是由于多年的使用造成的磨损累积，尽管这个答案很流行，却解释不通。为什么老鼠和人类的磨损累积速率相差如此之大？一只老鼠可以躲过命运的毒箭，活到100岁吗？绝对不行！它的年龄是由内在基因决定的。我们每个人体内都有一座滴答作响的时钟，时钟滴答声的速度是由我们的基因决定的。用行话来说，衰老是内生性的和渐进性的：它来自内部，并且随着时间的推移而变得更糟。任何有关衰老原因的解释都必须能说明呈现这些特征的原因。

人们所提议的大多数生物钟都不能保证准时。例如，染色体末端的端粒以稳定的速率磨损，它们在不同物种间呈现出极为不同的模式，因此不太可能是导致衰老的主要原因。我曾经谈到代谢率作为一个生物钟的可能性，而这通常也会被抛弃，因为代谢率和衰老之间的关系有可能会被严重扭曲，比如鸽子的寿命很长，但代谢率也很快。然而，与端粒不同的是，这种扭曲提供了对衰老本质的深刻洞察。代谢率是一种粗略的表达，它只是作为线粒体内呼吸链上自由基泄漏率的代表。有时自由基泄漏率与代谢率成正比，正如在许多哺乳动物中所看到的那样，但是两者之间的关系并非始终如一：代谢率和自由基泄漏不相符合的例子也很多。这些违规的例子不仅可能解释了鸟类的长寿现象，而且也解释了运动悖论，即运动员比成天坐在沙发上的宅男宅女们的耗氧量更高，但衰老的速度不会更快，实际上，他们衰老的速度确实更慢。

线粒体的自由基泄漏作为对衰老的一种解释，受到了持续的挑战。要想让人信服，就必须克服一些明显的悖论。它也的确做到了。线粒体衰老理论自 30 多年前首次被提出以来，它的形式发生了脱胎换骨般的变化。它的最新化身，不仅解释了衰老的大致轮廓，而且还解释了许多具体的方面，如肌肉萎缩、持续感染和退行性疾病。在最后一节中，我们将看到线粒体不仅是衰老的主要原因，而且鉴于我们在本书中讨论过的特性，你就会发现，这是不可避免的。我们也将看到，我们能做些什么，才有机会像精灵那样优雅地老去。

第十六节　线粒体衰老理论

生物学领域中自由基研究的先驱德纳姆·哈曼于1972年提出了线粒体衰老理论。哈曼的中心观点很简单：线粒体是体内氧自由基的主要来源。这种自由基具有破坏性，并攻击细胞的各种成分，包括DNA、蛋白质、脂质膜和碳水化合物。这些损伤大部分可以通过细胞成分的正常更替获得修复或替换，但受损伤最严重的部位，最明显的就是线粒体自身，很难通过食用抗氧化剂来获得保护。因此，哈曼说，衰老和退行性疾病的发病率应该由线粒体的自由基泄漏率，再加上细胞固有的保护或修复损伤的能力共同决定。

哈曼的论点建立在哺乳动物代谢率和寿命之间的关系上。他明确地将线粒体标记为"生物钟"。他说，本质上，代谢率越高，耗氧量就越大，因此自由基的产生量就越高。我们将看到这种关系通常是正确的，**但不总是这样**。这项限制性条款可能看起来微不足道，但它已经使整个领域困惑了一个世代。哈曼提出了一个完全合理的假设，但事实证明这是不正确的。不幸的是，他的假设已经与一般理论纠缠在一起。推翻这个假设并不能推翻哈曼的理论，但它确实推翻了他最重要和最广为人知的预测——抗氧化剂可以延长生命。

哈曼这项有道理但令人困惑的假设是，从线粒体呼吸链泄漏的自由基**比例**是恒定的。他假设，泄漏基本上是细胞呼吸机制不受控制、不可避免的副产品，这与细胞呼吸机制中电子沿着呼吸链的传递并需要分子氧是并行的。理论上而言，这些电子中的一部分不可避免地会逃脱呼吸链，与氧反应形成破坏性的自由基。如果自由基以固定速率泄漏（假设是总流通量的 1%），那么总泄漏量就取决于耗氧量的速率。代谢率越高，电子和氧气的流通越快，而自由基的泄漏也会越快，即使实际泄漏的自由基的比例永远不变。所以代谢率高的动物产生自由基的速度也快，因此动物的寿命短，而代谢率低的动物产生自由基的速度也慢，因此可以活得更久。

在第四章中，我们看到一个物种的代谢率取决于它体重的 2/3 次幂。体重越大，个体细胞的代谢率就越慢。这项关系在很大程度上独立于基因之外，而取决于生物学的幂次定律。现在，如果自由基泄漏只取决于代谢率，那么相对于物种的代谢率延长寿命的唯一途径是提高抗氧化剂（或抗逆境）的能力。因此，原始线粒体衰老理论的一项暗示性的预测是长期生存的生物必须有更好的抗氧化剂保护能力。因此，寿命长的鸟类体内一定积蓄了较多的抗氧化剂。因此，如果我们希望长寿，我们必须寻求加强我们自己的抗氧化剂保护能力。哈曼认为，迄今为止，我们没有通过抗氧化剂疗法延长自己寿命的唯一原因（这里的“今”指的是 1972 年）是因为很难将抗氧化剂送达线粒体。尽管又经历了 30 多年的屡战屡败，许多人仍然认同这个观点。

这些想法是顽强的，但是错误的，在我看来：他们如那些靠着倒刺勾在动物毛皮上的植物一般坚持着线粒体衰老理论。特别是认为抗氧化剂可能延长我们生命的想法支撑着一个价值数十亿美元的补充剂产业，但几乎没有确凿的证据来支持这项主张。不同于《圣经》所描述的盖在移动的沙土上的房子，这项主张一直屹立不倒。30 多年来，医学研究者和老年学家（包括我自己）在各种衰退的生物系统中投入抗氧化剂，发现它们根本不起作用。它们或许可以纠正饮食中的营养缺陷，并可能预防某些疾病，但是它们根本不影响生物的最大寿命。

要解释负面证据总是很困难的，那个自鸣得意的俗语总是提醒着我们，“缺乏证据并不代表没有证据”。抗氧化剂不起作用的事实（如果是事实的话）可能总是与送达目标的困难有关：可能是剂量不对，或是抗氧化剂用得不对，或是分配不对，或是时机不对。要到什么时候我们才能转身离开，说：“不，这不是一个药理学问题，抗氧化剂真的不起作用。”这答案因个人性情而异，也有一些著名的研究者至今尚未离开。但是在 20 世纪 90 年代，就整个领域而言方向已经转变了。正如两位著名的自由基权威约翰·古特里奇和巴里·哈利韦尔在几年前所说的：“到了 90 年代，我们已经很清楚抗氧化剂不是抗衰老和疾病的灵丹妙药，只剩下边缘医学还在兜售这种观念。”

我们有更强有力的理由来挑战抗氧化剂的地位，这些理由都来自比较研究。之前我提到过一项预测说长寿的动物应该具有高水平的抗氧化剂。这似乎一时看上去是真的，但仅仅是在将数据进行了一点无伤大雅的统计分析之后，才是成立的。在上世纪 80 年代，巴尔的摩国家老龄化研究所的理查德·卡特勒发表了一篇有误导之嫌的报告，说长寿命动物身上比短寿命动物拥有更多的抗氧化剂，问题是他提供了抗氧化剂相对于新陈代谢率的数据，然而这样做掩饰了代谢率和寿命之间更为紧密的联系。换句话说，大鼠的抗氧化剂水平比人类低，但这项表述**只有**当抗氧化剂浓度除以代谢率时才成立，而大鼠的新陈代谢率是人类的 7 倍；难怪可怜的大鼠似乎显得无能为力。这一行为掩盖了抗氧化剂水平与寿命之间的真正关系：老鼠体内的抗氧化剂水平实际上比人类要高得多。十几项独立研究表明抗氧化剂水平和寿命之间的关系是**负相关**的。换句话说，抗氧化剂水平越高，寿命越短。

也许这种意料之外的关系最有趣的方面是，抗氧化剂水平和代谢率水平相平衡。如果代谢率高，那么抗氧化剂水平也很高，推测是为了防止细胞氧化；然而寿命仍然很短。相反，如果代谢率低，抗氧化剂水平也很低，推测是因为细胞氧化的风险较低，但寿命仍然很长。看来，身体不会浪费任何时间和精力去制造更多的抗氧化剂，仅仅是为了维持细胞中平衡的氧化还原状态（即氧化的分子和还原的分子的动态平衡被维持在最佳状态以保证细胞功能的正常运作）。[①] 短寿命和长寿命动物的细胞主要通过平衡抗氧化剂水平和自由基生成速率来使得细胞保持相似而有弹性的氧化还原状态；但是寿命长短并没有受到抗氧化剂水平的影响。于是我们不得不得出结论：抗氧化剂几乎与衰老无关。

这些想法在相对于代谢率而言寿命很长的鸟类身上得到了证实。根据线粒体衰老理论的原始版本，鸟类应该具有更高的抗氧化剂水平，但这又不是真的。这种关系是不一致的，但一般来说，鸟类的抗氧化剂水平比哺乳动物低，和预测正好相反。另一个用来测试的例子是热量限制。到目前为止，卡路里限制是唯一被证明能有效延长像大鼠和小鼠这样的哺乳动物寿命的机制。它确切是如何工作的尚存在争议，但它与抗氧化剂水平之间的关系，在不同物种身上的状况也不甚明确。抗氧化剂浓度有时上升，有时下降，没有一致的关联性。上世纪 90 年代初出现了一项振奋人心的研究，表明通过基因改造使得果蝇在遗传上显出更高的抗氧化酶水平时，果蝇寿命更长，但是实验结果却是不可重复的，至少在原始研究人员的手中（他们对长寿命和短寿命的果蝇品种进行了区分：较高的抗氧化剂水平可以延长短寿命果蝇品种的寿命。换句话说，它们可以弥补遗传缺陷）。如果从上述的一切可以推出任何确凿的结论，那肯定不是高水平的抗氧化剂可以延长健康、营养状况良好的动物的寿命。

① 当下的状态也与组织氧气浓度有关。在第四章中，我们注意到在整个动物界，组织氧气水平都保持在 3 或 4 千帕斯卡的范围内，这意味着氧气水平和抗氧化剂水平在细胞中取得平衡以保持大致恒定的氧化还原状态。我们将在第七章中看到为什么。

我们一直被抗氧化剂的诱惑困扰，原因很简单：从呼吸链逃逸的自由基的比例**不是**恒定的——哈曼的假设是错误的。而自由基泄漏量通常的确反映氧的消耗量，但也可以被上下调节。也就是说，自由基的泄漏率非但不是一种无法控制和不可避免的细胞呼吸副产品，而且在很大程度上是可以控制和避免的。根据马德里康普顿斯大学的古斯塔沃·巴尔哈以及同事们的开创性研究，鸟类之所以寿命很长，因为它们从呼吸链中泄漏出的自由基本来就比较少。因此，尽管消耗大量的氧气，它们也不需要有这么多的抗氧化剂。重要的是，热量限制似乎也以类似的方式起作用。尽管有各种各样的遗传变异，但其中最重要的是在耗氧量相似的前提下，限制自由基从线粒体泄漏。换句话说，在长寿的鸟类和哺乳动物中，从呼吸链泄漏的自由基比例都被**降低**了。

这个答案似乎没有什么攻击性，但实际上很麻烦，并在已建立的衰老演化理论上捅了个窟窿。问题是长寿的动物之所以做到这一点，是通过限制线粒体自由基的泄漏来达成的。因为衰老的速度由基因控制，由此推断在鸟类中一定通过自然选择成功地降低了自由基的泄漏率（据推测在人类中大概也是这样，只是程度较低）。很好。但如果自由基只是破坏性的，为什么老鼠不能也通过限制自由基泄漏来活得更久呢？这似乎没有成本，甚至恰恰相反，老鼠也不需要制造额外的抗氧化剂来防止自身被氧化了。当然，由此带来的好处一定很多，因为长寿的老鼠显然会有更多的时间，留下更多的后代。因此，只要限制自由基的泄漏，老鼠（人类也一样）就可以活得更长且没有成本。

那它们为什么不呢？是因为有什么潜在的代价吗？还是我们对衰老的想法需要彻底修正？通常认为长寿的代价是某种程度上对性的损害。根据纽卡斯尔大学的汤姆·柯克伍德提出的可抛弃体细胞理论，寿命与生殖力是相制衡的：长寿命的物种每胎的数目往往比短寿命的物种要少，而且繁殖的频率要低得多。这无疑是正确的，至少在大多数已知的案例中的确是这样。原因不太确定。柯克伍德认为，这一原因与个体细胞和组织内资源利用的平衡有关：当资源被导向促成个体性成熟和提高每胎的后代数目时，就会减少那些用于确保细胞长寿的资源，例如DNA修复、抗氧化酶和抗逆性——毕竟只有这样几种方法来划分有限的资源。巴尔哈的数据对这个想法提出了挑战。限制自由基泄漏不应以降低生殖能力为代价，因为细胞损伤是被限制的，不需要提升抗逆能力——可抛弃体细胞理论中所说的代价被否定了。因此，如果可抛弃体细胞理论是正确的，那么限制自由基泄漏应该有一个隐藏的代价；我们将在最后一节中看到，确实存在一个隐藏的代价，它对我们追求长寿具有重要的意义。

为了理解为什么，我们需要考虑哈曼的线粒体理论的另一个预测，这个预测同样也引起了麻烦。这项预测认为，自由基不一定会破坏细胞的构造——而是会被抗氧化剂清除掉——但它们确实会损伤线粒体，特别是线粒体 DNA。哈曼实际上只是顺便提到了线粒体 DNA，但后来却成为这一理论的基本原则。让我们看看为什么理想预测和残酷现实之间的差距揭示了很多事情的真相。

线粒体突变

哈曼认为，由于自由基的反应性很强，从呼吸链中逃逸出来的自由基应该主要影响线粒体本身——它们应该在产生自由基的地方就地反应，而不是对其他较远的部位造成太大的损害。然后，他敏锐地问，线粒体随年龄增长而逐渐衰退是否“有部分是通过线粒体 DNA 功能的改变来介导”？这一连串效应应该是这样的：自由基从呼吸链逃逸，攻击附近的线粒体 DNA，引起破坏线粒体作用的突变，随着线粒体的衰退，细胞整体的表现导致衰老的特征。

几年后，西班牙阿利坎特的海梅·米克尔和他的同事更为明确地表述了哈曼敏锐的提问。他们在1980年的构想至今仍然是线粒体衰老理论最为人所熟悉的版本，尽管我们将看到，它的某些方面与数据并不完全吻合。构想内容如下：蛋白质、碳水化合物、脂质等所受的伤害是可以修复的，并没有危险性，除非损伤速度之快是压倒性的（例如像是辐射中毒之后）。而DNA则不同，虽然DNA损伤也可以修复，但有些损伤会改变原始的序列，从而造成突变。突变是可遗传的DNA序列的变异。除非通过随机的反向突变恢复原始序列，或与另一条未突变的DNA进行重组，否则不可能恢复原始的序列。并不是所有的突变都会影响蛋白质的结构和功能，但其中的一些确实会对蛋白质的结构和功能造成影响。通常的情况下，突变越多，产生有害影响的可能性就越大。

理论上，线粒体突变会随着年龄的增长而累积。当突变越积越多的时候，整个系统的效率开始崩溃。通过一组不完善的指令是不可能形成一个完美的蛋白质的，所以一定程度的低效率被植入了这些蛋白质。更糟的是，如果突变影响线粒体的呼吸链，那么自由基泄漏率就会上升，形成愈演愈烈的恶性循环。这种正反馈最终会导致一场“错误灾难”，细胞失去对其一切功能的控制。当组织中相当大比例的细胞都落入这样的厄运时，器官就会衰竭，将剩下的功能器官置于更大的压力下。衰老和死亡就是不可避免的结果了。

那么突变影响呼吸链蛋白的可能性有多大？答案是极有可能。我们已经看到，13种核心呼吸蛋白质由线粒体DNA编码，线粒体DNA就锚定在呼吸链旁的线粒体内膜上。任何逃逸的自由基实际上都会与这个DNA发生反应：突变的发生只是时间问题。我们已经看到线粒体中编码的蛋白质与细胞核中编码的蛋白质有亲密的交互作用，任何一方的改变都会破坏这种亲密关系，并影响整个呼吸链的功能。

如果你觉得这听起来很可怕，那么下面的情况会变得更糟。一系列可怕的发现使整个装置看起来像是一个邪恶的生化大神开的恶劣玩笑。我们被告知线粒体 DNA 不仅储存在焚化炉中，而且还被剥夺了正常的防御力：它没有被保护性的组蛋白包裹，它几乎没有修复氧化损伤的能力，而且基因紧密地堆积在一起，没有“垃圾”DNA 的缓冲区，任何地方的突变都有可能造成大的破坏。这种可怕的安排给人一种毫无意义的感觉：大多数线粒体基因已经转移到细胞核，剩下的少数基因似乎被转移到了错误的地方。奥布里·德格雷，这一领域最具原创性和活力的思想家之一，甚至建议我们可以通过把剩下的线粒体基因转移至细胞核来治愈衰老所造成的创伤。我并不同意这样的观点，原因我们后面就会看到，不过很容易理解他为什么会提出这样的论点。

为什么这样一个愚蠢的系统会被演化出来？这取决于一个人对演化的看法。斯蒂芬·杰·古尔德曾对他所谓的生物学“适应主义程式”发泄过不满，适应主义程式认为一切都是适应的结果，换句话说，任何事物都有其原因，不管它看起来多么无用，都是由自然选择的过程塑造的。即使在今天，生物学家可以分为那些不愿意相信自然会做任何毫无目的的事情的人和那些认为有些事情的确超出了直接控制的人。“垃圾”DNA 真的是垃圾么？还是有什么所不知道的目的？我们不确定，而且问不同的人会得到不同的答案。同样，衰老的“意义”也是有争议的。最广泛接受的观点是，随着年龄的增长，我们不太可能生育，因此自然选择不太可能剔除在晚年导致损害的基因变异。由于线粒体 DNA 的突变在生命后期积累，自然选择无法想出一种有效的机制来消除它们。只有当预期寿命增加时，就像被隔离在没有捕食者的岛屿上的动物，能够飞离危险的鸟类，或是使用大脑和拥有社会结构的人类那样，自然选择才能够在这段延长的寿命中发挥作用。如果我们同意这一观点，那么把保护措施不佳的线粒体基因储存在焚化炉中的纯粹疯狂行为只是演化史上诸多意外中的一个。

这种虚无主义的观点是正确的吗？我不这么认为。错误在于推理的路线过于僵硬，完全是化学：它没有考虑到生物学动态变化的特性。我们稍后将看到这一点所造成的不同。尽管如此，这是一个大胆的理论，它很大的一个优点就是做出了一些明确可验证的预测。我们将特别研究两个问题。第一，理论预测线粒体突变具有足够的腐蚀性，足以导致衰老的整个轨迹。我们将看到，这很可能是正确的。但是第二个预测可能是错误的，至少在最初提出的那种完全邪恶的意义上是错误的，即线粒体突变会随着年龄的增长而累积，正如它们所做的那样，最终会导致一场“错误灾难”。并没有什么强有力的证据表明这种情况会发生，而这其中便隐藏着秘密。

线粒体疾病

首次有关线粒体疾病的报告出现在1959年，这比发现线粒体DNA还要早几年。这位患者是一位年仅27岁的瑞典妇女，尽管荷尔蒙水平完全正常，但她的新陈代谢率却是人类有史以来最高的。问题出在线粒体控制上的缺陷——她的线粒体即使在身体没有ATP需求的时候也全速运转。结果是，她吃得很凶，但是依然很瘦，即使在冬天也大量出汗。不幸的是她的医生对此束手无策，10年后她便自杀身亡了。

在接下来的20年间很多其他的患者被诊断为患有线粒体疾病，诊断通常基于临床记录以及各种专门的检查。比如，在很多线粒体无法正常工作的病例中，即使病人在静息状态下，血液中也会堆积乳酸（一种无氧呼吸的产物）。肌肉活体检验经常显示，一些肌肉纤维（通常并不是全部）严重受损。它们在病理组织装片制备过程中会被染上红色，被称为“破烂的红色纤维”。当诉诸生化测试时，我们发现这些纤维中的线粒体缺乏呼吸链中最末端的酶，即细胞色素氧化酶，这使得呼吸作用无法正常进行。

从临床的角度来看，这类报道不过是零星的科学奇闻。但 1981 年之后，整个潮流发生了变化，当时两次诺贝尔奖获得者弗雷德·桑格和他在剑桥的团队报告了人类线粒体基因组的完整序列。经过上世纪 80 年代和 90 年代，随着测序技术的改进，对许多疑似线粒体疾病患者的线粒体基因进行测序成为可能。结果令人震惊，不仅显示了线粒体疾病的常见程度——大约每 5 000 个人中就有 1 人先天患有线粒体疾病——而且显示了线粒体疾病是多么奇怪。线粒体疾病藐视了正常的遗传学规则。它们的遗传模式是独特的，而且通常不遵循孟德尔定律。[①] 症状的出现时间可能会相差几十年，有时疾病会在“应该”（理论上）遗传它们的人身上完全消失。一般来说，线粒体疾病是随着年龄的增长而发展的，因此一种疾病在 20 岁的时候也许不会对患者造成什么不便，但到 40 岁的时候就可能让他变得完全衰弱。然而，除此之外，几乎无法概括出什么通用的结论。携带相同突变的不同个体，受到影响的组织也会有所不同，而不同的突变也很可能会影响相同的组织。如果你想保持头脑清醒，就不要试着去读关于线粒体疾病的教科书。

尽管对线粒体疾病进行分类有很大的困难，但有一些一般性的原则确实有助于解释正在发生的事情的背后推动力。同样的原则也和衰老有关。回想一下第六章中，线粒体通常是从母亲那里继承来的，但即便如此，卵细胞中线粒体 DNA 的变异性依然高得惊人。我们发现，来自同一女性卵巢的卵细胞存在某种程度的异质体（遗传基因不同的线粒体的混杂）。如果这些变异不严重影响线粒体的功能表现，那么它们就不会在胚胎发育期间被移除。

---

① 孟德尔定律支配着“正常”核基因的遗传模式，在这种模式中，一个遗传性状或疾病的可能性是可以计算的，根据是一个个体从双亲各自同基因的 2 个拷贝中分别随机获取 1 个，让每个人的每个基因都有 2 个拷贝。实际上，一些线粒体疾病确实遵循孟德尔定律，因为它们是由编码线粒体蛋白质的核基因所导致的。

但为什么缺陷**不会**影响胚胎发育呢？有多种可能，一是遗传获得的有缺陷的线粒体数量少，所有线粒体疾病都是异质性的，也就是说患者既有正常线粒体同时又有异常线粒体。如果从卵细胞遗传的 10 万个线粒体中只有 15%是不正常的，那么大多数健康的线粒体可能会掩盖这些有缺陷的线粒体。还有一种可能就是突变能够造成的危害不大，但在线粒体中所占比例较高，比如约占 60%。如果是这样的话，那么即便有大量的突变，胚胎仍能正常发育。然后还有分配的问题。当一个细胞分裂时，其线粒体被随机分配到两个子细胞中。一个细胞可能继承了所有有缺陷的线粒体，而另一个却没有，或者可能是两种极端之间的任意组合。在发育期间的胚胎中，各个细胞因为最终所处的组织的不同，对线粒体所提出的代谢要求也有所不同。如果细胞是要发育成长寿命，代谢活跃的组织，如肌肉、心脏或大脑，恰巧遗传到大量有缺陷的线粒体可能导致满盘皆输；但如果有缺陷的线粒体最终出现在短寿命或代谢活性较低的细胞中，如皮肤细胞或白细胞，那么胚胎的发育很可能是正常的。由于阈值如此不同，较为严重的线粒体疾病通常都是影响寿命长且有活力的组织，特别是肌肉和大脑。

这与衰老有相似之处，我们并不是从卵细胞中继承所有有缺陷的线粒体：有些线粒体缺陷是在成年后才累积起来的，这要归咎于正常代谢形成的自由基。这会在受影响的细胞中产生混合的线粒体种群。接下来发生什么取决于细胞的类型。如果细胞是成体干细胞（负责再生组织），可能的结果是有缺陷的线粒体的克隆性扩张。这发生在一些肌肉纤维中，从而产生线粒体疾病特有的“破烂的红色纤维”，不过也属于“正常”的衰老现象。相反，如果突变影响到一个长寿命的且不再具有分裂能力的细胞，如心肌细胞或神经元，那么突变的影响就不会扩散到单个细胞范围之外。因此我们预期会看到不同的细胞中存在不同的突变，形成不同线粒体功能的“镶嵌型”。

线粒体疾病的另一个方面也与正常老化有关——随着年龄增长而进展的趋势（变得越来越虚弱）。其原因关系到组织和器官的代谢表现。正如我们所看到的，每一个器官都有其正常运行所必需的功能阈值。只有当一个器官的表现低于它自身的阈值时，症状才会出现。比如我们可以失去一个肾脏但是依然可能正常生存，但是如果第二个肾也开始衰竭，除非接受透析或是器官移植，否则我们就会死亡。因为所有的工作都需要能量，所以一个器官的阈值取决于它的代谢需求。如果线粒体疾病碰巧影响到的是代谢需求较低的组织，比如皮肤，那么症状就不会那么严重。但如果它们影响到像肌肉细胞这样的活跃细胞，情况就会很糟糕。相似的情形也会发生在组织中，当其中的细胞开始老化的时候，一个年轻的肌肉细胞在其85%的线粒体是"正常"的情况下，可以应付强加给它的所有能量需求；但随着年龄的增长，线粒体的数量下降，对剩余线粒体的能量需求增加，我们便越来越接近代谢阈值。结果，随着年龄的增长，突变线粒体种群所造成的损伤便逐渐暴露出来。

但线粒体突变是否具有足够的破坏性，进而导致整个衰老的轨迹？其中一些突变的确是可以的。一个极端恐怖的情况会让表观正常的婴儿在出生后很快就失去线粒体DNA，进而很快就会导致肝和肾功能衰竭。当疾病严重时，多达95%的线粒体DNA会被耗尽，而受难的婴儿会在数周或数月内死亡，尽管出生时看起来完全正常。但更常见的疾病包括卡恩斯-塞尔综合征和皮尔逊综合征，这两种疾病会导致后期严重残疾和早夭。典型症状类似如氰化物等代谢毒素所导致的慢性中毒症状，包括失去运动协调性（共济失调）、癫痫、运动障碍、失明、耳聋、类似中风样症状以及肌肉退化。有种线粒体突变牵涉到的症状甚至类似X综合征——一种结合了高血压、糖尿病、高胆固醇和高甘油三酯的致命综合征，据说有4 700万美国人患有该疾病。很明显，线粒体基因突变**可能**产生非常严重的影响，破坏性足以导致衰老。但其他线粒体疾病的严重程度要低得多，这就是问题所在。

任何线粒体疾病的严重程度都取决于突变线粒体的比例和它们所处的组织，也取决于突变的类型：它影响基因组的哪一部分。如果突变影响的是编码某一特定蛋白质的基因，那么这种影响可能是灾难性的，也可能不是灾难性的；事实上，它们甚至可能带来益处。另一方面，如果突变影响一个编码 RNA 的基因，后果通常是严重的。根据 RNA 种类的不同，这种突变可以改变所有线粒体蛋白质的合成，或是含有特定氨基酸的蛋白质的合成。控制区的基因突变也可能产生严重后果，因为这可能会改变用以响应变化需求的线粒体复制和蛋白质合成的整体动态。

编码线粒体蛋白质的核基因也可能发生突变，其结果类似（此外这些突变也会遵循典型的孟德尔遗传模式，从父母双方各遗传 1 个基因拷贝；见第 338 页注①）。如果某个核基因突变影响的是线粒体转录因子，其功能是控制线粒体蛋白质的合成，那么这种效应原则上适用于全身所有的线粒体。另一方面，有些线粒体转录因子似乎只在特定的组织中起作用，或对特定的激素做出反应。这些基因突变往往具有组织特异性的作用特征。

综上所述，这些因素解释了线粒体疾病的极端异质性。突变可能影响单个蛋白质，或所有含有特定氨基酸的蛋白质，或全部线粒体蛋白质，或需求不断变化时的蛋白质合成速率。突变可能是组织特异性或全局性的，影响全身。如果突变发生在核基因上，它们可能以典型的孟德尔模式遗传，如果突变发生在线粒体基因上，它们只可能从母亲遗传。如果是后者，所产生的效应取决于受影响的线粒体比例，以及它们在胚胎发育过程中细胞分裂时的分离方式，以及相关器官的代谢阈值。

考虑到这种程度的异质性，问题就在于如此多样的疾病本身。虽然我们倾向于屈从不同组合的退行性疾病，但我们所有人的衰老过程都是相似的。为什么我们所有人都有这样一个基本的潜在相似性？不仅存在于人和人之间，还存在于其他老化速率不同的动物身上？如果随着年龄的增长，线粒体突变随机累积，为什么我们所有人不会以不同的方式和不同的速率衰老，正如线粒体疾病本身如此随机和不同？答案可以想象，或许是因为只有某类突变可以累积下来，但这直接导致了第二个问题：累积下来的突变的数量和种类似乎不足以导致衰老。那到底是怎么回事？

衰老过程中线粒体突变的悖论

寻找衰老过程中的基因突变已被证明是一个令人沮丧的问题。一个颇有前途的理论认为，累积了一辈子的核基因突变是衰老的罪魁祸首。虽然没有人会对核基因突变确实会导致衰老（特别是癌症等疾病）的理论提出质疑，但寿命与细胞核内突变的累积完全没有关系，因此它们不可能是主要原因。

普遍被接受的关于衰老的演化理论是由霍尔丹和彼得·麦达瓦尔首先提出的。这是突变这个主题的变异：如果突变不是一辈子累积下来的，那么或许是好几辈子累积下来的。自然选择没有能力消除那些在生命后期才会出现有害影响的基因。典型的例子是亨廷顿舞蹈症，在性成熟之后很久才会发作，这就使得这个基因能够被遗传给孩子，而自然选择无法消除它。在我们发现亨廷顿舞蹈症特别可怕的同时，还有多少其他基因有类似的晚期效应？霍尔丹提出，衰老不过是一堆具有晚期效应的基因突变的垃圾箱，成百上千的基因突变是自然选择无法消除的，并因此在许多代人中累积起来的。同样，这个观点肯定是有真实的成分在的，但我不认为它能完全解释自然界中观察到的现象：衰老的可塑性。近 20 年的遗传学研究表明，关键基因上的单一点突变，可以显著延长动物寿命，即使对某些哺乳动物而言也是这样。如果衰老真的被写入成百上千个基因的实际**序列**中，上述的状况肯定不会发生。即使一个关键基因控制了许多其他基因的活动，从属基因仍然是突变过的——问题出在它们的序列，而不是它们的活性，而这就是问题所在。要纠正这些序列，需要数千个突变同时发生在正确的基因上，才能开始影响寿命，而这至少需要几代人的时间。不管出于什么原因，事实是，在整个动物王国中，生命周期都是受到调节的，并且调节的控制程度令人吃惊。

线粒体突变有自己的故事，这也很难与事实相吻合。尽管表面上看，线粒体基因更有可能解释清楚衰老和疾病。原因有两个：第一，正如我们在上一节中看到的，线粒体基因突变从一代到下一代的累计速度要比核基因突变快得多，因此，线粒体基因突变比核基因突变更可能在一个生命周期内形成，因此原则上可以与衰老的速率相吻合。第二，这些突变**确实**具有能力破坏生命：它们根本不是跑龙套的小配角。线粒体疾病已经强调了这种突变可能会有多大的破坏性。

那么线粒体突变的累积速度到底有多快？这点很难肯定，因为代际间的变化速率会受到自然选择的限制。对大多数线粒体基因来说，演化速率大约是核基因的10到20倍，但在控制区，这种变化可能要快上50倍。因为突变只有在不造成灾难性损害的情况下才会在基因组中“固定”下来（否则它们会被选择消除），所以实际的变化速率必须比这更快。1989年，澳大利亚莫纳什大学的安东尼·林纳内教授和他在日本名古屋大学的合作者在《柳叶刀》上发表了一篇经典的论文，以酵母作为研究的对象去探究这种变化实际上到底有多快。正如任何酿造者或酿酒者所知，酵母不依赖氧气：酵母菌可以发酵产生酒精和二氧化碳。发酵发生在线粒体之外，所以酵母菌可以忍受线粒体受到严重的伤害。这种损伤在20世纪40年代首次被发现是在酵母的“小”株中，这些酵母的生长受到了阻碍。结果发现，小株的突变涉及一大块线粒体DNA的缺失，使得发生缺失的突变体无法进行呼吸作用。重点是，小株突变体会在细胞培养中自发出现，大约每1 000个细胞中出现1到10个，视酵母菌株而有所不同。相比之下，细胞核基因的突变慢到几乎无法察觉，这在酵母和更高等的真核生物（如动物）中都是相似的，大约每1亿个细胞中才会出现1个突变。换言之，如果酵母的例子可以用来解释一切的话，线粒体基因突变的累积速度至少是核基因突变的10万倍。如果如此快的突变率同样适用于动物的话，那么足以用来解释衰老；事实上，为什么我们没有马上死掉反而难以解释了。

研究正在进行：线粒体突变在动物和人的组织中累积的速度有多快？不得不说，这个领域是有争议的，直到现在才逐渐开始形成共识。问题一部分出在检测突变的技术上：测序DNA字母的技术有时会以牺牲“正常”序列为代价来放大突变序列，使得准确估量DNA受损程度变得很困难。结果就是，来自不同实验室的结果可能会有很大差异，有时差距的幅度高达1万倍。在各行各业中都会看到类似的情形：那些希望发现线粒体基因突变的人往往会找到它们，而怀疑者则不可避免地只找到少数。这几乎肯定不是因为研究人员故意捏造他们的数据，而取决于他们着眼于哪里并且如何看待：双方都有可能是对的。

在这样的背景下，试图给出一个明确的陈述也许是鲁莽的，但我还是会尝试。这张逐渐开始清晰的图片确实表明双方都是对的。看来突变线粒体的命运是有区别的，这取决于突变的位置在线粒体基因组的控制区还是编码区。

发生在控制区的突变（与复制线粒体DNA的因子结合）可以繁荣起来，甚至可以通过复制接管整个组织。这些突变不一定会导致很多功能缺陷。一项开创性的研究，由线粒体DNA测序的先驱之一朱塞佩·阿塔迪和他在加州理工学院的同事们于1999年发表在《科学》杂志上。该研究表明，控制区的很多突变会在老人组织中超过一半总线粒体DNA上累积，但在年轻人中则基本上不存在。我们可以接受某些类型的突变的确会随着年龄增加而累积到很高的水平，但我们不能肯定这些突变是否有害，因为它们并没有影响编码蛋白质的基因。它们当然不会全部都是有害的。阿塔迪团队于2003年发表的另一项重要研究结果表明，控制区的某个突变与一个长寿的意大利种群有关联。在这个案例中，单一点突变在百岁老人中出现的频率比一般人口中出现的频率高5倍，这意味着它可能提供了某种形式的生存优势。

相比之下，发生在编码蛋白质或RNA区域的突变极少数超过1%，这是非常低的，不能引起显著的能量短缺。有趣的是，功能性线粒体突变，如细胞色素氧化酶缺陷，会在特定的细胞中被复制扩增，于是突变在这些细胞中占据了主导。这种情况发生在诸如某些神经元，心肌细胞，甚至是老化肌肉破烂的红色纤维中。然而，这些突变体在整个组织中的比例很少超过1%。有两种可能的解释：一种是细胞积累不同的突变，因此，任何特定的突变都只是各种突变的冰山一角。另一种解释是，大多数线粒体突变并不会在衰老的组织中累积到很高的水平。也许令人惊讶的是，后一种解释似乎与事实最为接近。几项研究表明，衰老组织中的大多数线粒体DNA都基本正常，除了在控制区可能会发生一些变异，而且它们能够进行几乎完全正常的呼吸作用。考虑到在线粒体疾病中，突变线粒体的比例需高达60%才能削弱细胞性能，总突变量仅为百分之几似乎不足以解释衰老，至少按照原始线粒体理论的信条是这样的。

到底怎么回事？我发现自己在问一个愚蠢的问题："我们真的和酵母相差很大吗？"我怀疑这个问题会使许多读者夜不能寐，但的确值得这么做！酵母菌线粒体积累突变的速度很快，但在大多数情况下，我们的线粒体则不会这样。从能量的角度来看，我们的功能与酵母相似；唯一的区别是我们依赖线粒体，而酵母菌没有。也许这种差异泄露了天机——那就是必要性。姑且说我们在控制区积累突变，仅仅是因为它们无关紧要：它们对功能的影响很小（正如在第六章中讨论的人类遗传研究中所暗示的那样），而大多数功能性突变**不会**累积，因为它们**确实**很重要。这听起来很合理，但这意味着对最好的线粒体的选择会发生在组织中（即使是像心脏和大脑这样由长寿命细胞所构成的组织）。所以我们面临着两种可能。要么线粒体衰老理论完全错误，要么线粒体突变的发生率与酵母相似，但在组织中因为要获得最好的线粒体，自然选择会将突变消除。如果是这样，那么线粒体的功能肯定比最初的线粒体衰老理论所设想的要更为灵活。哪个才是正确的呢？

第十七节　自动校正机的消亡

在上一节之后，如果你认为线粒体衰老理论是一个陷阱，也是情有可原。毕竟，它的大部分预测似乎是完全错误的。一个预测是抗氧化剂应该会延长最高的寿命年限，这似乎根本不存在。另一个是线粒体DNA突变应该随着衰老而累积，但只有在最不重要的区域才会这样。另一个原因是自由基逃逸呼吸链的比例是恒定的，所以寿命应该随代谢率而变化；但这只是一般情况，不能解释像蝙蝠、鸟类、人类和运动悖论等例外情况（运动员的行为，他们一生中消耗更多的氧气，但并不会比懒汉衰老得更快）。事实上，最初理论中唯一似乎是正确的预测，就是线粒体是细胞中自由基的主要来源。这几乎不是一个有力的、健康的理论所该有的轮廓。

现在是时候回到我们在前一节中提出的一个观点了：自由基从呼吸链中逃逸的比例**不是**恒定且无可避免的，而是受自然选择的影响。随着演化的时间推移，自由基泄漏率被设定在每个物种的最佳水平上。这样，长寿的动物就**可以**有快速的代谢率而相对较少的自由基泄漏，而短寿命的动物通常将快速的代谢率与线粒体泄漏和大量的抗氧化剂结合在一起。我们提出的问题是：拥有密封良好的线粒体所付出的成本是多少？为什么老鼠**不能**从将线粒体更好地密封并减少在抗氧化剂上的投入来获益呢？它到底会失去什么？

让我们回想一下第三章，特别是约翰·艾伦对线粒体 DNA 存在的解释（见第 171—175 页）。你可能记得，他认为，在依赖氧气进行呼吸作用的**每一个物种**中，都有一些核心的基因会存活下来，而这并非侥幸使然。原因正如他所认为的那样，是为了平衡呼吸作用的各项需求，因为呼吸链成分的不平衡会导致呼吸作用效率低下和自由基泄漏。我们发现，有必要保留一个局部的基因群，以精准定位线粒体中需要加强的部分，而不是无视需要加强所有的线粒体。如果控制权被官僚作风的核基因所把控，就会发生后者的这种情况。艾伦的基本观点是线粒体基因存活下来是因为它们留在线粒体内的好处要大于坏处。

一个特定的线粒体如何传达它需要更多的呼吸链成分被制造出来的信号？我们现在正进入 21 世纪的科学领域，最好承认目前我们对此知之甚少。正如我们在第三章看到的那样，艾伦认为，它们通过调节呼吸链中自由基的产生速率来做到这一点：自由基本身就是通知制造更多呼吸复合物的信号。这直接说明了为什么老鼠会因为限制自由基泄漏而蒙受损失——这会减弱信号的强度，因此需要一个更精细的检测系统。我们稍后将看到鸟类是如何解决这个问题的，以及为什么对老鼠来说这不值得。

如果在特定的线粒体中没有足够的细胞色素氧化酶，会发生什么？这是我们在第八节中考虑的情况。呼吸作用会被部分阻断，电子回到呼吸链上，活性增强。随着呼吸作用氧消耗的减少，氧气水平上升。高氧与慢电子流的结合意味着自由基的产生增加。根据艾伦的说法，这正是产生更多复合物以弥补不足所需的信号。线粒体如何检测自由基泄漏的上升是未知的，但各种可能性都有一定道理。例如，线粒体转录因子（它们会启动蛋白质的合成）可能被自由基激活，或者 RNA 的稳定性可能会受自由基攻击的影响。这两种情况都是有实际例子的，但都没有被证明发生在线粒体中。无论哪种方式，自由基泄漏量的上升会导致线粒体 DNA 产生更多的呼吸作用核心蛋白，这些蛋白插入细胞内膜，一旦它们被嵌到了膜上，它们就成为核基因编码的额外蛋白质的灯塔和组装点。当整个复合物组装好后，呼吸作用的阻塞就会得到校正。自由基泄漏再次下降，整套系统因此关闭。总体而言，该系统的行为类似恒温器，在恒温器中，室温下降本身就是用来打开锅炉的信号。温度上升之后关闭锅炉，所以在两个固定的范围内调节室温。当然，如果室温不上下波动，系统就完全不能工作。同样，如果呼吸链的自由基泄漏率没有波动，线粒体也就不能进行自动校正，以维持适当数量的呼吸复合物了。

如果自由基信号失败怎么办？如果由线粒体基因合成的新的呼吸作用蛋白不能阻止自由基的泄漏，那么内膜的脂质（比如心磷脂）就会被氧化。在第五章中，我们注意到心磷脂与细胞色素氧化酶结合，因此若是心磷脂被氧化了，细胞色素氧化酶就会从其桎梏中释放出来。这将完全阻断呼吸链上的电子通路，呼吸作用也就因此陷入停顿。没有恒定的电子流维持，膜电位便会崩溃，而凋亡蛋白也会溢出进入细胞。如果这一系列事件只发生在单一线粒体中，细胞并不需要执行细胞凋亡——事件的发生需要一个阈值。如果某一时刻只有少数线粒体失效，那么细胞凋亡的信号便不足以强到使细胞死亡，但线粒体本身会损坏。相比较而言，如果大量线粒体的内容物同时溢出，那么整个细胞就会得到信号，开始执行凋亡。

这种灵活的信号系统与原始的线粒体衰老理论的精神相去甚远。原来的理论认为自由基是完全有害的：线粒体 DNA 的继续存在是演化上糟糕透顶的侥幸；自由基的损伤会急剧失控，导致退化和衰老的痛苦。我们现在意识到自由基并非纯粹有害——它们发挥着重要的信号作用——线粒体 DNA 诡异的存在并非侥幸，而是细胞和身体健康所必需的。此外，线粒体对自由基损伤的保护比以前想象的要好。线粒体

DNA 不仅存在于多个拷贝中（通常每个线粒体有 5—10 个拷贝），而且最近的研究表明，线粒体在修复基因损伤方面相当有效，并且（如我们在第六章中看到的）它们也能够通过重组修复基因损伤。

那么，线粒体衰老理论在这之后该何去何从呢？或许可以肯定的是，理论本身并没有死亡并被埋葬，仅仅是发生了彻底的改变。一个新的理论如凤凰般从灰烬中涅槃，但它仍然重视由线粒体产生的自由基。这个新的理论的诞生并不特别归因于某一个伟大的心灵，而是浓缩了研究人员在几个相关领域的成果。除了与数据一致外，新的理论还有不可估量的好处：它为老年疾病的性质，以及现代医学如何治疗老年疾病提供了深刻的洞察。关键是，解决老年疾病的最佳方法不是针对每一种疾病（正如医学研究目前所做的那样），而是同时瞄准所有这些目标。

逆行反应

我们已经看到，线粒体运行着一个灵敏的反馈系统，在这个系统中，泄漏的自由基本身充当了校准和调整的信号。但是，自由基在线粒体功能中起着不可分割的作用，并不意味着它们是无害的。它们很明显有害，但是比健康杂志所宣称的害处要低得多。寿命**确实**与呼吸链自由基泄漏率相关。虽然良好的相关性并不一定意味着因果关系，但如果两个因素之间没有任何联系，那么在完全没有相关性的情况下，我们就很难说是一个“导致”了另一个；而且与不同群体（如酵母、线虫、昆虫、爬行动物、鸟类和哺乳动物）的寿命相关的其他因素，如果有的话，也非常少。为了论证起见，让我们假设自由基**确实**会导致衰老。我们该如何做才能使得自由基的信号作用与传统看法中它们具有的毒性以及迄今的证据相一致呢？

酵母累积线粒体基因突变的速度至少比核基因突变快10万倍。人也会随着年龄的增长而累积特定类型的线粒体突变，尤其是那些在“控制区域”的突变，重要的是，控制区域的突变通常会“占领”整个组织，因此几乎在所有细胞中都能发现相同的突变。相比较而言，线粒体基因组编码区的突变可以在特定细胞中被放大，但在整个组织中很少超过1%。这不禁让人嗅到了组织中有自然选择的可疑气味。我们能不能把自由基的信号作用与消除有害的线粒体突变联系起来？事实上我们可以，这是“新”线粒体衰老理论的关键。

如果在校正线粒体功能的同时，线粒体DNA上也发生了突变呢？让我们一步一步地想，如果突变在控制区域，它不会影响基因序列，但可能会影响转录或复制因子的结合，如果影响不是完全中性的，那么在面对同样刺激的情况下，突变的线粒体复制它基因的频率会变高或变低。那么后果是什么呢？如果突变使线粒体在行使职责中“睡着”，对复制信号反应迟钝，可能的结果是突变的线粒体会从种群中消失。作为对分裂信号的反应，“正常”线粒体会分裂，但是突变的线粒体会继续沉睡，它们的数量相较于正常的线粒体会减少，最终在细胞成分的正常转换过程中被完全替换掉。

相比较而言，如果突变使线粒体对一个同等的信号反应更灵敏，我们会期望看到它的DNA扩增开来。每次面对分裂的信号，突变的线粒体都会马上采取行动，因此会最终取代种群中“正常”的线粒体。如果突变发生在干细胞中（它们会生成细胞替换组织），那么每次干细胞分裂时，突变体更有可能被传递下去，因此最终将接管整个组织。值得注意的是，如果这些突变对线粒体功能不是特别有害的话，它们很可能会占领整个组织。这很可能发生，因为呼吸复合物本身并没有什么问题。即使与需求存在某种程度上的不同步，能量仍然可以继续正常产生，正如我们所看到的（见第344页），朱塞佩·阿塔迪的团队已经证明了有一个发生在控制区域的突变实际上是有益的。

那么，如果基因的编码区有突变会发生什么呢？为什么这些突变会接管细胞，而不是整个组织？这一次线粒体的功能很有可能被改变。让我们想象一下这个突变在某种程度上影响了细胞色素氧化酶。鉴于不同亚基之间的相互作用需要纳米级的精度，很可能是呼吸作用受到损害，电子挤在呼吸链中，自由基泄漏增加，发出制造新的呼吸链成分的信号。然而，这一次，构建新的复合物并不能校正能量不足的缺陷，因为这些新造的复合物的功能也是不正常的（不过如果缺陷不大，还是可能会有点帮助）。接下来会发生什么？后果**不是**像原始的线粒体理论中所提出的那样会造成错误灾难，而是会产生更多的信号。有缺陷的线粒体通过一种称为“逆行反应”的反馈途径，将缺陷信号传递给细胞核，使细胞能够弥补缺陷。

逆行反应最初是在酵母中发现的，之所以这样命名是因为它似乎把正常的指挥流程从细胞核导向了细胞的其他部分。在逆行反应中，是线粒体向细胞核发出信号，改变其行为——是线粒体，而非细胞核，在设定议程。自从它在酵母中被发现以来，一些相同的生化途径也被发现在高等真核生物（包括人类）中起作用。虽然确切的信号在细节和意义上几乎肯定是不同的，但总的意图似乎是相似的——校正代谢缺陷。逆行信号将能量产生的方式转换为厌氧呼吸（比如发酵），长期来看还会刺激更多线粒体的生成。它还增强了细胞抵抗压力的能力，使其在未来更艰难的时期也能生存下来。酵母不依赖线粒体生存，但当逆行反应被激活时，酵母却活得更长。由于我们依赖线粒体，类似的好处不大可能适用于人类；对我们来说，逆行反应的目的是校正线粒体功能不足的状况。但我想我们可以说，是它让我们活得更长，因为没有它，我们肯定会活得“更短”。

自相矛盾的是，从长远来看，细胞只能通过产生更多的线粒体来纠正能量不足，如果线粒体有缺陷，细胞倾向于通过产生更多的线粒体来校正这个问题——因此才会出现有缺陷的线粒体“占领”细胞的趋势。在长达数年的时间里，细胞可能会优先扩增受损最少的线粒体。整个线粒体种群处于连续流动中，大约数周更替一次。如果线粒体的能量不足情况相当轻微，它们依然可能会分裂，不然就会走向死亡。死亡的线粒体被分解，其成分被细胞循环利用。这意味着受损最严重的线粒体会不断地从种群中被移除。这样一来，细胞可以通过不断地校正缺陷而几乎无限期地延续它的生命。例如我们的神经细胞通常和我们年龄一样大：它们很少（如果有的话）会被替换，但它们的功能并不会失控而导致错误灾难，而是以几乎不可察觉的程度衰退。尽管如此任何回归青春之泉的行为都是无济于事的。虽然最具破坏性的线粒体突变可以从细胞中被消除，但没有办法恢复它们原始的功能，除非完全不使用线粒体（这也是卵细胞如何去重置它们时钟的方式，某种程度上成年干细胞也是）。

细胞依赖于有缺陷的线粒体越多，细胞内的环境就会越氧化（氧化意味着窃取电子的倾向）。当我说“氧化”的时候，我并不是说细胞失去了对它内部环境的控制。它通过调节它的行为来保持控制，建立一个新的状态。大多数蛋白质、脂质、碳水化合物和 DNA 都不受这一变化的影响——再一次，这与原始线粒体理论的预测不一致，原始理论预测了细胞内会出现氧化状况逐步加剧的证据。大多数试图寻找这些证据的研究都没有发现年轻组织和老年组织之间存在着任何严重差异。实际会受影响的是运作中的基因谱，有大量的证据支持这一变化。运作中的基因的改变取决于转录因子的活性——其中一些最重要的转录因子的活性取决于它们的氧化还原状态（可以说，它们是否被氧化或被还原，失去电子或是获得电子）。许多转录因子被自由基氧化，又有专门的酶将其再次还原；两种状态之间的动态平衡决定了它们的活性。

这里的原理类似于把金丝雀放在矿井下，以测试空气是否有毒一样。如果金丝雀从矿井中升起时已经死亡，那么矿工可以采取适当的预防措施，例如戴着防毒面具冒险进入。对氧化还原敏感的转录因子的行为类似金丝雀，警告细胞即将到来的危险，并使其采取规避行动，而不是等到细胞整体被氧化，这和**死亡**也就差别不大了，“金丝雀”转录因子会先被氧化。它们的氧化会启动必要的改变，以防止任何进一步的氧化。例如，NRF-1 和 NRF-2（即 nuclear respiratory factors，细胞核呼吸因子）是对产生新的线粒体所需的基因的表达有协调作用的转录因子。这两个因子都对氧化还原状态敏感，这决定了它们与 DNA 结合的强度。如果细胞中的条件变得更具氧化性，那么 NRF-1 刺激新的线粒体的产生，以恢复平衡，此外它还诱导了一系列其他基因的表达，保护细胞在过渡期抵抗压力。NRF-2 似乎相反，当环境“还原”时变得更活跃，而氧化时则不活跃。

当细胞进入一个更具氧化性的内部状态时，一小部分氧化还原敏感的转录因子会改变活跃核基因谱。这些变动使光谱远离了正常的“管家”基因，转而偏向那些保护细胞抵抗压力的基因，包括一些会召唤免疫系统和炎症细胞帮助的介质。我在《氧气：建构世界的分子》一书中主张说，这些介质的激活有助于解释许多因为慢性、轻度炎症所导致的老年疾病，如关节炎和动脉粥样硬化。虽然活跃基因的确切光谱因组织而异，而且也会随着压力的强度而有所不同，总的来说，组织建立了一种新的“稳态”平衡，在这种平衡中，更多的资源被用于自我维护保养，因此奉献给它们原来任务的资源就会减少。这种情况可能在几十年里保持稳定。我们可能会注意到我们的精力不如从前，或者从小病中恢复的时间更长等等，但我们还算不上处于一种最终衰退的状态。

所以，总的来说，发生了这样的情况。如果某个线粒体内的条件变得偏向氧化，那么线粒体基因就会积极地转录，生成更多的呼吸复合物。如果这样问题得到了解决，那么一切都相安无事。但是，如果**无法**

解决这种情况，那么细胞整体的状态会变得更具氧化性，而这会激活如NRF-1这类转录因子。它们的激活会改变运行中的核基因光谱，进而刺激产生更多的线粒体，并保护细胞免受压力。新的安排使细胞再次稳定，尽管处于一种容易受炎症疾病影响的新的状态。但是细胞和组织的结构几乎没有被氧化，因为只有受损最少的线粒体才会增殖，所以很少有线粒体突变和损伤的迹象。换句话说，线粒体使用自由基来预警危险，这解释了为什么我们看不到原始线粒体理论中所预测的逐步恶化的灾难性损伤。这又解释了为什么细胞不需要累积太多的抗氧化剂——它只需要适量的抗氧化剂，从而保持对转录因子氧化还原状态变化的敏感性。这就是为什么我早先说过生物学比"纯粹的"自由基化学更具动态性：几乎没有什么是偶然的。更确切地说，是对细胞代谢暗流的持续地适应。

那么线粒体到底是如何杀死我们的呢？随着时间的推移，一些细胞失去了正常的线粒体，下一代细胞除了扩增有缺陷的线粒体外别无选择，这就是为什么某些特定的细胞最终会被有缺陷的线粒体接管。但为什么我们只能看到组织中的部分细胞携带有缺陷的线粒体，甚至在老年人的组织中也是如此？因为现在，另一个层级的信号也参与其中。当细胞最终进入这种状态时，它们会和有缺陷的线粒体一起通过凋亡而被清除，这就是为什么我们在衰老的组织中并没有检测到高水平的线粒体突变，但是这种净化的代价很高，即组织功能的逐渐丧失，以及随之而来的衰老和死亡。

疾病和死亡

细胞的最终命运取决于它是否具备满足正常能量需求的能力。能量需求随着组织代谢需求的变化而变化。就像线粒体疾病的状况一样，如果细胞通常是高度活跃的，那么任何明显的线粒体缺陷都会导致细胞凋亡的迅速发生。细胞凋亡信号的确切构成尚不确定，这又同样因组织而异，但有两个线粒体的因子可能参与其中：受损伤的线粒体的比例，以及整个细胞内的 ATP 水平。当然，这两个因子是相互关联的。有功能障碍的线粒体的克隆性扩增不可避免地导致 ATP 的供给与需求不匹配。在大多数细胞中，一旦 ATP 水平降到某一特定的阈值以下，细胞就必然会发生凋亡，因为带有功能障碍的线粒体的细胞会自我消除，即使在老年人的组织中，也很少观察到有大量的线粒体突变。

组织的命运，以及整个器官的功能，取决于组成它们的细胞的类型。如果细胞是可替换的，通过保有无瑕疵线粒体的干细胞的分裂就可以将其进行替换，那么细胞凋亡所造成的损失并不一定会扰乱现状，只要细胞数量保持动态平衡就行了。但如果被迫死亡的细胞或多或少是不可替代的，如神经元或心肌细胞，那么组织中有功能的细胞就会逐渐耗尽，而幸存者就会承受更大的压力，将它们推向极限——自身特定的代谢阈值。任何其他迫使细胞接近极限的因素都可能导致特定疾病的发生。换句话说，随着年龄的增长，细胞接近极限，各种随机因素更有可能将它们推向细胞凋亡的深渊。这些因素可能包括环境因素（比如吸烟和感染），生理创伤（比如心脏病发作），除此以外，一切与疾病相关的基因也都会有影响。

代谢阈值和疾病之间的这种联系是至关重要的。它解释了线粒体是如何导致这一系列疾病的，即使看起来毫无关联。这一简单的观点解释了为什么老鼠在几年内就屈服于衰老导致的疾病，而人类却需要几十年的时间。更何况，这有助于解释为什么鸟类不会以一种特别“病态”的方式衰老，我们可以如何一举治愈自己身上的许多疾病，简而言之，这解释了我们如何能变得更像精灵。

我已经列举了原始线粒体衰老理论的失败之处。还有一个：将衰老的潜在过程与衰老相关疾病的发生联系起来是非常困难的。可以肯定的是，自由基的产生和疾病的发生之间存在着某种假设性的关联，但如果按照表面的意思来理解，那么这个理论就不得不预测所有的老年疾病都是由自由基引起的。这显然是不对的。医学研究表明，大多数老年疾病都是遗传和环境因素惊人复杂的混合体——其中大多数与自由基和线粒体几乎没有关系，至少没有直接的关系。线粒体理论的支持者花了数年时间试图确定基因和自由基产生之间的特定联系，但收效甚微。一些基因的突变的确与自由基的产生有关，但这不是规律，例如，在已知的导致视网膜退化的 100 多种不同的基因缺陷中，只有少数缺陷会影响自由基的产生。

这个解决方案是由艾伦·赖特和他在爱丁堡的同事在一篇漂亮的论文中提出的，这篇论文于 2004 年发表在《自然遗传》杂志上。我个人一直认为这篇论文是长时间以来最重要的论文之一，因为它为我们研究老年疾病提供了一个新的、统一的框架，在我看来，它应该取代当前的既有谬误又带来反作用的范式。

当今大多数医学研究的基本范式是以基因为中心的。这种方法首先是找出基因，然后找出它的作用方式和工作原理，然后想出一些药理学的方案来解决问题，最后实际应用药理学的解决方案。我认为这种范式是错误的，因为它是基于现在看来似乎错误的观点——衰老不过是一堆迟发性基因突变的垃圾桶，这些基因突变的影响大多是独立的，因此必须逐个击破。你可能还记得霍尔丹和麦达瓦尔的假说，我早前曾批评过这个假说，因为最近的遗传学研究表明，衰老比他们所认为的更富有弹性。只要可以延长寿命，则**所有**老年疾病都会被相应推迟，但不会是无限期的。在线虫、果蝇和小鼠中发现了超过 40 种不同的突变都可以延长寿命，所有这些突变通常都能延缓退行性疾病的发生。换句话说，老年疾病是与衰老的主要过程联系在一起的，而这个过程富有弹性。因此，针对老年疾病的最好方法就是解决衰老本身的潜在过程。

赖特和他的同事们研究了已知会增加神经退行性疾病患病风险的特定基因突变。他们并不在意这些基因做了什么，而是试图知道在不同寿命的不同动物身上发生**相同的突变**会带来什么。当然，他们的确经常发现相同的突变，而这并非巧合。动物模型在医学研究中是必不可少的，而疾病的基因模型是当今研究的中心。因此，赖特和他的同事们所需要做的就是追踪动物模型的数据，在这些模型中，相同的基因突变会导致同等的神经退行性疾病，其他没有什么不同。他们提出了 10 种突变，并且从 5 个寿命范围各异的物种（小鼠、大鼠、狗、猪和人）中获得足够的数据。这 10 种突变导致不同的疾病，但相同的突变在每个物种中产生相同的疾病，主要的区别是时间。对于小鼠，这些突变在一两年内产生疾病；对于人类，可能要花 100 倍的时间才能引起完全相同的疾病。

很重要的一点是，这 10 种突变都是**细胞核** DNA 的遗传突变。它们都与线粒体和自由基的产生没有直接关系。赖特和他的同事们研究了亨廷顿舞蹈症中的 HD 基因突变，家族性帕金森综合征中的 SNCA 基因突变，家族性阿尔茨海默病中的 APP 基因突变，加上一些导致视网膜退行性疾病（会导致失明）的基因突变。在以上的每一个案例中，制药行业都投入数十亿美元用于研究，因为任何有效的治疗每年都能收回数十亿美元。如今，人类在这项研究中所投入的聪明才智比用在火箭科学中的聪明才智要多得多。然而没有一个案例取得真正意义上的临床突破——那种可以真正治愈疾病的突破或是将症状的出现延迟几个月或最多几年的那种突破。正如赖特和他的同事们轻描淡写地说的那样："没有什么情况对神经退行性速率的改变能像物种之间的差异那样大。"换句话说，我们无法通过医学干预减缓疾病的进展，使其程度达到自然界中发生在不同物种中的那样大。

赖特和他的同事们绘制了不同动物疾病发病时间以及症状从轻微到严重的进展图。他们发现，疾病的进展与线粒体产生自由基的潜在速率之间有着非常紧密的关系。换句话说，在那些快速产生自由基的物种中，疾病发病早，进展快，尽管与自由基的产生没有直接联系。相反，在缓慢泄漏自由基的动物中，疾病的发生被推迟了许多倍，并且进展得更慢。这种关系不可能是偶然的，因为这种关系太紧密了；很明显，疾病的发生在某种程度上与调节寿命的生理因素有关。这种关系也不能归因于基因本身的差异，在每一种情况下，缺陷都是完全对等的，生化途径是保守的。整体而言这也无法归因于自由基，因为大多数基因并没有直接改变自由基的产生。而且它不能与代谢率的其他方面联系起来，因为代谢率在许多情况下与寿命并不相关，包括鸟类和蝙蝠——还有更重要的是，人类。

赖特说，这种相关性最可能的原因是，在所有这些退行性疾病中，细胞因凋亡而流失——自由基的产生影响诱导发生凋亡的阈值。每个遗传缺陷都会造成细胞压力，最终导致细胞因凋亡而流失。凋亡的概率取决于总的压力程度，以及细胞持续满足其代谢需求的能力。如果其代谢需求不能被满足，就会导致细胞凋亡，而失败的可能性取决于细胞的整体代谢状态，正如我们所看到的，这是由线粒体自由基的泄漏量来校准的。细胞激活逆行反应和放大线粒体缺陷群体，进而导致 ATP 缺失的速度，取决于自由基泄漏的基本速率。自由基泄漏速率快的物种更容易接近阈值，因此更容易因细胞凋亡而失去细胞。

当然，所有这些都是相关的，很难证明一种关系是因果的，但是 2004 年发表在《自然》杂志上的一项研究表明确实存在因果关系，这项研究帮助几位资深作者（其中包括斯德哥尔摩卡罗林斯卡研究所的霍华德·雅各布斯和尼尔斯·戈兰·拉森）赢得了欧盟笛卡儿生命科学研究奖这项殊荣。研究小组将一种突变形式的基因引入小鼠体内，称为敲入小鼠，因为它们有一个被敲入的基因（也就是说功能基因被添加到基因组中，而不是更常见的被敲除）。敲入的基因在这种情况下编码一种酶，称为校对酶。就像一名编辑，校对酶可以校正 DNA 复制过程中出现的任何错误。然而，在他们的研究中，研究人员引入了一种编码这种酶错误版本的基因，具有讽刺意味的是，这种基因很容易出错。就像一个糟糕的编辑，一种容易出错的校对酶比通常情况留下更多的错误。这项研究中引入的基因编码了一种专门在线粒体中工作的校对酶，因此它留下错误的地方是在线粒体 DNA 而不是核 DNA 中。在成功地安排了这个草率的编辑到岗之后，研究人员也的确得到了比平常多上好几倍的线粒体错误，或者突变。这项研究有两个有趣的发现：其中占据头条的发现是，受影响的小鼠寿命缩短，而且一些与年龄相关的疾病的发病时间也提早了，包括体重减轻、脱发、骨质疏松和脊柱后凸（脊柱弯曲）、生育能力下降和心力衰竭。但也许这项研究最有趣的方面是，突变的数量并没有随着小鼠年龄的增长而增加。随着小鼠年龄的增长，体内线粒体突变的数量保持相对恒定，就像人类一样——在衰老过程中，突变的负荷没有大幅度增加。

虽然原因还不清楚，但我认为任何获得大量干扰到正常运作的突变的细胞都会被凋亡所消灭，这给人一种线粒体突变不会随着年龄的增长而累积的印象。总的来说，这项研究证实了线粒体突变在衰老中的重要性，但并不符合原始的线粒体衰老理论的预测（该理论预测线粒体突变的大量累积会导致一场“错误灾难”），但这一发现确实支持线粒体理论的一个更精细的版本，在这个版本中，自由基信号和凋亡在不断减轻突变的负担。

从这个想法中得出了一些非常重要的结论。第一，线粒体突变似乎确实有助于衰老和疾病的进展，即使它们并不总是能被发现——它们和宿主细胞一起通过凋亡而被消除了。第二，与特定疾病相关的其他基因增加了细胞压力的整体水平，使细胞更可能死于凋亡。从艾伦·赖特的工作中我们已经看到，不管基因编码何种产物，或者特定的突变可能是什么，细胞死亡的时间和方式几乎没有区别；如果我们考虑物种之间的差异，就会发现细胞死亡的时间和方式与基因本身几乎完全不相干，而取决于细胞离凋亡阈值有多近。这意味着试图针对单个基因或突变的临床研究是毫无意义的，这意味着整个医学研究团队都被束缚在了错误的方向上。第三，以阻止凋亡为目的的研究策略也可能失败，因为凋亡仅仅是一种处理破碎细胞而不留下血迹的有效方法。阻止凋亡并不能解决细胞不能再完成其任务的根本问题，它将注定死亡，只是从凋亡变为坏死，留下斑斑血迹，而这只会让事情变得更糟。最后至关重要的是，所有的老年退行性疾病，只要减缓线粒体自由基泄漏的速率，就可以呈数量级地减缓甚至被完全消除。如果数十亿用于医学研究的美金中有一部分是用于自由基泄漏的话，我们就有可能一举治愈所有的老年疾病。即使用保守的眼光看这也是自抗生素之后最伟大的医疗革命。所以这是否可行？

第十八节　治疗老化？

衰老和与年龄相关的疾病可归因于线粒体自由基泄漏。不幸的是，或许幸运的是，人体处理线粒体自由基泄漏的方式远比原始线粒体理论的幼稚表述告诉我们的要复杂得多。自由基并非只会造成损伤和破坏，它们还在维持呼吸作用以适应需要，以及在向细胞核发出呼吸作用缺陷的信号方面发挥着至关重要的作用。这是可能的，因为从线粒体泄漏的自由基的比例是波动的。高水平的自由基是呼吸作用缺陷的信号，可以通过线粒体基因活性的代偿性改变来校正。如果这种缺陷是不可逆的，线粒体基因不能重新建立对呼吸作用的控制，那么过量的自由基会氧化膜脂质，从而破坏膜电位。线粒体失去膜电位等同于“死亡”，并迅速被分解和破坏，因此自由基超载加速了细胞去除损伤的线粒体。其他损伤较小的线粒体会复制来代替它们。

如果没有这种微妙的自动校正机制，线粒体乃至整个细胞的性能都将严重受损。线粒体 DNA 的突变将升级，细胞功能在“错误灾难”中失控。相比之下，自由基的信号作用主要可以使长寿细胞在几十年里都维持在最佳的呼吸功能附近。受损的线粒体被移除，而未受损的线粒体复制来代替它们。然而最终至少在长寿细胞中，未受损的线粒体的供应也会耗尽，而后必须有一个新的信号来接管。

如果有太多的线粒体同时出现呼吸功能不足，则细胞内自由基的总负荷上升，这会将呼吸衰竭的信号传递给细胞核。这种氧化状态会改变核基因的活性模式以进行代偿——这种改变被称为逆行反应，因为是由线粒体控制细胞核内基因的活动。细胞进入抗压力状态，并可以像这样存活很多年。它的能量产生能力有限，但只要不承受太大的压力也就过得去。然而，任何造成压力的事件都有可能破坏这样的细胞，并导致某种程度的器官衰竭。这反过来又可能导致慢性炎症，而这正是许多老年疾病的基础。

在衰老的器官中，通过自由基信号途径清除的受损细胞越多，呼吸作用的功能也会随之下降。当细胞 ATP 水平低于某一阈值时，细胞就会发生凋亡，从而使自身消失。这样清除受损细胞会导致器官随着年龄增长而萎缩，但同时去除功能紊乱的细胞，使剩余的细胞中功能最佳的那些被筛选出来。没有突然的崩溃，没有急剧的“错误灾难”，如果自由基仅仅只起到破坏性的作用，那么这些将是不可避免的。同样，通过细胞凋亡来安静地消除细胞，而不是以坏死的方式血淋淋地结束，这使得炎症不会殃及整个组织，从而延长寿命。

因此，如果一个细胞不能满足代谢需要，它就会发生凋亡。细胞丢失的可能性在一定程度上取决于器官的代谢需要。代谢活跃的器官，如大脑、心脏和骨骼肌，最有可能因细胞凋亡而失去细胞。细胞死亡的确切时间取决于总体的压力水平。这些是由线粒体校准的，正如我们在第五章中看到的，与此校准相关的一个重要因素是自由基的暴露累积值。因此，长寿命的动物患与年龄相关的疾病的时间在生命中出现较晚，而短寿命的动物会更快地被击败。细胞的总体压力水平也会升高，原因可能是特定的遗传或获得性基因突变，生理上的创伤事件（如跌倒、心脏病发作或疾病），或者暴露在香烟烟雾中，等等。我们可以从中得出一个非常重要的结论：如果所有遗传和环境因素对老年疾病的影响都是由线粒体校准的，那么我们应该能够治愈或推迟所有老年疾病。相反，试图逐一处理这些疾病，正如我们现在所做的那样，注定会是失败的。我们要做的就是降低一生中自由基的泄漏量。

这就是问题所在。在细胞生命的每一个阶段，线粒体生理和细胞功能都依赖于自由基信号。仅仅是试图通过大量的抗氧化剂来抑制自由基的产生（如果它真的能发挥作用的话），很有可能会让形势更加恶化。在《氧气：建构世界的分子》中，我提出一个想法（被称为“双重间谍”理论），认为身体对高剂量的抗氧化剂是没有什么反应的——我们消除多余的抗氧化剂，它们对灵敏的自由基信号来说可能是一场灾难。我可能在某种程度上低估了抗氧化剂的功效了，然而这也是为了要纠正大家对它的过度吹捧，也许它们可以有多种使我们受益的方面，但坦率地说，我怀疑它们除了校正膳食缺陷外并不会有太多作用，而且我认为信号传递的问题意味着如果我们希望延长我们的寿命，那么我们需要摆脱抗氧化剂的诱惑，重新开始思考。

那我们还能做什么呢？与哺乳动物相比，鸟类可以减缓自由基泄漏的速率。通过研究鸟类和哺乳动物之间的差异，我们可以了解如何最好地治疗衰老及其伴随的疾病。所以我们能不能让自己更像鸟类？这取决于它们是怎么做到的。

根据古斯塔沃·巴尔哈在马德里的开创性工作，大部分自由基泄漏来源于呼吸链复合物I，巴尔哈及其同事利用呼吸链抑制剂进行了一系列简单而巧妙的实验，从复合物I的 40 多个亚基中精准定位了泄漏部位；他们的工作已经被其他人用不同的技术证实了。复合物的空间排布意味着泄漏的自由基直接进入线粒体基质内，也就是线粒体 DNA 附近。显然，任何阻止泄漏的尝试都需要以超常的精度瞄准这一复合物——难怪抗氧化剂治疗会失败！除了它们可能会对信号传递造成严重破坏外，几乎不可能以足够高的浓度将抗氧化剂送到这样一个小空间里。毕竟在一个线粒体中有成千上万的复合物，而细胞中通常又有数以百计的线粒体，当然人体中又有大约 50 万亿个细胞。幸运的是，我们从鸟类那里了解到，这并不是解决问题的方法；鸟类的抗氧化剂水平很低。那么，它们如何减少自由基的泄漏呢？

答案是不确定的，有很多可能性。可能是鸟类把各种可能性的一部分结合在一起。一种可能性是这些差异被写入少数线粒体基因的序列中。具有讽刺意味的是，支持这种可能性的最佳证据来自对人类线粒体 DNA 的研究，其中最有启发性的是来自日本田中正彦的研究小组。1998 年，田中的研究小组在《柳叶刀》上发表报告说，近 2/3 的日本百岁老人在一个线粒体基因中有相同的变异——编码复合物I的一个亚基的基因上发生了一个字母的改变——而这个突变只在 45%的人口中存在。换言之，如果你拥有这个突变，那么你活到 100 岁的可能性就要比一般人高出 50%。好处并不止于此。在你的后半生中，因为各种原因在医院里离世的可能性也只有**一半**：你不太可能患上**任何**与年龄相关的疾病。田中和他的同事们表明，这个突变可能会导致自由基泄漏率的小幅度降低——这看起来只是一个微不足道的益处，但是在整个生命周期中，潜移默化地积累，最终会产生实质性的改变。这正是证明所有与年龄相关的疾病都可能缘于一个简单机制的证据。另一方面它也还是有缺点。在日本以外几乎找不到这样的字母改变，尽管它在日本人中的广泛存在可能有助于解释日本人不寻常的长寿，但这对我们其他人并没有多大帮助。毫不奇怪，这一消息激发了全世界范围的基因搜寻，而且似乎看起来其他线粒体字母的改变也有类似的效果。但同样的问题也适用于所有这些改变，那就是我们只能通过基因改造来改变基因序列。考虑到它所能带来的巨大回报，这可能是值得尝试的，但它非常危险地接近了伦理上不容辩驳的水域——在胚胎中选择人类特征。因此，目前，除非社会对人类基因改造的态度有重大转变，否则我们最多只能说所有这一切在科学上都是极其有趣的。

但基因改造并不是唯一的可能性。鸟类降低自由基泄漏率的另一种方法是将它们的呼吸链解偶联。解偶联这个术语是指电子流与 ATP 产生的分离，这样呼吸作用产生的能量就可以以热量的形式耗散。同样，解开自行车上的链条也可以使蹬踏板与向前的运动分离，而能量则耗散在你出汗的额头上。解偶联呼吸链的巨大好处是电子可以保持流动，就像骑自行车的人的腿继续蹬踏板一样，这可以减少自由基的泄漏。（我认为链条脱落的自行车也有同样的优点，就是可以让我们把多余的能量以热量的形式燃烧掉。我们现在称这种自行车为运动自行车。）因为快速的自由基泄漏与衰老和疾病都有关联，解偶联可以减少自由基泄漏，那么解偶联肯定有延长寿命的潜力。而且就像自行车链条一样，呼吸作用有可能只是部分解偶联（这在自行车上被称为换挡），这样一些 ATP 合成就可以继续，但有一部分能量被以热量的形式消耗（就像我们在下坡时仍然可以蹬踏板，但不能接合链条一样）。总而言之，解偶联可以保持电子在呼吸链上流动，进而限制自由基的泄漏。

我们在第四章中注意到，呼吸链解偶联的小鼠比其他偶联良好的同胞代谢率更快，寿命也确实更长。同样，在第六章中，我们注意到非洲人和因纽特人易患疾病的差异可能与解偶联的程度差别有关。遵循同样的思路，鸟类的解偶联程度比对等的哺乳动物要高是讲得通的，这也解释了为什么它们活得更长。正如我们刚才提到的，解偶联会产生热量，所以如果鸟类真的解偶联程度更高，它们也应该比对等的哺乳动物产生更多热量。而这一观点是有事实依据的，鸟类的体温确实更高，大约是 39℃，而不是 37℃，这可能是由于解偶联产生了更多热量所致。然而，事实上，直接测量的结果暗示事实或许并非如此：鸟类和哺乳动物呼吸链的偶联程度很相似，所以推测体温不同的原因可以归结为散热和绝缘性上的不同。羽毛比毛皮要更保暖。

这并不是说解偶联对我们没有帮助。理论上，它不仅可以减少自由基的泄漏，延长我们的寿命，而且可以使我们燃烧更多的卡路里和减轻体重。我们可以一次性治愈肥胖症和所有的老年疾病！可悲的是，迄今为止，抗肥胖药物的效果都不是很好。例如，二硝基酚是一种呼吸链解偶联剂，曾被试着用作抗肥胖药。至少在高剂量下使用时它被证明是有毒的。另一种解偶联剂是流行的消遣性毒品，摇头丸，很好地说明了潜在的危险：解偶联产生热量，因此一些狂欢者都会一边跳舞一边喝水；但即便如此，也有一些人死于中暑。显然解偶联剂的使用还需要更精细的策略。奇怪的是，阿司匹林也是一种温和的呼吸链解偶联剂；我真的想知道它那些神秘的好处有多少可能与这种特性有关。

巴尔哈自己的研究表明，鸟类通过降低复合物I的还原状态来减少其自由基的泄漏。回想一下一个分子在得到电子时被“还原”，在失去电子时被氧化。低还原状态意味着鸟类在任何时候通过复合物I的电子都相对较少。我们注意到（见第93页）在每个线粒体中都有数以万计的呼吸链，每个线粒体都有个泄漏的复合物I。如果它们处于低还原状态，那它们当中只有一小部分会持有呼吸链的电子，其余的则和哈伯德大妈的橱柜一样空空如也。如果周围的电子相对较少，它们就不太可能逃逸而形成自由基。巴尔哈认为，类似的机制也支持卡路里限制——目前为止唯一被证明延长哺乳动物寿命的方法；在卡路里限制方面，最为统一的变化是还原状态的下降，尽管耗氧量变化不大。此外，这一思路解释了我前面提到的运动悖论，即运动员比我们其他人消耗更多的氧气，但不会更快变老。运动会提高电子流的速率，进而降低复合物I的还原状态——电子来得快去得也快，这使得复合物的反应性降低。这解释了为什么有规律的活动不一定会增加自由基泄漏的速率，实际上对于训练有素的运动员来说，还可能会降低自由基的泄漏速率。

所有这些情况的共同点是低还原状态。我们可以把它看作半空的橱柜，或者想象成备用容量更有帮助。但重要的是，鸟类的备用容量不同于在运动和解偶联（耗散能量）中的情况。在后两种情况下，自由基泄漏之所以受到限制，是因为电子沿着呼吸链向下流动，它们离开一个复合物会解放该复合物以接收另一个电子：因此释放出一些容量。因此，电子不太可能以自由基的形式泄漏出来。然而在鸟类的案例中，它们在静息状态下就留有备用容量，这和拥有同等代谢率，解偶联程度也相当的哺乳动物大不相同。换句话说，当其他条件相同时，鸟类的备用容量比哺乳动物更多，因此它们泄漏的自由基更少，也正是因为这样它们的寿命也更长。

如果巴尔哈是正确的（一些研究人员不同意他的解释），那么长寿的关键是备用容量。那么，为什么鸟类会保留备用容量呢？为了理解答案，想想工厂里需要应付工作量浮动的员工。想象一下，管理层有两种可能的策略（实际上显然有更多种，但让我们关注两种情况）：要么他们可以保留少量员工，并在额外工作时强迫他们更加努力地工作；要么他们可以雇用大量员工，这些员工可以很容易地应付最大的工作量，但是一年中的大部分时间都是闲置的。现在想想员工的士气吧。比如说，少量员工在被迫长时间工作时会变得非常叛逆，而在叛逆的情绪下，他们会故意损坏设备。另一方面，他们的记忆力很差，而且喝了几杯啤酒后，怨恨很快就会消失，之后他们又会继续正常工作。管理层权衡后决定，为了节省劳动力成本，损失一点设备而节约人员成本是值得的。那么相比之下，大量员工的士气如何呢？现在，即使额外的工作来了，大量员工完成任务也没有困难，他们的士气仍然很高。当然在一年的大部分时间里，他们无事可做，所以会感到无聊。他们的怨恨并不强烈（为了有一份工作可以忍受一点无聊），但尽管如此，还是存在这样一种风险：员工可能会去寻找一份不那么无聊的工作，等到工厂需要他们的时候他们却已经离开。

这一切与鸟类和呼吸链有什么关系呢？鸟类采取了大量员工的策

略。管理层宁可承担高劳动力成本和劳动力流失的风险，因为重视自己的设备，不想看到设备被故意损坏。此外，它们雄心勃勃，想象自己会赢得很多工作，因此需要大量的劳动力。翻译成生物学术语，如下所述。鸟类依赖于大量的线粒体，在每一个线粒体内，它们有大量的呼吸链。它们有很高的劳动力，而且在大部分时间里它们有大量的备用容量。从分子的角度来说，复合物I的还原状态是低的：进入呼吸链的电子给自己留有足够的空间。相比较而言，哺乳动物采取了另一种策略：它们喜欢雇用较少的员工。这意味着尽可能少地保留刚好够用的线粒体和线粒体内的呼吸链。即便当工作负荷较低时，呼吸链上仍然密集地堆积着电子。工人们变得叛逆起来，砸烂了设备，就好像自由基在破坏细胞构造一样。经历了如此严重的损坏，工厂完全关闭只是时间问题。

顺便说一句，值得注意的是，劳动力的叛逆程度或是设备的损坏程度取决于工作人员承受压力和过度工作的时间。这取决于它们的工作负荷，从生物学角度来说，这等同于代谢率。新陈代谢率快的动物（比如大鼠）比新陈代谢率慢的哺乳动物（比如大象）有更多的工作负荷和更少的备用容量。因此，它们很快就会泄漏出自由基——它们的劳动者在很多时候都是反叛的——会遭受损伤迅速累积破坏，快速衰老以至于死亡。同样的关系也适用于鸟类，只是在这种情况下，所有鸟类的备用容量都比对等的哺乳动物要来得大；小型鸟类的寿命比对等的哺乳动物长，但比大型鸟类短。

反叛的劳动者的类比也有助于解释卡路里限制的好处，以及线虫和果蝇的许多“长寿”基因。在这些情况下，这些改变不会影响劳动力的规模，但它们可能会减少工作量（代谢率降低，因此增加备用容量）或者可能会安抚工人，这样它们就不会那么叛逆，尽管它们继续处理同样数量的工作（备用容量没有变化）。在这个意义上，这种影响就像宗教，马克思称之为大众的鸦片。继续我们的类比，遏制劳动者暴动的管理政策可能是提供免费鸦片，无论是哪种方式，都要付出代价——降低工作效率的代价或是用鸦片麻醉员工的代价。从生物学的角度来说，长寿命基因的代价通常反映在性的减少上：资源使用的改变允许新陈代谢率保持相似，但长寿命的代价是生殖能力的降低。

鸟类在线粒体中保留了备用容量，而没有上述这些缺点——它们有很高的工作能力而不影响繁殖力。为什么鸟类会保留这么多备用容量呢？我认为答案是飞行需要一种超过哪怕是最强运动能力的哺乳动物所能达到的有氧能力。为了升空，它们需要更多的线粒体和更多的呼吸链。如果它们失去了这些线粒体，它们就同时失去了飞行的能力，或者说失去了娴熟飞行的能力。从管理策略的角度来看，工厂的工作只能由大量的劳动力来完成，所以真的没有选择：当需求低的时候，管理层不能冒险裁员。所以当鸟儿休息的时候，它们的代谢率就会慢下来，它们就有很大的备用容量。从技术上讲，复合物I的还原程度比较低。同样的道理也适用于蝙蝠，它们为了飞行必须保持高有氧能力。

为了避免这听起来像是空谈，以下提出一项事实依据。鸟类和蝙蝠的心脏和飞行肌肉**的确**有更多的线粒体，而其中呼吸链的密度也较高。但它们的其他器官也是如此吗？毕竟，正如我们在第四章中所指出的，是器官而不是飞行肌肉对静息代谢率的贡献最大。令人惊讶的是，我们对于鸟类和蝙蝠器官中线粒体的数量知之甚少，但它们确实比陆地哺乳动物拥有更多的线粒体。这是合理的，因为鸟类和蝙蝠的整个生理就是为了获得最大的有氧性能而设计的。只需举一个例子，蜂鸟肠内葡萄糖转运蛋白的数量远远高于哺乳动物，因为它们必须快速吸收葡萄糖，才能为昂贵的悬停飞行提供动力。这些额外的转运体是由额外的线粒体提供动力的，因此看起来与飞行无关的器官的有氧能力可能也很高——远比满足静息代谢所需要的要高得多。

人们常说鸟类和蝙蝠寿命长，因为飞行有助于它们避开捕食者。毫无疑问，这是事实，尽管许多小型鸟类在野外的死亡率很高，但仍然活得比较长。我刚才提出的答案与飞行的高能量需求直接相关。高能量消耗需要高密度的线粒体，不仅在飞行肌肉和心脏，在其他器官也是如此，这种补偿效应类似于有氧能力假说所推测的温血动物起源（见第四章），但比那个更强，因为催动飞行的最大需氧量大于全力奔跑时的需氧量，因为线粒体的密度更大，静息状态下的备用容量更大，这降低了复合物I的还原状态，自由基泄漏必然降低，而这也相应延长了寿命。

那么除了蝙蝠以外的哺乳动物会发生什么：它们为什么不以大量线粒体的形式保持大量的备用容量呢？一个可能的原因是，如果受到捕食者的威胁，大多数哺乳动物拥有更多的线粒体和有氧能力几乎没有什么好处——它们的最佳策略是寻找最近的洞躲起来。自然的规律总是要不使用要不丢弃。老鼠最有可能将不必要的线粒体作为昂贵的负担而抛弃，但这直接导致它们回到有更少的复合物I和更高的还原状态的问题上。它们泄漏更多的自由基，寿命短，死得早。真的是这样吗？

如果老鼠不能通过囤积更多的线粒体来获得更多的有氧能量，那么它们应该有另一个优势：任何囤积更多线粒体的老鼠都有更大的备用容量，因此应该活得更长，泄漏更少的自由基，它们不需要囤积更多的抗氧化剂或应激酶，因此不应该受可抛弃体细胞理论（见第333页）条款的惩罚。事实上，配备了如此状况良好的线粒体，具备如此强的有氧能力，这些老鼠应该身体健壮，且性吸引力十足，是生物学上的“适者”，所以在求偶方面应该占有优势。长寿和生物适应性强的结合意味着它们的长寿基因应该被传播开来。但是这些都没有发生。老鼠仍然是老鼠，而且它们仍然很快死去。这其中有什么蹊跷么？我认为是有的，而且对我们至关重要，因为如果我们想为自己设计一些增加性吸引力又能长寿的基因，那我们应该知道它们会有什么负面影响。

问题是：低自由基泄漏率意味着需要一个更灵敏的检测系统来维持

呼吸效率。毕竟，这就是我们在线粒体中保留基因的原因（见第 172 页）。演化出改良基因的代价可以解释为什么老鼠不会限制自由基的泄漏。它们需要付出精心设计一个灵敏的检测系统的成本，同时保持大量的备用容量，两者相加对于老鼠而言代价太大了，但是对于鸟类来说，更灵敏的检测系统的高演化成本是会被飞行改良在自然选择上的巨大优势抵消的。飞行的代价虽然高昂，但回报也高，鸟类确实受益于在其所有组织中填充更多的线粒体，因此在静息时具有更大的剩余产能——它们受益于保留大量劳动力，甚至把一些利润投资到最新的设备上。它们的备用容量意味着静息时自由基泄漏更低，因此使用寿命更长，但需要更灵敏的检测系统。然而在这种情况下，飞行的优势确实超过了生存和繁殖所付出的成本。

如果我们想活得更长，那么，为了摆脱老年疾病，我们需要更多的线粒体，但也可能需要一个更精细的自由基检测系统。这可能是个问题，毫无疑问会考验医学研究人员的聪明才智。但我们的寿命已经是同类哺乳动物的几倍。如果我的推理是正确的，我们应该已经拥有比具有同等静息代谢率的哺乳动物更多的线粒体：我们应该拥有更多的备用容量，再加上灵敏的自由基检测系统。以我们自身的例子而言，值得我们投入的复杂原因不同于鸟类——并非为了有氧代谢能力，而是延长寿命这件事本身，因为长寿能给亲属家族带来社会凝聚力。部落的长者传授知识和经验，使他们的部落具有优势；这样的优势很可能诱使我们付出上述成本。我们真的做到了吗？我不知道，但这是一个有趣的假设，而且很容易检验。我们所需要做的就是测量一个相似代谢率的哺乳动物器官中的线粒体密度，还有它们自由基信号系统的灵敏度，当然这稍微有些困难。

有一个诱人的线索暗示，我们也许可以用这种方法设计出更长的寿命。早些时候，在第十七节中，我提到线粒体控制区的一个字母的改变在百岁老人中出现的频率是一般人群的5倍。这种突变似乎刺激了线粒体在响应信号时复制产生更多的线粒体。所以，如果一个信号到达，说："**线粒体：分裂**！"那么有突变的人可能会产生110个新的线粒体，而没有突变的人只会产生100个。这可能会使我们变得更像鸟类：我们在静息时会有更大的剩余产能。原则上，使用药物可以在不改变任何基因的情况下达到类似的效果；只要稍微放大每个信号，这样每当线粒体分裂的信号出现时，我们就可以尝试将它放大，比如放大10%。在这两种情况下，额外的线粒体将分担较少的工作量。复合物的还原状态将下降，它们会泄露更少的自由基。只要我们还能够很好地检测到自由基（这是一个非常微妙的平衡，但据推测，百岁老人做到了这一点），那么我们就有机会活得更长、更好，在我们生命垂危时受到的疾病困扰也会更少。

后　记

十多年前，我在实验室里花了很多时间，试图保存用于移植的肾脏。这一挑战与排异（研究中比较诱人的部分）无关，而是一个更紧迫的问题。一旦肾脏或其他器官从体内取出，时钟就开始疯狂地转动。对于肾脏而言，仅仅几天的时间腐烂就使得器官无法使用。而在心脏、肺、肝等器官中，时间则更为紧迫：在它们因腐烂而被废弃前都难以储存超过一天。可怕的排异反应加剧了这个问题。至关重要的是，要使供体器官的免疫状况与受体器官的免疫状况相匹配，以防止眼睁睁地看着急性排异反应发生在手术台上。这通常意味着要将器官运送到几百英里以外供给合适的接受者。在器官不断短缺的情况下，任何器官的浪费都是一种犯罪，如果在保存器官方面向前迈进一大步，就会有更长的时间寻找最合适的接受者，安排运输，动员当地的移植团队，器官的浪费就会更少。相反，如果我们能够准确地计算出一个器官何时变得不可用，那么我们就可以挽救那些被误判为损伤无可挽回的器官，例如那些取自心跳已停止的供体的器官。

仅仅靠眼睛看来判断一个器官，我们几乎不可能知道它在移植后是否会起作用，即使我们做了活检，并在显微镜下仔细检查它也无济于事。当一个器官从体内取出时，血液会被一种精心配制的溶液冲出，而这个器官则保存在冰上。一切看起来都很好，但是外表可能是骗人的。一个看似正常的器官在移植后可能会受到不可逆的破坏。矛盾的是，这种损伤被认为是由氧气的重返引起的。因为保存阶段使得器官在移植时会被逃离线粒体呼吸链的氧自由基伤害，导致悲惨的功能衰竭发生。

有一天，我在一个手术室里，在移植手术中把探针固定在肾脏上，希望能弄清楚体内正在发生的情况。我们用的是一个近红外线光谱仪。它能穿透生物组织几厘米，并能测量出另一面的辐射量。接着通过一个复杂的算法计算出路径上吸收或反射的辐射量，以及穿过的辐射量。因为不同的分子吸收不同波长的光，至关重要的是选准红外射线的精确波长。只要小心选对波长，你就可以聚焦于血红素化合物（那些含有被称为血红素这类化学成分的蛋白质，如血红蛋白）或细胞色素氧化酶（深埋在线粒体呼吸链末端的酶）。这样一来，不仅可以计算血红蛋白的浓度（含氧的和缺氧的都可以），而且还可以计算细胞色素氧化酶的氧化还原状态，即你可以算出细胞色素分子氧化与还原状态的比值：也就是在某一时刻持有呼吸链电子的细胞色素分子的比例。我们将这个技术与另一种形式相近的光谱仪搭配使用来计算出 NADH 的氧化还原状态，NADH 是一种为呼吸链提供电子的化合物。通过两种技术的结合，我们希望能够了解呼吸链功能的实时动态，而不必切开肾脏——这在大手术中显然是一个不可估量的优势。

所有这些听起来都设计精巧，但实际结果解释起来却是个噩梦。血红蛋白大量存在，而细胞色素氧化酶几乎检测不到。更糟的是，不同血红素化合物红外线吸收的波长彼此重叠并融合在一起，很难分辨出哪个是哪个。甚至机器也会搞错。它测量到细胞色素氧化酶的氧化还原状态的变化，而实际上正在发生的似乎是血红蛋白水平的变化。我们开始对从我们的装置中能收集到有用的信息感到绝望。NADH 水平也没有多大帮助。大多数时候在移植前都有一个很好的信号波峰——代表机器检测到它的浓度很高，而在器官移植后就没有了踪迹，就是这样。理论上听起来都不错，但实际操作却是无法解释的，这在研究中是很常见的。

然后灵光一现的时刻出现了，那是我第一次模糊地意识到线粒体统治世界的时刻。它是偶然出现的，因为当时正在使用的麻醉剂之一是戊巴比妥钠。这种麻醉剂在血液中的浓度会上下波动，在有些状况下，我们发现我们的机器可以捕捉到这些变化。在氧合血红蛋白和脱氧血红蛋白的水平保持不变的情况下，我们记录到呼吸链的动态发生了变化，NADH的峰值恢复了一部分（变得更加还原），而细胞色素氧化酶变得更加氧化。我们似乎测量到了一个“真实”的现象，而不是通常那些令人沮丧的背景噪音，因为血红蛋白水平没有改变。到底发生了什么事？

结果表明，戊巴比妥钠是一种呼吸链复合物I的抑制剂。当它在血液中的浓度升高时，它部分阻断了电子沿呼吸链的传递，从而导致了电子在呼吸链中的滞留。呼吸链的前半部分，包括NADH，会变得较为还原，而后半部分，包括细胞色素氧化酶，将电子传递给氧并变得更加氧化。但为什么这种美妙的反应不能每次都出现呢？我们很快意识到，这取决于器官的质量。如果器官是新鲜的，功能正常，我们就很容易捕捉到波动；但是如果器官严重受损，我们几乎不可能进行测量。我们看到所有的波峰都消失不见，再也回不来。唯一可能的解释只能是这些线粒体像漏勺一样——进入呼吸链的少数几个电子最后几乎没有一个留下。事实上，所有这些电子都以自由基的形式消散了。

如果不切下样本并对其进行详细的生化测试，我们不能完全确定这些线粒体中到底发生了什么，但有一件事我们可以肯定——受损器官在移植后几分钟内失去了对线粒体的控制，而我们对此完全无能为力。我们尝试了各种抗氧化剂，试图改善线粒体功能，但毫无效果。线粒体在最初几分钟的功能预示着几周后的结果。如果线粒体在最初几分钟内失效，肾脏将不可避免地衰竭；如果还有一些线粒体活了下来，肾脏将有很好的机会存活下来并且运转良好。我意识到，线粒体就是肾脏生死的主宰者，而且极其抗拒我们的干涉。

从那时起，在参考了各个不同的研究领域后，我逐渐意识到那些年来我一直在努力测量的呼吸链的动态变化是一种关键的演化动力，不仅影响肾脏的存活，而且影响整个生命轨迹。它的核心是一种简单的关系，这可能是从生命的起源开始的——几乎所有的细胞都依赖于一种特殊的能量电荷，彼得·米切尔称之为化学渗透力，或是质子驱动力。在这本书的每一节中，我们都考察了化学渗透力的诸多结果，但每一节都着重于在具体方面上更大的意义。在最后几页中，我将试着把所有这些联系在一起，向大家展示寥寥几条简单的规则是如何以深刻的方式指导演化的，从生命起源到复杂细胞和多细胞个体，再到性、性别、衰老和死亡。

化学渗透力是生命的一个基本属性，也许比 DNA、RNA 和蛋白质更古老。自然界中最早出现的化学渗透细胞可能是由铁硫矿物的微观气泡形成的，这些气泡聚集在从地壳深处渗出的流体与上方海洋的混合区域。这些矿物细胞与活细胞有一些共同的属性，而形成这样的细胞需要的只不过是太阳的氧化力，在 DNA 遗传复制的能力出现之前，并不需要任何复杂的演化创新。电子可以穿过化学渗透细胞的表面，产生的电流将质子吸引到膜附近，使其产生跨膜的电荷——一个围绕细胞的力场。这个膜电荷使得细胞的空间维度与生命的纹理联系在了一起，或者说，所有的生命，从最简单的细菌到人类，仍然通过将质子泵运过膜，然后利用梯度来产生能量，用于运动，生成 ATP，产生热量和吸收必要的分子。极少数例外只是更加证明了这一规律的普遍性。

在如今的细胞中，电子是由呼吸链上的特殊蛋白质传导的，利用电流将质子泵运过膜。这些从食物中剥夺下来的电子流过呼吸链后，与氧气或其他有着完全相同目的的分子起反应。所有生物都需要控制电子沿呼吸链的流动。过快的流动浪费能量，而过慢的流动无法满足需求。呼吸链的行为就像有轻微裂缝的排水管——水流通畅时没有问题，但任何堵塞，无论是在出水口还是在中间的某个地方，都很可能会从裂缝中漏出来。如果呼吸链被阻断，电子就会漏出来，并反应形成自由基。电子流被堵住的原因有很多，只有几种方法可以恢复流动，但是一方面是能量产生，另一方面是自由基的形成，这之间的平衡就像我在肾脏保存时遇到的问题，书写了一些生物学上默默无名但极为重要的法则。

电子流受阻的原因之一是呼吸链的物理完整性存在某种缺陷。呼吸链是由大量的蛋白质亚基组装而成的大型功能复合物。在真核细胞中，细胞核中的基因编码大部分亚基，而线粒体中的基因编码一小部分。线粒体基因在所有含有线粒体的细胞中的持续存在是一个自相矛盾的事情，因为有很多很好的理由将它们全部转移到细胞核，并且没有明显的物理因素阻止这件事情的发生（至少应该发生在某些物种身上）。它们之所以持久的存在最可能的原因是因为将基因保留在线粒体中具备某种自然选择上的优势，这一优势似乎与能量的产生有关。例如，呼吸链第二部分的复合物数量不足会阻碍电子流动，导致电子在前一部分堆积，并导致自由基的泄漏。原则上，线粒体可以检测到自由基泄漏，并通过向基因发送信号来纠正问题——为呼吸链的第二部分产生更多的复合物来弥补缺陷。

结果取决于基因的位置。如果基因在细胞核中，细胞就没办法区分不同的线粒体，其中一些需要新的复合物，而许多不需要：不论哪一种线粒体，细胞核这种官僚主义的一刀切的处理都满足不了它们。细胞会蒙受严重的处罚，失去对能量的产生的控制。只有当一小撮负责编码呼吸链核心蛋白亚基的基因被保留在线粒体中，才有办法同时控制大量线粒体的能量的产生。其他额外的由核基因编码的亚基将核心线粒体亚基作为灯塔和支架，围绕着它们把自己放在合适的位置。

这一系统的影响是深远的。细菌泵运质子穿过细胞外膜，因此它们的大小受到几何约束：能量的产生随着表面积与体积比的下降而逐渐减少。相反，真核生物将能量的产生内化到线粒体中，这使它们摆脱了细菌所面临的限制。这也解释了为什么细菌保持形态简单的细胞而真核细胞能够生长到几万倍的大小，积累了数千倍的DNA，并发展出真正的多细胞复杂性，这无疑是所有生命中最伟大的分水岭。但是为什么细菌的产能内化始终没有成功呢？因为只有内共生，即生活在彼此体内的伙伴之间相互稳定的合作，才能使基因组合被分配到正确的位置；而内共生在细菌中并不常见。促使真核细胞形成的一系列事件的精确串联在地球生命史上似乎只发生过1次。

线粒体颠覆了细菌的世界，一旦细胞有能力控制大面积内膜产生能量，它们就可以在配送网络所及的范围内随心所欲地生长。它们不仅可以长得更大，而且它们也有充分的理由这样做——随着细胞和多细胞生物体积的增大，能量效率提高，就像人类社会一样，规模经济的发展也会造成同样的情形。更大的细胞会立即得到回报——降低了净生产成本。真核细胞变大和变复杂的趋势可以用这个简单的事实来解释。尺寸和复杂性之间的联系是出乎意料的。大细胞几乎总是有一个大的细胞核，它通过细胞周期来确保均衡的生长。但是大的细胞核中含有更多的DNA，这提供了更多的基因素材，因此带来更高的复杂性。真核生物不像细菌那样必须保持小体型，并且一有机会就抛弃多余的基因，它们变成了战舰——巨大而复杂的细胞，有着大量的DNA和基因以及充足的能量（不再需要细胞壁）。这些特征使得捕食成为可能，猎物被吞噬并在体内消化，这是细菌从未经历过的生活方式。没有线粒体，大自然将不会是腥牙血爪。

如果复杂的真核细胞只能通过内共生形成，那么两个细胞相互依赖共同生活的影响就同等重要。代谢方面的和谐可能是常态，但也有一些重要的例外。这些例外也可以归因于呼吸链的动态。电子流受阻的第二个原因是缺乏需求。如果没有ATP的消耗，那么电子流就停止了。ATP

是细胞和DNA复制，以及蛋白质和脂质合成所必需的——事实上，大多数常规任务都需要ATP。但当细胞分裂时，需求量最大。细胞的整个结构都必须复制，每个活细胞的梦想就是成为两个细胞，这一点不仅适用于真核细胞融合事件中的宿主细胞，也和曾经自由生活的线粒体有很大关系。如果宿主细胞受到遗传损伤，以致不能分裂，那么线粒体就会被困在残废的宿主细胞体内，因为它们不再能够独立生存。如果宿主细胞不能分裂，就不太会用到ATP，电子流减慢，呼吸链被阻塞并泄漏自由基。这一次，这个问题无法通过建立新的呼吸复合物来解决，所以线粒体通过自由基的爆发从内部刺激宿主细胞。

这个简单的场景是生命中两项重大发展的根源，一项是性，一项是多细胞个体的起源。在多细胞个体中，身体中的所有细胞都有一个共同的目的，并跟随相同的节律起舞。

性是一个谜。人们提出了各种各样的解释，但没有人能解释真核细胞像精子和卵子那样融合在一起究竟是源于什么样的原始冲动，即便这样做有成本和风险。细菌不会以这种方式融合在一起，尽管它们经常通过横向基因转移来重组基因，这显然和性有着相似的目的。细菌和简单的真核生物经常受到各种形式的物理性压力的刺激而重组基因，所有这些都涉及自由基的形成。自由基的爆发足以诱导产生基本形式的性，在像团藻这样的生物身上，性的自由基信号可能来自呼吸链。在早期的真核细胞中，宿主细胞受到基因损伤并且不能自行分裂时，线粒体可能会操纵宿主细胞彼此融合并重组它们的基因。宿主细胞可以受益于此，因为基因重组可以修复或掩盖基因的损伤，而线粒体也能在不杀死现存宿主细胞的情况下（这对它们的安全传播至关重要）进入一片新的牧场。

在单细胞生物中，性可能对线粒体和宿主细胞都有好处，但在多细胞个体中则不是。当细胞属于一个有组织的身体时，所有组成细胞都拥有共同的目的，此时细胞无理由的融合反而是一种负担。现在，同样的自由基信号原本传达的是对性的需求，却暴露了宿主细胞的基因有所损伤，而宿主细胞将被处以死刑。这一机制似乎是细胞凋亡或程序性细胞自杀的根源。这是维持多细胞个体完整性的必要条件。如果没有对暴动的细胞处以死刑，多细胞集落就不可能发展出真正个体目标的一致性——它们将被自私的癌症战争撕裂。如今，细胞凋亡是由线粒体控制的，使用的信号和机制与它们曾经用来索取性的那套一样。这种机制中的大部分最初是由线粒体带入真核细胞合并中的。虽然现在细胞凋亡的调节要远比之前复杂得多，但在其核心部分，关键的信号仍然来自呼吸链阻塞所爆发的自由基，导致线粒体内膜去极化，细胞色素 c 和其他“死亡”蛋白被释放到细胞中。即使在今天，它所需要的也不比这更多：将受损的线粒体注射到一个健康的细胞中就足以使得这个细胞杀死自己。

有很多方法可以调节呼吸链上的电子流，因此，当电子流只是暂时停止时，这些可怕的惩罚就不会发生。最重要的是呼吸链解偶联（如此电子的通过就与 ATP 的形成无关）。解偶联通常是通过增加膜对质子的渗透性来实现的，因此质子回流并不是一定要通过 ATP 酶（负责产生 ATP 的酶），其作用类似于水电站大坝中的溢流通道，在需求量低的时候可以防止洪水泛滥。质子的连续循环允许电子在不考虑“需求”的情况下沿着呼吸链不断地通过，这就防止了电子在呼吸链中的积聚，从而限制了自由基的泄漏。但是质子梯度的耗散必然会产生热量，这一点也被演化充分利用。在大多数线粒体中，约 1/4 的质子驱动力作为热量耗散。当足够多的线粒体聚集在一起时（如在哺乳动物和鸟类的组织中），产生的热量足以维持较高的内部温度，而不管外部温度如何。鸟类和哺乳动物内温性（或是说真正的温血性）的起源可以归因于质子梯度的耗散，这使得后来向温带和寒冷地区的迁移以及活跃的夜间活动成为可能，它将我们的祖先从环境的暴政中解脱出来。

热量生成和ATP生成之间的平衡仍然以令人惊讶的方式影响着我们的健康。在热带地区呼吸链的解偶联受到限制，因为在炎热的气候下，过多的内热生成将是有害的：我们很容易过热死亡。然而，这意味着“溢流通道”被部分封闭，因此在静息状态下产生更多的自由基，特别是在高脂肪饮食中。这使得摄入高脂肪西方饮食的非洲人更容易受到心脏病和糖尿病等与自由基损伤有关的疾病的影响。相反，此类疾病在因纽特人中发病率低，因为他们在冰冻的北方耗散质子梯度来产生额外的内热。因此，它们在静息状态下的自由基泄漏量相对较低，不易患退行性疾病；另一方面，将能量以热的形式耗散会对精子生成产生不良影响，因为精子只能依赖少量线粒体的能量为游动提供动力。这给北极地区的人们带来了潜在的更高的男性不育的风险。

在所有这些情况下，自由基都是变化的信号。呼吸链就像恒温器一样：如果自由基泄漏上升，几个机制中的一个会再次降低自由基水平，然后它就会自动关闭，就像温度的上下波动会打开和关闭带有恒温器的锅炉一样。以呼吸链来说，几乎可以肯定，自由基的检测与细胞整体“健康状态”的其他指标（如ATP水平）是一致的。因此，自由基泄漏量的增加与线粒体内ATP水平的下降相对应，传达构建新的呼吸链亚基的信号；如果ATP水平很高，自由基所传达的更多的是解偶联信号，或者在单细胞真核生物中可能是性信号；而自由基泄漏量的持续、不可校正的增加，却同时伴随细胞内ATP水平的下降，这在多细胞个体中是细胞死亡的信号。在以上的各种情况下，自由基泄漏量的波动对反馈回路而言都是不可或缺的，正如温度波动对恒温器一样：自由基对生命是至关重要的，试图去除它们，例如使用抗氧化剂，是愚蠢的。这个简单的事实迫使生命中出现了另外两个重大创新：一是两性的起源，二是生物的衰老和死亡。

自由基是有反应活性的，会引起损伤和突变，尤其是对邻近的线粒体 DNA。在较低等的真核生物（如酵母）中，线粒体 DNA 获得突变的速率比核基因快约 10 万倍。酵母菌之所以可以维持如此高的速率，因为它们不依赖线粒体产生能量。在高等真核生物（如人类）中，突变率要低得多，因为我们确实依赖线粒体。线粒体 DNA 的突变会导致严重的疾病，而且往往会被自然选择消除。即使如此，线粒体基因的长期演化速率（在数千年或数百万年内）比核基因快 10 到 20 倍。而且，核基因每一代都会被重新洗牌以获得一手新的基因。这两种截然不同的模式造成了严重的紧张形势。呼吸链的亚基由核基因和线粒体基因各自编码一部分，而它们必须以纳米级的精度相互作用才能行使正常的功能：基因序列的任何变化都可能改变亚基的结构或功能，并可能阻断电子流。保证有效能量产生的唯一方法是让单一的一套线粒体基因与单一的一套核基因在细胞中进行匹配，并对两者的匹配情况进行测试。如果运行失败，这个组合就会被淘汰；如果运行顺利，这样的细胞就会被选为一个适合产生后代的祖细胞。但是一个细胞如何选择一套线粒体基因与一套核基因在细胞中进行匹配测试？很简单：它只从双亲中的一方那里继承线粒体，因此，双亲中的一方特化出大的卵细胞以传递线粒体。而另一方则特化为不提供线粒体——这就是为什么精子如此之小，也是为什么它们为数不多的线粒体通常会被破坏的原因。因此，两性的起源和它们之间最大的生物学差异与线粒体代代相传的方式有关，实际上也是为什么会产生两性（而不是没有性别也不是无限种性别）的主要原因。

在成年人的生活中也会出现类似的问题，这是衰老和相关退行性疾病的基础，这些疾病常常会使我们的暮年蒙上阴影。线粒体会在多年的使用中累积突变，特别是在活跃的组织中，这些突变会逐渐破坏组织的代谢能力。最终，细胞只能通过产生更多的线粒体来增加其能量供应。随着新鲜线粒体供应的枯竭，细胞不得不克隆基因受损的线粒体。扩增严重受损的线粒体的细胞面临能量危机，并选择以光荣的方式退出——

细胞凋亡。因为受损的细胞被消除，线粒体突变不会在衰老组织中积累，但是组织本身逐渐失去质量和功能，剩下的健康细胞承受着更大的压力来满足需求。任何额外的压力，如核基因突变、抽烟、感染等，更有可能将细胞推过某个阈值，进而诱发凋亡。

线粒体对细胞凋亡的总体风险进行校准评估，而这风险随着年龄的增长而上升，一个对年轻细胞造成很小压力的基因缺陷，对年老的细胞所造成的压力可能要大得多，仅仅因为年老细胞现在已经接近其凋亡阈值。然而，年龄并不是以年来衡量的，而是以自由基泄漏量来衡量的。自由基泄漏较快的物种，如老鼠，存活数年，并在这个短暂的时间内死于与年龄相关的疾病。自由基泄漏缓慢的物种，如鸟类，它们的寿命可能是老鼠的10倍，经过一段很长的时间才最终死于退行性疾病，尽管它们通常在疾病发生之前死于其他原因（如降落失败）。关键是，鸟类（以及蝙蝠）在不牺牲"生活节奏"的情况下活得更长——它们的新陈代谢率与那些寿命只有它们1/10的哺乳动物相似。相同的核基因突变在不同物种中引起相同的与年龄相关的疾病，但它们的进展速率的差异却呈现出数量级上的不同，并且与潜在的自由基泄漏速率相吻合。因此，最好的治疗方法，或者至少是延缓老年疾病的最佳方式是限制呼吸链的自由基泄漏。这种方法有可能一举治愈**所有**老年疾病，而不是试图单独解决每一个问题，这一策略迄今未能提供真正有意义的临床突破，也许注定是永远不会的。

总之，线粒体以令人难以置信的方式塑造了我们的生命和我们所居住的这个世界。所有这些演化上的创新都源于少数几条引导电子通过呼吸链的规则。值得注意的是，这些规则在经历了20亿年密切的适应性变化后，我们依然能够看清这一切是因为尽管线粒体发生了变化，但它们仍然保持着它们传承的印记。这些线索使我们能够追溯我们在这本书中所勾勒的故事的轮廓。这个故事比迄今为止任何研究人员所想象到的都更宏大，更具里程碑式的意义。它不是一个不寻常的共生故事，也不是生物力量（关乎生命的工业革命）的故事。不，这个故事就是生命本身的故事，不仅在地球上，而且在宇宙的任何地方，因为这个故事的寓意，与操控一切复杂生命形式演化的操作系统有关。

人类总是仰望星空，想知道我们为什么会在这里，我们是否在这个宇宙中是孤独的。我们问为什么我们的世界充满了动植物，这一切没有发生的可能性有多大；我们来自何方，我们的祖先是谁，我们的命运将是怎样？对生命、宇宙和一切的问题的答案不是道格拉斯·亚当斯曾经说的“42”[①]，但是几乎同样神秘而简短：它是**线粒体**。因为它们告诉我们分子是如何在我们的星球上产生生命的，为什么细菌会主宰这个星球这么长时间。它们向我们展示了为什么细菌淤泥很可能是这个孤独宇宙中演化的高潮。它们告诉我们第一个真正复杂的细胞是如何形成的，以及为什么从那时起，地球上的生命就沿着复杂性斜坡上升到如今我们周围的繁荣景象——存在的巨链。它们向我们展示了为什么燃烧能量的温血生物会崛起，冲破了环境的枷锁；为什么我们有性行为，有两种性别，有孩子，为什么我们必须坠入爱河；它们还向我们展示了为什么我们在这片苍穹下的日子是有限的，为什么我们必须最终变老和死去。它们也向我们展示了，怎样做才能改善我们的晚年生活，以避开身为人类的诅咒——老化的痛苦。就算它们没有告诉我们生命的意义，它们至少能让我们理解生命为何是这般模样。如果这都没有意义，那这世界上还有什么是有意义的呢？

---

① 42，是道格拉斯·亚当斯所作的小说《银河系搭车客指南》中“生命、宇宙以及任何事情的终极答案”。——译者

词汇表

ADP：二磷酸腺苷，三磷酸腺苷（ATP）的前体。

抗氧化剂：一种防止生物氧化的化合物，可以直接地通过牺牲性地氧化自身来保护其他分子不受氧化，也可以间接地通过催化生物氧化剂的分解起到保护作用。

细胞凋亡：程序性细胞死亡或细胞自杀；精心安排并严格控制地从多细胞生物中去除受损或不必要细胞的机制。

古细菌：是生命的三大域之一，另外两个是真核生物和细菌；古细菌在显微镜下的外观与细菌相似，但在分子层面上与更复杂的真核细胞有许多相似之处。

古真核生物：一组缺乏线粒体的单细胞真核生物；原来至少有一些被认为从来没有过线粒体，但现在认为所有的古真核生物在过去都拥有线粒体，只是后来丢失了。

无性繁殖：细胞或生物的复制，在这个过程中母细胞或生物被精确克隆。

ATP：三磷酸腺苷；生命的通用能量货币，由ADP（二磷酸腺苷）和磷酸盐形成；分解ATP释放能量，用于向许多不同类型的生化反应供能，比如肌肉收缩、蛋白质合成等。

ATP 酶：位于线粒体内的酶，利用质子流将ADP和磷酸盐转变成ATP。ATP酶也称为ATP合成酶。

细胞：通过自我复制和新陈代谢，能够独立生活的最小生物单位。

细胞壁：细菌、古细菌和某些真核细胞坚硬但可透过的外“壳”；在物理条件发生变化时保持细胞形状和完整性。

化学渗透：在不可透过的膜上产生质子梯度；质子通过特殊通道（ATP 酶复合物）的回流被用来为合成 ATP 供能。

化学渗透偶联：通过跨膜的质子梯度将呼吸作用与 ATP 合成联系在一起；氧化释放的能量被用来泵运质子穿过膜，而质子通过 ATP 酶的驱动轴被用来为合成 ATP 供能。

叶绿体：负责光合作用的植物细胞器；起源于蓝细菌与真核细胞的内共生。

染色体：DNA 长分子，通常包裹在组蛋白等蛋白质中；可能是环形的，如细菌和线粒体的染色体，也可能是直的，如真核细胞细胞核中的染色体。

克隆复制：无性繁殖的替代名称。

控制区域：线粒体基因组中非编码 DNA 的区域，与负责控制线粒体基因表达的因子结合。

细胞色素 c：线粒体蛋白，将电子从呼吸链上的复合物Ⅲ转运到复合物Ⅳ；当细胞色素 c 被从线粒体释放出来时，它是细胞凋亡，或程序性细胞死亡的始作俑者。

细胞色素氧化酶：呼吸链复合物Ⅳ的功能名称；一种多亚基酶，从细胞色素 c 处接收电子，并利用它们将氧气还原为水，这是细胞呼吸的最后一步。

细胞质：细胞膜以内的物质，但不包括细胞核。

细胞骨架：细胞内提供结构支撑的蛋白质纤维网络；这种结构是动态的，使一些细胞能够改变形状并四处移动。

细胞溶质：细胞质去除细胞器（如线粒体和膜系统）的液体部分。

DNA：脱氧核糖核酸，负责遗传的分子；它具有双螺旋结构，其中核苷酸字母相互配对，形成可以精确复制出整个分子的模板；核苷酸字母序列编码了蛋白质中的氨基酸序列。

DNA 序列：DNA 中核苷酸字母的序列，它可以决定蛋白质中的氨基酸序列，或与转录因子序列结合，或什么都不做。

电子：微小的带负电的波粒，在原子中围绕带正电的原子核旋转。

内共生体：是指以互利关系生活在其他细胞内的细胞。

内共生：某种细胞生活在另一种更大的细胞内的互利关系。

酶：一种蛋白质催化剂，负责将生化反应加快多个数量级，具有极大的特异性。

真核生物：由真核细胞组成的单细胞或多细胞生物。

真核细胞：具有"真正的"核的细胞；人们认为它们要么拥有线粒体，要么曾经拥有过线粒体。

演化速率：DNA 序列在许多代中发生变化的速度，相当于考虑了自然选择净化效应后的突变率，自然选择消除了有害的突变，使演化速率低于突变率。

指数：一个上标数字，表示一个数字与其自身相乘的次数；对数坐标图上一条直线的斜率。

发酵：糖在无净氧化还原反应情况下发生的化学分解，形成酒精（或其他物质）；释放足够的能量来合成 ATP。

自由基：带有一个未配对电子的原子或分子，这往往是一种不稳定的、会导致化学反应的物理状态。

自由基泄漏：线粒体呼吸链持续产生低水平的自由基，这是电子载体与氧直接反应的结果。

配子：性细胞，如精子或卵子。

基因：一段 DNA，其核苷酸字母序列编码单个蛋白质。

基因编码： 编码蛋白质中氨基酸序列的DNA字母；特定的字母组合对应特定的氨基酸，或指示“开始”和“停止”阅读。

基因组： 一个生物中完整的基因库；该术语也包括了DNA的非编码（即非基因）序列。

异质体： 两个不同来源的线粒体（或其他细胞器）的混合物，例如父亲和母亲。

组蛋白： 以某种特别结构与DNA结合的蛋白质，仅见于真核细胞和少数古细菌，如产甲烷菌。

氢假说： 该理论认为，真核细胞起源于两个完全不同的原核细胞，以代谢共生的形式所形成的嵌合体。

氢化酶体： 在一些厌氧真核细胞中发现的细胞器，通过发酵有机燃料释放氢气来产生能量；现在已知与线粒体有共同的祖先。

横向基因转移： 包含基因的DNA片段从一个细胞随机转移到另一个细胞，与从妈妈到女儿的垂直遗传不同。

脂质： 一种存在于生物膜中的长链脂肪分子，可作为储存的燃料。

膜： 包裹细胞的薄脂肪（脂质）层，在真核细胞内形成复杂系统。

代谢率： 能量消耗率，通过细胞和整个生物体内葡萄糖氧化或氧气消耗的速率来测量。

线粒体： 细胞内负责ATP生成和控制细胞自杀的细胞器；源于内共生的α-变形菌，但究竟是哪种α-变形菌仍有争议。

线粒体夏娃： 如果沿着线粒体DNA母系遗传缓慢分散的路径追溯，当今人类最后一个共同的女性祖先。

线粒体疾病： 由线粒体DNA或编码线粒体中蛋白质的核基因突变或缺失所引起的疾病。

线粒体DNA： 在线粒体中发现的染色体，通常有5到10个拷贝，本质上是细菌的环状DNA。

线粒体基因：由线粒体 DNA 编码的一组基因；以人类线粒体为例，有 13 个编码蛋白质的基因，以及编码在线粒体中制造蛋白质所需的 RNA 的基因。

线粒体突变：线粒体 DNA 序列的遗传性改变。

突变：DNA 序列的遗传性改变，可能对功能产生负面、正面或中性影响；自然选择对不同的 DNA 突变起到差异性的作用，使得蛋白质的功能满足不同任务的需求。

突变率：单位时间（通常为几代的有限时间）内 DNA 中发生的突变数量；另见演化速率。

NADH：烟酰胺腺嘌呤二核苷酸；一种参与到细胞呼吸作用的分子，携带电子和质子，将这些电子和质子从葡萄糖中提取到呼吸链中的复合物I中。

自然选择：种群中的个体在生物适应性方面存在可遗传差异，导致它们在生存和繁殖上的不同。

非编码（垃圾）DNA：不编码蛋白质或 RNA 的 DNA 序列。

细胞核：球形膜包围着真核细胞的“控制中心”，包含由 DNA 和蛋白质组成的染色体。

卵母细胞：卵细胞；雌性性细胞，染色体数为体细胞的一半。

细胞器：细胞内专门从事特定任务的微小器官，如线粒体和叶绿体。

氧化反应：电子从原子或分子中丢失。

吞噬作用：通过改变形状和伸展伪足，细胞对粒子进行物理吞噬；这些粒子在细胞内的食物液泡中被消化。

原核生物：一大类没有细胞核的单细胞生物，包括细菌和古细菌。

蛋白质：氨基酸连接在一起形成的氨基酸链，具有几乎无限多个可能的形状和功能。蛋白质基本上构成了生命所有的机械设备，包括酶、结构纤维、转录因子、DNA结合蛋白、激素、受体和抗体。

质子：氢原子的原子核，带有一个正电荷。

质子梯度：膜的一侧和另一侧之间质子浓度的差异。

质子泄漏：质子如下毛毛雨一般穿过一个对质子几乎（但不是完全）没有透过性的膜。

质子驱动力：从膜的一侧到另一侧以质子梯度存储的势能；电位差和pH（质子浓度）差的组合。

质子泵运：质子从膜的一侧物理转移到膜的另一侧。

重组：一个基因与另一个来源的对等基因之间发生的物理交叉和替换；发生在有性繁殖和横向基因转移中，并通过参考备用拷贝修复受损染色体。

氧化还原反应：一个分子被氧化而另一个分子被还原的反应。

氧化还原信号：通常由自由基氧化或还原引起的转录因子活性的变化；活性的转录因子控制基因的表达以形成新的蛋白质。

还原：一个原子或分子得到电子。

还原态：与氧化态相反，还原态分子占总体的比例更高；如果我们说复合物I是70%被还原，那么就是70%的复合物拥有呼吸电子（它们被还原）而另外30%被氧化。

呼吸作用：氧化食物以ATP的形式产生能量。

呼吸链：嵌入细菌和线粒体膜中的一系列多亚基蛋白质复合物，将从葡萄糖上剥离的电子从一个传递到另一个，最终与氧气在复合物Ⅳ中发生反应。电子传递所释放的能量被用于对质子进行跨膜泵运。

RNA：核糖核酸；存在几种形式，包括信使RNA（单个基因的DNA序列的精确拷贝，会被转移到细胞质）；核糖体RNA（构成核糖体的一部分，核糖体是细胞质中的蛋白质制造工厂）；以及转运RNA（一种将核苷酸代码与特定氨基酸偶联在一起的适配器）。

有性繁殖：通过两个性细胞或配子（每个配子包含一半亲本基因的随机组合）的融合，产生一个与双亲基因数量相等的胚胎。

共生：两个不同物种的生物之间的互利关系。

转录因子：与DNA序列结合的蛋白质，作为蛋白质合成的第一步，将基因转录成RNA拷贝。

解偶联：呼吸作用与ATP产生的分离；质子梯度不是通过ATP酶为ATP合成提供动力，而是通过膜孔返回，将质子梯度以热量形式耗散；解开呼吸链相当于解开自行车上的链条，从而使蹬踏板与向前的运动分离。

解偶联剂：通过让质子跨膜穿梭从而消散质子梯度的化学物质，能够使呼吸作用与ATP产生分离。

解偶联蛋白：膜上的一种蛋白质通道，使质子能够通过膜，将质子梯度作为热量耗散。

单亲遗传：线粒体（或叶绿体）仅遗传自双亲中的一方，特别是母亲。

译后记

人类历史上首次有关线粒体疾病的报告出现在1959年，这比发现线粒体DNA还要早几年。那一年我的父亲刚刚5岁，他并不知道他的后半生将一直与这种疾病对抗，并且在60年后的今天，人们对于线粒体疾病依然没有什么好的办法。

在我半岁那天，父亲跑到街上买回了一只乌龟，作为吉祥之物，这段经历被他写在有关我成长记录的第一页。后来我长大了，看到这一页问他，为什么乌龟是吉祥之物？他说因为长寿啊。我说为什么乌龟长寿啊？他说因为它每天不怎么动。事实上乌龟在自然界中并不算长寿的，很多鸟类的寿命都是乌龟望尘莫及的，鹦鹉的寿命可以超过100岁，而信天翁的寿命可以达到150岁。为什么这些每天都在动的生物却如此长寿？在《能量，性，自杀》这本书中你可以找到答案。

第一次知道这本书的时候，这本书的标题的确吸引了我，连作者莱恩自己都在新版序言中打趣道："这本书的书名可能有点夸张。在公共交通上阅读时，心理承受能力不够强的读者可能会陷入窘境。我很抱歉，大多数人只记得书名中的一个词。"然而这是一本带有娱乐性的严肃科普书籍，由于英文版首版的文字过于密集，内容也没有我想象的那么可作为消遣，因此它被放在书架上落了差不多10年的灰。

父亲很早就患有糖尿病和神经性耳聋，小的时候我趴在桌上看他从桌子下面拿出一个木盒子，往尿样里加入了一种蓝色的液体后放在酒精灯上加热，液体慢慢变得浑浊，出现砖红色的沉淀。很多年后我知道这是检测还原性糖的双缩脲反应，而那个时候我只记得爸爸对我说："血糖还是太高了。"我天真地对他说："我一定要好好学习，长大了就能帮你把病治好了。"

时间只有回过头来审视的时候才知道它是如此匆匆而过，机缘巧合让我碰到上海译文出版社在寻找《能量，性，自杀》这本书的中文译者，让那些过往的时刻在思念中沉淀下来。我想我要把这本书翻译好，无论这会占据我多少的业余时间，我都不在乎，我要用这些一个字一个字敲进电脑的时间去怀念你！爸爸，这是我选择怀念你的方式！

也许你很难想象，翻译一本科普读物，我对着电脑屏幕流了多少次眼泪，我清楚记得有一天我翻译到这一段：

> 组成我们身体的细胞包含有巨大数量的线粒体，具体数量取决于细胞新陈代谢的需求。新陈代谢较为旺盛的细胞，比如肝脏、肾脏、肌肉和大脑，每个细胞都有几百甚至几千个线粒体，占到细胞质的40%。……我们一个人身体里的所有的线粒体加在一起，数量会达到千万亿这个数量级，总重量会占到我们体重的10%。

作为一名生物老师，我记不得多少次在讲台上给学生讲解线粒体和基因突变的知识，然而在我拿到基因检测报告时，才确定父亲是因为线粒体DNA上第3243个碱基发生A到G的突变而得了心肌病，也明白了他与他的兄弟们为什么会在不同年龄纷纷患上糖尿病与神经性耳聋。都是这线粒体的突变！我有多么了解它，就有多么恨它，就有多么无奈！

因为职业的缘故，我读了不少有关生物的科普书籍，我认为《能量，性，自杀》这本书是鲜有的能和《自私的基因》相提并论的伟大书籍，正如推荐语中所说，它们都是“对达尔文理论最有趣、最重要的附注”。伟大的书籍往往有一个共同的特征，就是反直觉，或者说是透过表象而直达本质，也因此不那么讨人喜欢，也不那么易读易用。

如果有人告诉你细胞的衰老是因为氧化反应产生了自由基，那么是不是服用抗氧化的保健品就能延续生命？对于这样的问题，大众可能会觉得服用保健品且不说有用，但至少无害吧。然而莱恩会告诉你，抗氧化剂不但不会延长寿命，相反可能使得情况变得更糟糕。鸟类细胞中抗氧化剂的量很低，寿命却长；老鼠细胞中抗氧化剂的量很高，但是寿命却很短。为什么如此违反直觉？到底什么才是几十亿年前就编码好的、藏在我们基因中的长寿秘诀？这本书会给你答案。

如果你的兴趣超越了对自身的关注，那么这本书中的其他议题也一样让人手不释卷。为什么原核生物在地球上存在了 40 亿年还是保持了如此简单的细胞结构，而真核生物却如此纷繁多样？且大到蓝鲸，小到酵母，单个细胞的基本结构如此相似？为什么生命等待了 20 亿年直到线粒体出现后才得以加速演化直至人类出现？又是为什么赋予我们生命乃至意识的线粒体反手就给我们带来衰老与死亡？为什么性别只有两性，不是三性、四性，乃至无穷性？这些问题在书中都会一一探讨并给出答案。

正因为衰老和死亡无可避免，每个人都只能陪我们在生命中走一段，很少有人能陪我们走完人生旅程。理解为什么如此并不能完全消除它所带来的虚无感，但是寻找答案的过程本身可以带来慰藉。正如东坡的诗句：“人生到处知何似，应似飞鸿踏雪泥。泥上偶然留指爪，鸿飞那复计东西。”翻译这本书让人生中那些思念的时间留下了印迹。希望读者们都有飞鸿一般的鸟类的线粒体，开卷乐有益，天地宽无际！

张力

2022. 2

图字：09-2013-541号

图书在版编目(CIP)数据

能量，性，自杀 /（英）尼克·莱恩（Nick Lane）著；张力译. —上海：上海译文出版社，2022.12
（译文科学）
书名原文：Power，sex，suicide
ISBN 978-7-5327-9066-1

Ⅰ.①能… Ⅱ.①尼… ②张… Ⅲ.①线粒体—普及读物 Ⅳ.①Q244-49

中国版本图书馆CIP数据核字(2022)第213586号

能量，性，自杀

〔英〕尼克·莱恩/著 张 力/译
责任编辑/刘宇婷 装帧设计/柴昊洲

上海译文出版社有限公司出版、发行
网址：www.yiwen.com.cn
201101 上海市闵行区号景路159弄B座
上海市崇明裕安印刷厂印刷

开本890×1240 1/32 印张13.25 插页2 字数277,000
2022年12月第1版 2022年12月第1次印刷
印数：0,001—8,000册

ISBN 978-7-5327-9066-1/Q·021
定价：78.00元